21 世纪全国本科院校土木建筑类创新型应用人才培养规划教材

建设工程合同管理

主　编　余群舟　高　洁　周　诚

内容简介

本书是在现有工程合同管理的基础上，遵照国家最新相关规范编写。本书主要介绍了建设工程合同管理的概念和法律基础、合同法的基本原理、合同采购（建设工程招标投标）的理论、工程建设领域常见的标准合同文本的内容，侧重于合同管理的基本理论和方法，并系统介绍了合同的履行、风险、争议、索赔管理等相关内容。

本书可作为高等院校土木工程专业的教材，也可作为建设工程领域相关专业技术人员的学习参考用书。

图书在版编目(CIP)数据

建设工程合同管理/余群舟，高洁，周诚主编. —北京：北京大学出版社，2016.1
（21世纪全国本科院校土木建筑类创新型应用人才培养规划教材）
ISBN 978-7-301-26670-0

Ⅰ. ①建… Ⅱ. ①余…②高…③周… Ⅲ. ①建筑工程—经济合同—管理—高等学校—教材 Ⅳ. ①TU723.1

中国版本图书馆CIP数据核字（2015）第309409号

书　　　名	建设工程合同管理 Jianshe Gongcheng Hetong Guanli
著作责任者	余群舟　高洁　周诚　主编
策 划 编 辑	卢　东
责 任 编 辑	伍大维
标 准 书 号	ISBN 978-7-301-26670-0
出 版 发 行	北京大学出版社
地　　　址	北京市海淀区成府路205号　100871
网　　　址	http://www.pup.cn　新浪微博：@北京大学出版社
电 子 信 箱	pup_6@163.com
电　　　话	邮购部 62752015　发行部 62750672　编辑部 62750667　出版部 62754962
印 刷 者	北京虎彩文化传播有限公司
经 销 者	新华书店
	787毫米×1092毫米　16开本　18印张　420千字 2016年1月第1版　2021年6月第5次印刷
定　　　价	36.00元

未经许可，不得以任何方式复制或抄袭本书之部分或全部内容。
版权所有，侵权必究
举报电话：010-62752024　电子信箱：fd@pup.pku.edu.cn
图书如有印装质量问题，请与出版部联系，电话：010-62756370

前　言

随着工程建设领域业主负责制、工程招标投标制、建设监理制、合同管理制的建立和完善，合同在建设工程项目管理过程中正在发挥越来越重要的作用，它不仅约定了双方基本的权利和义务，同时也是处理建设工程项目实施过程中双方争端的主要依据。面对国内外建筑市场不断变化的新需要，建立建设工程合同管理的理论和方法，培养具有较强合同意识和实际合同管理能力的工程管理专门人才是高等学校工程管理专业、土木工程专业及其他相关专业的主要任务之一。

"建设工程合同管理"是工程管理专业的必修课程，通过对这门课程的学习，学生能够系统掌握建设工程合同管理的理论知识，培养合同意识，具备履行合同和管理合同的实践能力。本课程同样也是土木工程、建筑学、给排水科学与工程和建筑环境工程等专业学生的重要课程之一。

全书分为9章，在结构上可以划分为三部分：第一部分为第1~3章，系统地阐述了建设工程合同管理的概念和法律基础、合同法的基本原理、合同采购（工程建设招标投标）的理论，是整个合同管理的法律平台；第二部分为第4~7章，重点介绍了工程建设领域常见的标准合同文本的内容和FIDIC施工合同条件(1999年版)的内容，是合同管理的基础；第三部分为第8、9章，侧重于合同管理的基本理论和方法，系统介绍了合同的履行、风险、争议、索赔管理等相关内容，是合同管理的应用。

本书根据《中华人民共和国合同法》《中华人民共和国招标投标法》及相关政策，并结合最新版本《建设工程监理合同(示范文本)》(GF—2012—0202)、《建设工程施工合同(示范文本)》(GF—2013—0201)进行编写，突出了合同管理的实用性、政策性、时效性和可操作性。本书的主要特色和价值如下。

(1) 实用性及可操作性强。在尊重教学大纲的基础上，教材内容体系更加清晰明确，表达形式更加丰富和活跃，有利于教学。

(2) 时效性强。本书按照最新的法律法规及合同管理知识进行编写，如将最新的《建设工程监理合同(示范文本)》《建设工程施工合同(示范文本)》《中华人民共和国招标投标法实施条例》等内容纳入教材。

(3) 注重案例教学。本书不仅在每章开头有案例导读，在正文中还针对每个重要的合同管理理论和方法设置案例，并设置案例问题，方便老师教学，也便于激发学生的学习兴趣。

本书由余群舟、高洁、周诚主编。本书具体编写分工为：前言、第1章、第2章、第9章由华中科技大学余群舟编写；第3章、第5章、第6章、第8章由华中科技大学文华学院高洁编写；第4章、第7章由华中科技大学周诚编写。全书由余群舟统稿。

本书编写过程中，参考和引用了国内外许多学者的著作和文献，在此对相关作者表示衷心的感谢！

由于合同管理的理论和方法需要不断丰富、发展和完善，加之编者水平所限，书中难免有疏漏之处，敬请各位读者和同行批评指正，以期加以完善。

编 者
2015 年 4 月

目　　录

第1章　绪论 1

  1.1　合同管理概述 2
    1.1.1　合同概念 2
    1.1.2　合同法律关系 2
    1.1.3　合同的分类 4
  1.2　工程建设合同管理法律基础 5
    1.2.1　代理制度 5
    1.2.2　合同担保制度 6
    1.2.3　时效制度 9
  1.3　工程建设合同体系 10
    1.3.1　业主的主要合同关系 10
    1.3.2　承包商的主要合同关系 11
  本章小结 12
  阅读材料指引 12
  习题 12

第2章　建设工程合同法律制度 15

  2.1　《合同法》概述 17
    2.1.1　《合同法》及其特点 17
    2.1.2　《合同法》的调整范围 17
    2.1.3　《合同法》的框架 18
    2.1.4　《合同法》的基本原则 18
  2.2　合同的订立 19
    2.2.1　合同订立的条件 19
    2.2.2　合同订立的程序 19
  2.3　合同的形式和内容 23
    2.3.1　合同的形式 23
    2.3.2　合同的内容 23
  2.4　合同的效力 23
    2.4.1　合同的生效与成立 23
    2.4.2　合同的生效要件 24
    2.4.3　附条件合同和附期限合同 25
    2.4.4　效力待定合同 26
    2.4.5　无效合同 27
    2.4.6　可撤销合同 28
    2.4.7　合同被确认无效或被撤销的后果 28
  2.5　合同的履行 31
    2.5.1　合同履行的概念和原则 31
    2.5.2　合同履行中的抗辩权 32
    2.5.3　合同保全 34
  2.6　合同的变更与转让 36
    2.6.1　合同变更 36
    2.6.2　合同转让 37
  2.7　合同的终止 38
    2.7.1　合同终止概述 38
    2.7.2　合同的解除 39
    2.7.3　债务相互抵销 40
  2.8　违约责任 40
    2.8.1　违约责任的概念和特征 40
    2.8.2　违约责任的构成要件 41
    2.8.3　实际履行与损害赔偿 41
    2.8.4　违约金责任和定金责任 41
    2.8.5　免责事由 42
  2.9　合同争议的解决 42
    2.9.1　解决合同争议的方法 42
    2.9.2　仲裁 43
    2.9.3　诉讼 45
  本章小结 46
  阅读材料指引 47
  习题 47

第3章　建设工程合同订立 51

  3.1　工程建设合同订立概述 54
    3.1.1　招标投标的基本含义 54
    3.1.2　工程建设招标范围 55
    3.1.3　招标投标活动的基本原则 57
    3.1.4　工程建设招标的基本方式 57
    3.1.5　工程建设招投标的基本程序 58
  3.2　工程建设招标与投标 59
    3.2.1　工程建设招标 59

3.2.2 工程建设投标 66
3.3 工程建设合同审查与谈判 76
　　3.3.1 工程合同审查分析的内容 76
　　3.3.2 合同审查表 79
　　3.3.3 工程合同谈判的准备工作 80
　　3.3.4 谈判程序 81
　　3.3.5 谈判的策略和技巧 82
3.4 工程建设合同订立注意问题 83
本章小结 85
阅读材料指引 85
习题 86

第4章　建设工程勘察设计合同 88

4.1 概述 89
　　4.1.1 建设工程勘察与设计 89
　　4.1.2 勘察、设计合同的订立 90
　　4.1.3 勘察、设计合同的主要内容 ... 91
4.2 建设工程勘察合同文本 91
　　4.2.1 概述 91
　　4.2.2 《建设工程勘察合同(一)(示范
　　　　　文本)》(GF—2000—0203) 91
　　4.2.3 《建设工程勘察合同(二)(示范
　　　　　文本)》(GF—2000—0204) 94
4.3 建设工程设计合同文本 97
　　4.3.1 概述 97
　　4.3.2 《建设工程设计合同(一)(示范
　　　　　文本)》(GF—2000—0209) 98
　　4.3.3 《建设工程设计合同(二)(示范
　　　　　文本)》(GF—2000—0210) .. 100
　　4.3.4 合同双方对勘察设计合同的
　　　　　管理 102
本章小结 103
阅读材料指引 103
习题 104

第5章　建设工程施工合同 106

5.1 概述 107
　　5.1.1 建设工程施工合同的概念 107
　　5.1.2 建设工程施工合同的特点 108
　　5.1.3 建设工程施工合同的作用 109

　　5.1.4 建设工程施工合同的类型 109
　　5.1.5 建设工程施工合同的订立 110
5.2 《建设工程施工合同(示范文本)》
　　 简介 111
　　5.2.1 《建设工程施工合同(示范
　　　　　文本)》文件的组成 113
　　5.2.2 词语定义 114
　　5.2.3 《建设工程施工合同(示范
　　　　　文本)》(GF—2013—0201)的
　　　　　组成及解释顺序 116
5.3 《建设工程施工合同(示范文本)》
　　 主要内容 118
　　5.3.1 施工准备阶段主要内容 119
　　5.3.2 施工阶段主要内容 125
　　5.3.3 竣工阶段主要内容 133
5.4 建设工程施工合同管理 138
　　5.4.1 工程分包与转包 138
　　5.4.2 不可抗力 138
　　5.4.3 索赔 139
　　5.4.4 合同争议解决 141
本章小结 142
阅读材料指引 143
习题 143

第6章　建设工程监理合同 146

6.1 建设工程监理合同概述 147
　　6.1.1 建设工程监理合同的概念 147
　　6.1.2 建设工程监理合同的特点 148
6.2 《建设工程监理合同(示范文本)》
　　 简介 148
　　6.2.1 《建设工程监理合同(示范
　　　　　文本)》的组成 150
　　6.2.2 词语定义 150
　　6.2.3 合同文件解释顺序 151
6.3 《建设工程监理合同(示范文本)》
　　 主要内容 152
　　6.3.1 双方的义务与责任 152
　　6.3.2 监理合同的支付 154
　　6.3.3 监理合同的生效、变更、
　　　　　暂停、解除与终止 155

6.3.4　监理合同的争议解决 156
　本章小结 157
　阅读材料指引 157
　习题 157

第 7 章　FIDIC 施工合同条件 161

7.1　FIDIC 及 FIDIC 合同简介 163
　　7.1.1　FIDIC 简介 163
　　7.1.2　FIDIC 合同条件的发展历程 .. 164
7.2　FIDIC(1999 年版)施工合同条件 168
　　7.2.1　新版 FIDIC 施工合同文本
　　　　　格式 168
　　7.2.2　合同条件的特点 169
　　7.2.3　部分重要词语的定义 169
　　7.2.4　合同中各方的工作责任与
　　　　　权利 175
　　7.2.5　合同中的质量管理条款及
　　　　　内容 180
　　7.2.6　合同中的进度管理条款及
　　　　　内容 185
　　7.2.7　合同中的支付管理条款及
　　　　　内容 188
　　7.2.8　合同中的其他管理性条款及
　　　　　内容 192
　本章小结 198
　阅读材料指引 198
　习题 199

第 8 章　建设工程合同履约管理 202

8.1　工程合同履行概述 204
　　8.1.1　合同履约的概念 204
　　8.1.2　建设工程施工合同履行
　　　　　原则 205
8.2　工程合同履行控制 206
　　8.2.1　合同控制的概念、地位和
　　　　　方法 206
　　8.2.2　合同控制的日常工作 208
　　8.2.3　合同跟踪 209
　　8.2.4　合同实施情况偏差分析 210

　　8.2.5　合同实施偏差处理 211
8.3　工程合同变更管理 211
　　8.3.1　概述 211
　　8.3.2　工程合同变更的程序 213
　　8.3.3　工程合同变更价款调整 215
8.4　工程建设合同风险管理 217
　　8.4.1　风险的基本含义 217
　　8.4.2　风险的基本特征 217
　　8.4.3　工程合同的风险因素 218
　　8.4.4　工程合同的风险管理 220
　　8.4.5　工程担保和保险 223
　本章小结 226
　阅读材料指引 226
　习题 226

第 9 章　建设工程合同索赔管理 230

9.1　索赔概述 231
　　9.1.1　索赔的概念及特征 231
　　9.1.2　索赔的分类 233
　　9.1.3　索赔的作用及基本条件 235
9.2　索赔程序、报告及策略 236
　　9.2.1　一般程序 236
　　9.2.2　索赔报告 239
　　9.2.3　索赔策略 242
9.3　索赔值的计算 243
　　9.3.1　计算理论分析 243
　　9.3.2　工期索赔值的计算 245
　　9.3.3　费用索赔值的计算 249
9.4　反索赔 257
　　9.4.1　概述 257
　　9.4.2　反索赔的内容 259
　　9.4.3　反索赔的程序与报告 259
9.5　索赔(反索赔)案例 262
　本章小结 270
　阅读材料指引 271
　习题 271

参考文献 275

第1章 绪论

📘 教学目标

当事人签订合同、管理合同是一项民事法律行为，要对合同进行有效的管理，除了应掌握合同法的基本规定外，还应掌握相关的法律基础知识。本章主要介绍合同的基本概念及合同法律关系的构成，合同管理中涉及的代理、担保及时效制度等法律基础知识，并对合同的类别、工程建设中的合同体系进行了介绍。通过本章的学习，应达到以下目标：

(1) 掌握合同的概念及其法律关系的构成；
(2) 掌握代理制度、担保制度和时效制度的概念及相关规定；
(3) 熟悉合同类别及工程合同体系。

📘 教学要求

知识要点	能力要求	相关知识
合同及相关概念	(1) 掌握合同概念及合同法律关系的构成 (2) 熟悉合同法律关系的产生、变更与终止 (3) 了解合同分类及工程建设合同体系	(1) 日常生活中涉及的合同 (2) 法律关系、法律事实 (3) 参与工程建设的各方主体
相关法律基础	(1) 掌握代理制度 (2) 掌握合同担保制度 (3) 掌握时效制度	(1) 民法中有关代理、时效制度 (2) 担保法及担保方式
工程建设合同体系	(1) 了解业主主要合同关系 (2) 了解承包商主要合同关系	(1) 参与工程建设相关单位 (2) 合同关系构成

 **基本概念**

合同、法律关系、法律事实、主体、客体、代理、无权代理、担保、保证、抵押、质押、留置、定金、时效、诉讼时效、时效中止、时效中断

 **引例**

李明与王五发生经济纠纷，要通过诉讼的方式解决。由于李明不懂法律，现在聘请一位律师张三作为其诉讼代理人。委托书中规定，30万元以内的金额律师张三可以代为签字确认，而在实际诉讼中，律师张三在一张50万元的单据上代为签字，此后，李明不同意，请问李明的行为是否正确？

1.1 合同管理概述

1.1.1 合同概念

1. 合同

合同是指两个或两个以上的当事人，为了一定的目的，在平等、自愿、协商一致的基础上，设立、变更、终止某项民事权利义务关系而形成的协议。

2. 工程建设合同

工程建设合同是指参与工程建设活动的具有平等民事主体的诸方(业主、承包人、监理单位等)为了一定的工程建设目的，在平等、自愿、协商一致的基础上而订立的明确各自权利与义务而形成的一份协议。如工程设计合同、工程建设施工合同、建设工程委托监理合同等属于工程建设合同。

由以上一般合同概念和工程建设合同概念知，合同法律关系的构成包括三个方面的要素，即主体、客体和内容。

1.1.2 合同法律关系

1. 合同法律关系的构成

从1.1.1节中给出的两个概念可知，合同法律关系的构成包括三个方面的要素，即主体、客体和内容。

1) 主体

定义：指参加合同法律关系，依法享有权利，承担义务的当事人。

种类：按照合同法的规定，主体的种类主要有以下几种。

(1) 自然人。自然人成为合同民事法律关系的主体应当具有相应的民事权利能力和民事行为能力。

① 民事权利能力：指民事主体参加具体的民事法律关系，享有具体的民事权利，承担

具体民事义务的前提条件。自然人的权利能力始于出生终于死亡,是国家直接赋予的。

② 民事行为能力:指民事主体以自己的行为参与法律关系,从而取得享受民事权利和承担民事义务的资格。

(2) 法人。法人是指具有民事权利能力和民事行为能力,依法独立享有民事权利和承担民事义务的组织。

成为法人的条件如下:

① 依法成立。

② 有必要的财产或经费。

③ 有自己的名称、组织机构和场所。

④ 能独立承担民事责任。

权利与行为能力:法人的民事权利与民事行为能力是同生同灭的。

分类:法人可以分为企业法人和非企业法人。

① 企业法人。它的设立主要以赢利为目的,如建筑施工企业等。

② 非企业法人。它的设立不是以赢利为目的,主要是为社会提供相应的服务或管理,如机关法人、事业法人、社会团体法人等。

(3) 其他组织。其他组织指依法成立,但不具备法人资格,而能以自己的名义参与民事活动的经济实体或法人的分支机构等社会组织,如个体工商户、农村承包经营户、法人的分支机构等。

2) 客体

定义:指合同法律关系主体的权利和义务共同指向的对象。

客体的种类如下:

(1) 物。指能被人们控制具有使用价值和价值的生产资料。工程建设中的买卖合同其客体就是物。

(2) 财。包括货币与有价证券等。工程建设中的借贷合同其客体就是财。

(3) 行为。指人们在主观意志支配下所实施的具体活动。在合同法律关系中,行为多表现为完成一定的工作,如监理合同、施工合同等其客体就是行为。

(4) 智力成果。即非物质财富,一般指脑力劳动成果,如专利权、商标权、著作权等。

3) 内容

定义:指主体为实现客体依法应尽的义务和享受的权利。

权利:指权利主体依据法律规定和约定,有权按自己的意志作出某种行为,同时要求义务主体作出某种行为或不得作出某种行为,以实现其合法权益。

义务:指义务主体依据法律规定和权利主体的合法要求,必须作出某种行为或不得作出某种行为,以保证权利主体实现权利。

2. 合同法律关系的产生、变更、终止

1) 法律事实

定义:能够引起合同法律关系产生、变更和消灭的客观现象和事实,就是法律事实。法律事实包括行为和事件。

(1) 行为。行为是指法律关系主体有意识的活动,能够引起法律关系发生变更和消灭的行为,包括作为和不作为两种表现形式。

(2) 事件。事件是指不以合同主体的主观意志为转移而发生的,能够引起合同法律关系产生、变更、消灭的客观现象。这些客观事件的出现与否,是当事人无法预见和控制的。事件可分为自然事件和社会事件两种。

2) 合同法律关系的产生、变更、终止

任何合同法律关系的产生、变更、终止必须基于一定的法律事实。当事人经过友好协商一致可以产生合同法律关系;在工程合同履行过程中出现一些签订合同时未预见的情况,如工程变更、物价的变化、不可抗力的出现等双方可以变更合同关系;双方认真履行完合同或出现一方严重违约另一方可以解除合同等,这些都可以使合同法律关系终止。

1.1.3 合同的分类

1. 双务合同与单务合同

根据合同当事人双方权利义务的分担方式,合同可划分为双务合同与单务合同。

1) 双务合同

双务合同是指合同双方当事人相互享有权利和相互承担义务的合同。

典型的双务合同有买卖合同、建设工程合同、租赁合同等。例如,建设工程施工承包合同中,甲方享有获得合格的建筑产品的权利和按时支付工程进度款的义务,乙方则享有获得工程进度款的权利和按施工图纸及相关标准规范提供合格建筑产品的义务。

2) 单务合同

单务合同是指合同当事人一方只享有权利而不负义务,另一方当事人主要负义务而不享受权利的合同。典型的单务合同有赠与合同、无偿保管合同和归还原物的借用合同。

2. 有偿合同与无偿合同

根据当事人是否可以从合同中获取某种利益,可以将合同分为有偿合同与无偿合同。

1) 有偿合同

有偿合同是指一方通过履行合同规定的义务而给对方某种利益,对方要得到该利益必须为此支付相应代价的合同,也可以理解为一方或双方均获利润的合同。

有偿合同是商品交换最典型的法律形式。在实践中,绝大多数反映交易关系的合同都是有偿的,如工程建设中涉及的诸如施工合同、监理合同等均为有偿合同。

2) 无偿合同

无偿合同是指一方给付对方某种利益,对方取得该利益时并不支付任何报酬的合同。无偿合同并不是反映交易关系的典型形式,它是等价有偿原则在实践中的例外现象,一般很少采用。如借用合同、赠与合同等属无偿合同。

3. 有名合同与无名合同

根据法律上是否规定了一定合同的名称,可以将合同分为有名合同与无名合同。

1) 有名合同

有名合同又称为典型合同,是指法律上已经确定了一定的名称及规则的合同。我国合同法所规定的 15 类合同,如买卖合同、建设工程合同、委托合同、居间合同、借贷合同等都属于有名合同。

2) 无名合同

无名合同又称非典型合同，并非无名称，而是指法律上尚未确定一定的名称与规则的合同。

4. 诺成合同与实践合同

1) 诺成合同

诺成合同是指当事人一方的意思表示一旦经对方同意即能产生法律效果的合同，即"一诺即成"的合同。

这种合同的特点在于当事人双方意思表示一致，合同即告成立。如工程建设中的施工合同、监理合同即属于诺成合同。

2) 实践合同

实践合同是指除当事人双方意思表示一致以外尚需交付标的物才能成立的合同。

5. 要式合同与不要式合同

根据合同是否应以一定的形式为要件，可将合同分为要式合同与不要式合同。

1) 要式合同

要式合同指合同签订必须满足一定的程序和形式，即必须根据法律规定的方式、程序而成立的合同。

2) 不要式合同

不要式合同是指当事人订立的合同依法并不需要采取特定的形式，当事人可以采取口头方式，也可以采取书面形式。

合同除法律有特别规定以外，均为不要式合同，而且我国合同法对合同的形式总体采取的是不要式原则。

1.2 工程建设合同管理法律基础

1.2.1 代理制度

1. 代理的概念和特征

代理是代理人在代理权限内，以被代理人的名义实施的、其民事责任由被代理人承担的法律行为。代理具有以下特征：

(1) 代理人必须在代理权限范围内实施代理行为。
(2) 代理人以被代理人的名义实施代理行为。
(3) 代理人在被代理人的授权范围内独立地表现自己的意志。
(4) 被代理人对代理行为承担民事责任。

2. 代理的种类

根据代理权产生的依据不同，可将代理分为委托代理、法定代理和指定代理。

1) 委托代理

基于被代理人对代理人的委托授权行为而产生的代理，授予代理权的形式可以用书面形式，也可以用口头形式，如果法律规定应当采用书面形式的，应当采用书面形式。在建设工程中涉及的代理主要是委托代理，如招标代理。

在委托代理关系中，被代理人有权随时撤销其授权委托，代理人也有权随时辞去所受委托，但应提前告知委托人，否则给委托人和第三方造成损失的应承担赔偿责任。

2) 法定代理

法定代理是根据法律的直接规定而产生的代理。在法定代理关系中，代理人、被代理人、代理事项都是法定的，如未成年子女的法定代理人为其父母。

3) 指定代理

根据人民法院和有关单位的指定而产生的代理。指定代理只在没有委托代理人和法定代理人的情况下适用，指定代理中的被代理人只能是人。

3. 无权代理

定义：无权代理是指行为人没有代理权而以他人名义进行民事、经济活动。

分类：无权代理包括以下几种情况。

(1) 没有代理权而为代理行为。

(2) 超越代理权限为代理行为。

(3) 代理权终止而为代理行为。

对于无权代理行为，被代理人可以根据无权代理行为的后果对自己有利或不利的原则，行使"追认权"或"拒绝权"。行使追认权后，将无权代理行为转化为合法的代理行为。行为人有"催告权"和"撤销权"。

4. 代理关系的终止

(1) 委托代理关系的终止。委托代理关系在下列情况下可以终止：
① 代理期届满或者代理事项完成。
② 被代理人取消委托或代理人辞去委托。
③ 代理人死亡或代理人丧失民事行为能力。
④ 作为代理人或者代理人的法人终止。

(2) 指定代理或法定代理关系的终止。指定代理或法定代理关系在下列情况下可以终止：
① 被代理人取得或恢复民事行为能力。
② 被代理人或代理人死亡。
③ 指定代理人的人民法院或指定单位撤销指定。
④ 监护关系消灭。

1.2.2 合同担保制度

1. 担保

担保指当事人根据法律规定或双方约定，为促使债务人履行债务实现债权人的权利的法律制度。担保合同通常由担保人和债权人签订，同时担保活动应遵循平等、自愿、公平、诚实信用的原则。典型担保方式有保证、抵押、质押、留置和定金五种。

2. 保证

1) 保证的概念和方式

保证是指保证人和债权人约定,当债务人不履行债务时,保证人按照约定履行债务或者承担责任的行为。保证法律关系必须至少有三方参加,即保证人、被保证人(债务人)和债权人。保证人必须是第三人。

保证的方式有两种,即一般保证和连带责任保证。一般保证保证人的风险责任相对于连带责任保证人的风险较小。

2) 保证人的资格

具有代为清偿债务能力的法人、其他组织或者公民,可以作为保证人。但是,以下组织不能作为保证人。

(1) 企业法人的分支机构、职能部门。企业法人的分支机构有法人书面授权的,可以在授权范围内提供保证。

(2) 国家机关。经国务院批准为使用外国政府或者国际经济组织贷款进行转贷的除外。

(3) 学校、幼儿园、医院等以公益为目的的事业单位、社会团体。

3) 保证责任

保证担保的范围包括主债权及利息、违约金、损害赔偿金及实现债权的费用。一般保证的保证人未约定保证期间的,保证期间为主债务履行期届满之日起 6 个月。

3. 抵押

1) 抵押的概念

抵押是指债务人或者第三人向债权人以不转移占有的方式提供一定的财产作为抵押物,用以担保债务履行的担保方式。债务人不履行债务时,债权人有权依照法律规定以抵押物折价或者从变卖抵押物的价款中优先受偿。其中债务人或者第三人称为抵押人。

2) 抵押物

抵押担保人对抵押物一定要对抵押物拥有所有权或处分权,否则该物不能作为抵押物。按照担保法的规定,下列财产可以作为抵押物:

(1) 抵押人所有的房屋和其他地上定着物。

(2) 抵押人所有的机器、交通运输工具和其他财产。

(3) 抵押人依法有权处分的国有土地使用权、房屋和其他定着物。

(4) 抵押人依法有权处置的国有机器、交通运输工具和其他财产。

(5) 抵押人依法承包并经发包人同意抵押的荒山、荒沟、荒丘、荒滩等荒地的土地使用权。

(6) 依法可以抵押的其他财产。

按照担保法的规定,下列财产不得作为抵押物:

(1) 土地的所有权。

(2) 耕地、宅基地、自留地、自留山等集体所有的土地使用权。

(3) 学校、幼儿园、医院等以公益为目的的事业单位、社会团体的教育设施、医疗卫生设施和其他社会公益设施。

(4) 所有权、使用权不明或者有争议的财产。

(5) 依法被查封、扣押、监管的财产。

(6) 依法不得抵押的其他财产。
3) 抵押的效力
抵押担保的范围包括主债权及利息、违约金、损害赔偿金和实现抵押权的费用。
4) 抵押权的实现
债务履行期届满抵押权人未受清偿的，可以与抵押人协议以抵押物折价或者以拍卖、变卖该抵押物所得的价款受偿；协议不成的，抵押权人可以向人民法院提起诉讼。

4. 质押

1) 质押的概念
债务人或者第三人为出质人，债权人为质权人，移交的动产或权利为质物。质权是一种约定的担保物权，以转移占有为特征。

2) 质押的分类
质押可分为动产质押和权利质押。
动产质押是指债务人或者第三人将其动产移交债权人占有，将该动产作为债权的担保。能够用作质押的动产没有限制。
权利质押一般是将权利凭证交付质押人的担保。可以质押的权利如下：
(1) 汇票、支票、本票、债券、存款单、仓单、提单。
(2) 依法可以转让的股份、股票。
(3) 依法可以转让的商标专用权、专利权、著作权中的财产权。
(4) 依法可以质押的其他权利。

5. 留置

1) 留置的概念
留置是指债权人按照合同约定占有对方(债务人)的财产，当债务人不能按照合同约定期限履行债务时，债权人有权依照法律规定留置该财产，并享有处置该财产得到优先受偿的权利。

2) 留置适用的合同
依《中华人民共和国担保法》规定，能够留置的财产仅限于动产，且只有因保管合同、运输合同、承揽合同发生的债权，债权人才有可能实施留置。

6. 定金

1) 定金的概念
定金是指当事人双方担保债务的履行，约定由当事人一方先行支付给对方一定数额的货币作为合同履行的担保。

2) 相关规定
(1) 定金的数额由当事人约定，但不得超过主合同标的额的20%。
(2) 债务人履行债务后，定金应当抵作价款或者收回。
(3) 给付定金的一方不履行约定的债务的，无权要求返还定金；收受定金的一方不履行约定的债务的，应当双倍返还定金。

1.2.3 时效制度

1. 诉讼时效的概念

诉讼时效是指权利人若在法定期间内不行使权利,就丧失了请求人民法院保护其民事权益的权利的法律制度。诉讼时效是民事时效的一种,民事时效是指经过一定期间和一定事实状态的继续,因而发生取得或丧失某种民事权利的制度。其取得权利的,称为取得时效;其丧失权利的,称为消灭时效。

2. 诉讼时效期间的规定

根据我国《中华人民共和国民法通则》(以下简称《民法通则》),以及我国单行法规,有关诉讼时效规定如下。

1) 普通诉讼时效期间

我国《民法通则》第一百三十五条规定,向人民法院请求保护民事权利的时效为两年,法律另有规定的除外。

2) 短期诉讼时效期间

我国《民法通则》第一百三十六条规定,下列诉讼时效期间为一年。

(1) 身体受到伤害要求赔偿的。
(2) 出售质量不合格的商品未声明的。
(3) 延付或者拒付租金的。
(4) 寄存财物被丢失或者损毁的。

3) 最长诉讼时效

《民法通则》规定:"诉讼时效期间以知道或者应当知道权利被侵害时起计算。但是从权利被侵害之日起超过 20 年的,人民法院不予保护。"即权利人在 20 年内的任何时候发觉其权利受到侵害,均可请求法院依诉讼程序强制义务人履行义务,从而为我国设立了最长的诉讼时效。

3. 诉讼时效的起算、中止、中断和延长

1) 诉讼时效的起算

诉讼时效的起算,就是从何时起开始计算时效期间。《民法通则》规定诉讼时效期间从权利人知道或者应当知道其权利被侵害时开始计算。但是,从权利被侵害之日起超过 20 年的,人民法院不予保护。

2) 诉讼时效的中止

所谓诉讼时效中止,根据我国《民法通则》第一百三十九条规定,是指在诉讼时效进行到最后 6 个月内,因一定的法定事由(不可抗力或其他障碍)之发生,使权利人不能行使请求时,时效暂停计算,待障碍时效进行的原因消失后,诉讼时效继续进行,累计计算。这样便保证权利人真正享有法律规定的提起诉讼的必要时间。

3) 诉讼时效的中断

所谓诉讼时效的中断,是指在时效进行中因法定事由(如提起诉讼、当事人一方提出要求或者同意履行义务)的发生,阻碍时效进行,致使已经进行的时效期限全部归于无效,待中断时效的事由消除后，其诉讼时效期间重新计算。我国《民法通则》第一百四十条对诉讼时效中断的事由规定了三项。

(1) 提起诉讼。权利人以提起诉讼的方式请求人民法院依据诉讼程序强制债务人履行债务，是权利人行使自己权利的最强有力的方式，它打破了权利人不行使权利的事实状态，从而产生时效中断的法律后果。

(2) 当事人一方提出要求。权利人向义务人作出口头的或书面的请求履行义务的意思表示，改变了其不行使权利的事实状态，成为中断诉讼时效的一项法定事由。

(3) 一方同意履行义务。义务人通过一定方式向权利人作出愿意履行义务的意思表示，就是义务人承认权利人权利的存在，使双方当事人间的权利、义务关系重新明确、稳定下来，所以导致诉讼时效中断。

4) 诉讼时效的延长

诉讼时效的延长，是指人民法院对于权利人在诉讼时效期间届满，且不具备中止或中断时效的法定理由的情况下，经审查确有正当理由时，准予延长诉讼时效期间的制度。根据最高人民法院《关于贯彻执行〈民法通则〉若干意见》的规定，诉讼时效期间的延长只适用于20年的最长诉讼时效。对于《民法通则》所规定的短期诉讼时效期间不准许延长诉讼时效。

1.3 工程建设合同体系

1.3.1 业主的主要合同关系

业主作为工程(或服务)的买方，是工程的所有者，可能是政府、企业、其他投资者，也可能是几个企业的组合，或政府与企业的组合(如合资项目、BOT项目的业主)。业主根据对工程的需求，确定工程项目的整体目标，这个目标是所有相关合同的核心。

要实现工程总目标，业主必须将建筑工程的勘察、设计、各专业工程施工、设备和材料供应、建设过程的咨询与管理等工作委托出去，必须与有关单位签订如下各种合同：

(1) 咨询(监理)合同，即业主与咨询(监理)公司签订的合同。咨询(监理)公司负责工程的可行性研究、设计监理、招标和施工阶段监理等某一项或几项工作。

(2) 勘察设计合同，即业主与勘察设计单位签订的合同。勘察设计单位负责工程的地质勘察和技术设计工作。

(3) 供应合同。对由业主负责提供的材料和设备，业主必须与有关的材料和设备供应单位签订供应(采购)合同。

(4) 工程施工合同，即业主与工程承包商签订的工程施工合同。一个或几个承包商承包或分别承包土建、机械安装、电器安装、装饰、通信等工程施工。

(5) 贷款合同，即业主与金融机构签订的合同。后者向业主提供资金保证。按照资金来源的不同，可能有贷款合同、合资合同或BOT合同等。

在建设工程中业主的主要合同关系如图1.1所示。

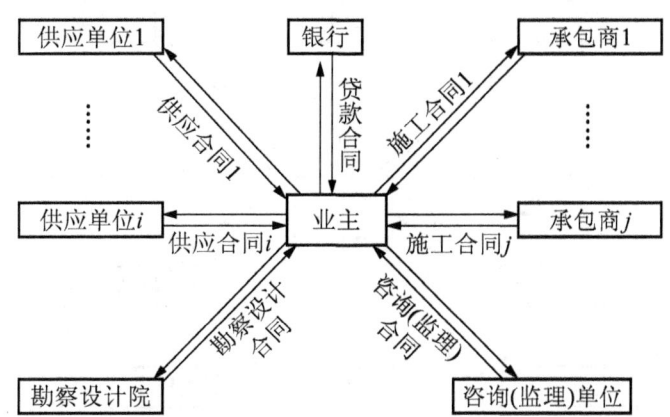

图 1.1　业主的主要合同关系

1.3.2　承包商的主要合同关系

(1) 工程承包合同。由承包人与业主(发包人)签订，这是承包人签订的最主要的合同之一，没有承包合同，承包人也就没有诸如分包、材料采购等合同。

(2) 分包合同。对于一些大的工程承包商常常必须与其他承包商合作才能完成总包合同责任。经业主同意，承包商可以将承接到的工程中的某些专业工程或工作分包给另一承包商来完成，并与分包商签订分包合同。承包商在承包合同下可能订立许多分包合同，而分包商仅完成他所分包的工程，向承包商负责。同时，工程分包虽然经业主同意，但不能解除承包人对分包工程的责任。

(3) 供应合同。承包商为采购和供应工程所必要的材料和设备，而与供应商签订供应合同。

(4) 运输合同。这是承包商为解决材料和设备的运输问题而与运输单位签订的合同。

(5) 加工合同。即承包商将建筑构配件、特殊构件加工任务委托给加工承揽单位而签订的合同。

(6) 租赁合同。在建筑工程中承包商需要许多施工设备、运输设备、周转材料。当有些设备、周转材料在现场使用率较低，或自己购置需要大量资金投入而自己又不具备这个经济实力时，可以采用租赁方式，与租赁单位签订租赁合同。

(7) 劳务供应合同。即承包商与劳务供应商之间签订的合同，由劳务供应商向工程提供劳务。

(8) 保险合同。指承包商按施工合同要求对工程进行保险，与保险公司签订保险合同。

上述承包商的主要合同关系如图 1.2 所示。承包商的这些合同都与工程承包合同相关，都是为了完成承包合同而签订的。

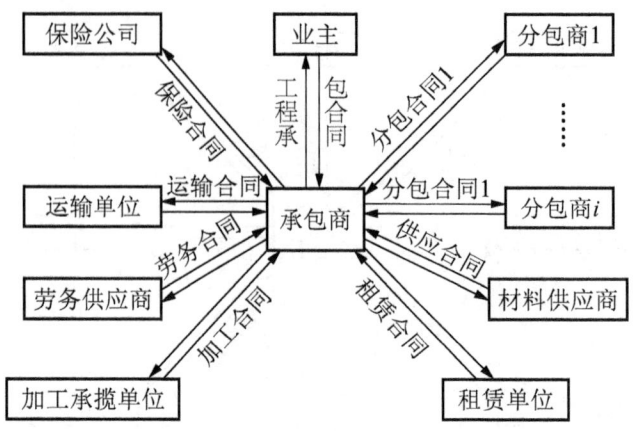

图 1.2　承包人的主要合同关系

 引例回放

通过上述对代理制度基本知识的讲解可以知道，在引例中：

(1) 李明与律师张三之间建立了委托代理关系，张三是代理人，李明为被代理人。

(2) 张三作为代理人，应当在李明的授权范围内行使代理权。案例中张三的行为很显然属于超权行为，为无权代理，对此李明可以行使拒绝权，不认可那份 50 万元的单据；李明也可以行使追认权，认可 50 万元单据。

本 章 小 结

本章主要介绍了合同概念、合同法律关系构成和分类，与合同管理相关的代理制度、担保制度、时效制度等民法基础知识，简要分析了业主、承包商的合同关系。在教与学中，重点掌握合同概念、合同法律关系的构成，以及代理、担保和时效制度的基本知识。

阅读材料指引

(1) 《中华人民共和国民法通则》。
(2) 最高人民法院关于贯彻执行《中华人民共和国民法通则》若干问题的意见。

习　　题

一、单选题

1. 对于合同当事人而言，所在国爆发战争是一种(　　)。

A. 合法行为　　　B. 违法行为　　　C. 自然事件　　　D. 社会事件
2. 设计合同的客体是(　　)。
A. 物　　　B. 行为　　　C. 智力成果　　　D. 财
3. 能够引起合同法律关系产生、变更和消灭的客观现象是(　　)。
A. 法律关系主体　　　　　　B. 法律事实
C. 法律关系客体　　　　　　D. 法律关系内容
4. 工程建设过程中，(　　)保证的金额是可以随时间变化的。
A. 施工投标　　　　　　B. 施工合同的履约
C. 施工预付款　　　　　D. 工程
5. 下列(　　)可以作为动产质押物。
A. 房产　　　B. 汽车　　　C. 股票　　　D. 依法取得的土地使用权
6. 一般保证的保证人未约定保证期间的，保证期间为主债务履行期届满之日起(　　)。
A. 3 个月　　　B. 12 个月　　　C. 6 个月　　　D. 24 个月
7. 当事人以土地使用权作抵押的，抵押合同自(　　)之日起生效。
A. 签订　　　B. 登记　　　C. 履行　　　D. 主合同生效

二、多选题

1. 根据代理权产生的依据不同，可将代理分为(　　)。
A. 委托代理　　　B. 间接代表　　　C. 法定代理
D. 直接代理　　　E. 指定代理
2. 下列几种情况中，(　　)发生后代理权终止。
A. 被代理人取消委托　　　　　　B. 被代理人丧失民事行为能力
C. 被代理人(是法人)终止　　　　D. 代理人(是法人)终止
E. 代理期间届满
3. 债权人可以留置的合同限于(　　)合同。
A. 建设工程　　　B. 保管　　　C. 运输
D. 加工承揽　　　E. 买卖保证合同
4. 下列有关保证在建设工程中的应用，说法正确的有(　　)。
A. 建设工程中常用的保证有投标保证、履约保证、施工预付款保证等
B. 投标保证的有效期一般从投标截止日起到确定中标人止
C. 施工履约保证的有效期从提交履约保证起到保修期结束止
D. 中标的单位拒签合同的可以没收其投标保证金
E. 预付款保证有效期从预付款支付之日起至发包人向承包人全部收回预付款之日止
5. 下列属于引起合同法律关系变更的事件的是(　　)。
A. 战争　　　B. 业主违约　　　C. 洪水
D. 双方协商延长工期　　　E. 政策变化

三、简答题

1. 简述合同、工程建设合同的概念。
2. 合同法律关系构成包括哪几部分？
3. 简述代理概念及特点。

4. 代理种类有哪些？无权代理的表现形式有哪些？
5. 简述代理终止的方式。
6. 典型担保方式有哪几种？
7. 简述可以作为抵押物和不能抵押的主要财产。
8. 哪些合同交易可以行使留置权？
9. 简述时效种类及失效期。
10. 简述时效中止、中断的概念。
11. 工程建设中业主、承包商主要合同关系有哪些？

第 2 章

建设工程合同法律制度

教学目标

合同法是合同管理最基本的法律依据。本章主要介绍合同法的特点、基本结构、合同订立的原则程序、有效合同的条件、合同的履行、合同的变更与终止、违约责任、合同争议的解决等合同法的基本内容。通过本章的学习,应达到以下目标:

(1) 了解合同管理的基本原则;

(2) 熟悉有效合同的条件、合同的终止、合同争议解决,以及结合案例讲解相关法律概念;

(3) 掌握合同的订立、无效合同的表现形式与处理、合同的履行、变更与转让、违约责任。

教学要求

知识要点	能力要求	相关知识
合同法概述	(1) 了解合同法特征 (2) 掌握合同概念及特征 (3) 熟悉合同法的基本原则	(1) 合同法立法背景 (2) 合同的种类 (3) 民法的基本原则
合同的订立	(1) 了解合同订立的条件 (2) 掌握合同订立的过程——要约与承诺 (3) 熟悉合同订立的责任——缔约过失责任	(1) 合同主体的种类 (2) 合同谈判的策略与技巧 (3) 合同的备案管理

续表

知识要点	能力要求	相关知识
合同的形式与内容	(1) 熟悉合同的形式——书面、口头和其他形式 (2) 掌握合同内容	(1) 合同的表现形式 (2) 合同与协议的区别 (3) 合同的主要条款
合同的效力	(1) 了解合同成立与合同生效的关系 (2) 掌握合同生效要件、效力待定合同、无效合同、可撤销合同的种类 (3) 熟悉附条件、附期限合同概念，无效合同法律后果	(1) 合同生效要件 (2) 无效合同法律责任
合同的履行	(1) 了解合同履行的概念、原则 (2) 掌握合同履行中的抗辩权及行使条件 (3) 掌握合同保全的种类及行使条件	(1) 合同双方的基本权利和义务 (2) 民法中有关代位权与撤销权的基本规定
合同的变更、转让与终止	(1) 熟悉合同变更的基本规定 (2) 掌握合同转让的种类及条件 (3) 掌握合同终止的种类及规定	(1) 合同关系的构成 (2) 合同双方的权利和义务
违约责任与争议解决	(1) 了解违约责任的基本概念与承担原则 (2) 掌握违约责任的种类及承担条件 (3) 掌握合同争议解决的方式及程序	(1) 合同双方的违约责任规定 (2) 民法、仲裁法、民事诉讼法的基本知识

基本概念

邀约、承诺、缔约过失责任、无效合同、效力待定合同、可撤销合同、抗辩权、代位权、撤销权、法定解除、约定解除、提存、仲裁、诉讼

引例

2006年2月20日，陕西某建筑工程公司(以下简称建筑公司)与山西某实业有限公司(以下简称实业公司)签订《建筑工程施工合同》，约定：建筑公司承建实业公司的新兴大厦，该建筑为砖混结构，工程包工包料，每平方米造价380元，共计420万元；工程验收合格，并进行决算后10日内一次性付清全部工程款，逾期付款按未付款项的万分之五承担违约金。双方合同还约定了工期、开工和竣工时间、违约责任等有关合同条款。建筑公司按合同约定组织施工。2007年5月19日建筑公司按合同约定完工，双方验收后，在《竣工报告》上签字盖章。2006年6月21日双方决算价款为人民币4323452元。实业公司2007年6月25日支付100万元后，再未支付工程款。2007年9月8日建筑公司向法院提起诉讼。

建筑公司诉称：建筑公司依据双方签订的《建筑工程施工合同》已完成新兴大厦全部施工任务，并已竣工验收合格，双方也已进行结算，实业公司除支付部分工程款项外，尚欠工程款3323452元，请求法院判令实业公司给付以上拖欠工程款及逾期付款违约金。

实业公司辩称：根据原建设部、国家工商行政管理局发布的《建筑市场管理规定》，跨省、自治区、直辖市承包工程或者分包工程、提供劳务的施工企业，须依照《施工企业资质管理规定》，持单位所在地省、自治区、直辖市人民政府主管部门或国务院有关主管部门出具的外出承包工程证明和本规定第14号规定的证件，向工程所在地省、自治区、直辖市人民政府建设行政主管部门办理核准手续，并到工商行政机关办理有关手续。建筑公司没有根据以上规定办理有关手续，其不具有进入山西省建筑市场进行经营活动的主体资格，故双方签订的《建筑工程施工合同》无效，实业公司不应按无效合同约定承担违约责任。

在此合同纠纷中，双方签订合同是否有效？法院该如何判决此纠纷？

为了合理解决此纠纷，必须掌握与合同管理相关的合同法及相关规定。

2.1 《合同法》概述

2.1.1 《合同法》及其特点

1999年3月19日，第九届全国人民代表大会第二次会议审议通过了《中华人民共和国合同法》(以下简称《合同法》)，并于1999年10月1日起正式实施。《合同法》具有以下5个方面的特点：

(1) 从实际出发，充分体现和贯彻了总结本国立法经验与借鉴国外立法经验相结合的原则。

(2) 充分体现了合同意思自治的原则。

(3) 在价值取向上兼顾经济利益与社会公正、交易便捷与交易安全。

(4) 充分体现了合同法制定和实施的时代特点。

(5) 特别注重法律的规范性与可操作性。

2.1.2 《合同法》的调整范围

《合同法》第二条第一款规定："本法所称的合同是平等主体的自然人、法人、其他组织之间设立、变更、终止民事权利义务关系的协议。"

这一条规定了《合同法》的调整范围，不仅从合同的主体和内容上界定了《合同法》的适用范围，也明确了合同的概念。

1. 合同是一种协议

从本质上说，合同是一种协议，是两个或两个以上的当事人，为了一定的目的，在平等、自愿、协商一致的基础上，设立、变更、终止某项民事权利义务关系而形成的协议。

2. 合同是平等主体之间的协议

《合同法》中规定的平等民事主体有三类，即自然人、法人和其他组织。

3. 合同是平等主体之间有关民事权利义务关系的协议

合同法律关系以当事人各方之间的权利义务为基本内容。权利是指权利主体依据法律规定和约定，有权按自己的意志作出某种行为，同时要求义务主体作出某种行为或不得作出某种行为，以实现其合法权益。义务是指义务主体依据法律规定和权利主体的合法要求，

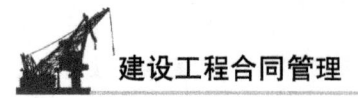

必须作出某种行为或不得作出某种行为，以保证权利主体实现权利。

4. 合同是平等主体之间设立、变更、终止民事权利义务关系的协议

(1) 设立。是指当事人之间合同关系的建立或确认，当事人准备接受合同的约束，履行规定的义务，行使规定的权利。

(2) 变更。是指合同在签订后未履行或在履行过程中，当事人就合同条款进行修改、补充而达成新的协议。

(3) 终止。是指当事人双方的权利义务关系归于消灭的状况。它包括自然终止、协议终止和违约终止。

2.1.3 《合同法》的框架

1. 基本框架

《合同法》包括总则、分则、附则三个部分，共 23 章 428 条。

2. 总则

对各种合同作了概括性的规定，共 8 章 129 条，主要包括：一般规定(8 条)；合同的订立(35 条)；合同的效力(16 条)；合同的履行(17 条)；合同的变更与转让(14 条)；合同的权利义务终止(16 条)；违约责任(16 条)；其他规定(7 条)。总则确立了我国合同的基本制度和基本规范，为各类具体合同的订立和履行提供了准则。

3. 分则

考虑到在实际中不同类别的合同有其特殊性，因而《合同法》在分则中列出了 15 种常见的合同并对其特殊性作了相应的规定，这 15 种合同分别是：买卖合同；供用水、电、气、热力合同；赠与合同；借款合同；租赁合同；融资租赁合同；承揽合同；建设工程合同；运输合同；技术合同；保管合同；仓储合同；委托合同；行纪合同；居间合同。

其中，建设工程合同包括三种合同，即勘察合同、设计合同、施工合同；委托合同包括建设工程委托监理合同。

4. 附则

即《合同法》的第四百二十八条，说明《合同法》实施的日期为 1999 年 10 月 1 日，同时废除的三部法律是《中华人民共和国经济合同法》《中华人民共和国涉外经济合同法》《中华人民共和国技术合同法》。

2.1.4 《合同法》的基本原则

合同法的基本原则是合同法的主旨和根本准则，也是制定、解释、执行和研究合同法的出发点，其主要原则如下。

1. 平等的原则

这是《合同法》第三条的规定。平等的原则具体体现有：订立合同的当事人法律地位平等；履行时当事人法律地位平等；承担合同责任时，当事人的法律地位平等。

2. 自愿的原则

这是《合同法》第四条的规定。自愿的原则体现在当事人有权依照自己的意志决定是否签订合同；有权决定与谁签订合同；有权依照自己的意志决定合同的内容和形式。

3. 公平的原则

这是《合同法》第五条的规定。公平的原则主要体现在当事人参加民事活动的机会均等；当事人之间的权利与义务对等；当事人承担民事责任应合理，即责任与过错相适应。

4. 诚实信用的原则

这是《合同法》第六条的规定。诚实信用的原则要求当事人在订立、履行合同的全过程中，应有真诚的善意，相互协作，密切配合，实事求是，讲究信誉，全面地履行合同所规定的各项义务。

5. 合法的原则

这是《合同法》第三条的规定。合法的原则要求当事人依法订立、履行合同，应尊重社会公德；同时要求当事人订立、履行合同不得扰乱社会经济秩序、不得损害社会公共利益。

2.2 合同的订立

2.2.1 合同订立的条件

依据《合同法》第九条规定："当事人订立合同，应当具有相应的民事权利能力和民事行为能力。当事人依法可以委托代理人订立合同。"

1. 自然人

自然人要想成为合同的主体，必须具有相应的权利能力和行为能力。权利能力出生就有，而民事行为能力，则需要达到一定条件。我国《民法通则》将自然人的行为能力分为无民事行为能力、限制民事行为能力和完全民事行为能力。自然人签订有效合同必须具备完全民事行为能力。

2. 法人和其他组织

他们一般具有订立合同的行为能力和权利能力，但由于其在法律上规定的有其特定的经营、业务活动范围，所以他们在订立合同时，即使是资质等级满足条件，若订立合同内容超出其经营范围，合同也是无效的。

3. 委托代理人订立合同

当事人在某种特殊情况下不能订立合同，可以委托代理人签订合同，此时代理人应注意以下两点：一是应在委托人的授权范围内签订合同；二是在与第三人订立合同时应出示委托授权书。

2.2.2 合同订立的程序

依据《合同法》第十三条规定："当事人订立合同，要采用要约、承诺方式。"由此可见，要约与承诺是当事人订立合同的必经程序。

1. 要约

(1) 定义。要约指当事人一方向另一方提出订立合同的要求，并列明合同的条款，以及限定其在一定期限作出承诺的意思表示。

(2) 要约的条件。其主要内容包括：
① 要约是特定的当事人的意思表示。
② 要约的目的是与他人订立合同。
③ 内容必须具体确定。
④ 要约一旦经对方承诺，要约人即受要约的约束。

(3) 要约邀请。《合同法》第十五条规定"要约邀请是希望他人向自己发出要约的意思表示"，该意思表示人不受要约邀请的约束。

《合同法》第十五条规定下列行为属于要约邀请：
① 寄送的价目表。
② 拍卖公告。
③ 招标公告。
④ 招股说明书。
⑤ 商业广告。但商业广告具备要约条件的构成要约。

(4) 要约生效。要约在到达受要约人时生效，即所谓的到达主义。

2. 承诺

(1) 定义。当事人一方对另一方发来的要约，在要约的有效期内作出完全同意要约条款的意思表示。

(2) 承诺具有法律约束的条件。
① 承诺由受要约人作出。
② 承诺的内容与要约的内容一致。
③ 承诺必须在要约规定的有效期内作出。

(3) 承诺的效力。承诺的效力在于使合同成立。《合同法》规定，承诺生效时，合同成立。

合同在承诺到达要约人时生效，即采用达到主义，这是大陆法系的传统。英美法系采用发信主义。发信主义和到达主义的本质区别在于承诺通知在途风险的分配。

发信主义将此种风险分配给要约人承担。

到达主义将此种风险分配给承诺人承担。

(4) 承诺迟延和承诺撤回。承诺迟延是指受要约人所作承诺未在期限内到达要约人。这包括受要约人在承诺期限届满后发出承诺而使承诺延迟，以及受要约人在承诺期内发出承诺，但因其他原因而使承诺迟到两种情况。

《合同法》规定，受要约人超过承诺期限发出承诺的，除要约人及时通知受要约人该承诺有效的以外，为新要约。

受要约人在承诺期限内发出承诺，按照通常情形能够及时到达要约人，但因其他原因承诺到达要约人时超过承诺期限的，除要约人及时通知受要约人因承诺超过期限不接受该承诺的以外，该承诺有效。

承诺可以撤回,撤回应是在承诺生效之前。因而撤回承诺的通知必须在承诺通知到达要约人之前或与承诺同时到达要约人。此时,允许承诺人撤回承诺,不会损及要约人的利益。

《合同法》规定,当事人采用信件、数据电文等形式订立合同的,可以在合同成立之前要求签订确认书,签订确认书时合同成立。

当事人采用合同书形式订立合同的,自双方当事人签字或者盖章时合同成立。

(5) 对要约内容实质与非实质变更的规定。其主要内容包括:

① 实质性变更。视为受要约人对要约人发出了一个新要约。

② 非实质性变更。要视要约人的态度而定,若要约人同意,则承诺有效,否则,视为新要约。

3. 合同订立程序

在订立合同时,当事人反复协商,最终达成协议,表现在订立合同的程序上是一个要约→再要约→……→承诺的过程,最终合同才告成立。

4. 合同成立的时间和地点

合同成立的时间是由承诺实际生效的时间决定的。通常情况下,承诺生效时合同成立,即承诺到达要约人时,合同成立。

合同成立的地点为承诺生效的地点,当事人采用合同书形式订立合同的,双方当事人签字或者盖章的地点为合同成立的地点。采用数据电文形式订立合同的,收件人的主营业地为合同成立的地点;没有主营业地的,其经常居住地为合同成立的地点。

【例2-1】广东华成公司在报纸、杂志上刊登广告,声称:为纪念本公司成立50周年,推出优惠价黄金项链。项链为24K金,重10g,每条售价1000元。广告详细介绍了项链的特点,并有彩色图片作辅助说明。广告称,欲购者请汇款至本公司,本公司将在一周内将项链寄出。广告3个月内有效。北京人李某收集项链,见广告后即寄1000元给华成公司。一周后被告知黄金项链是限量销售,已经全部售出。李某遂向消费者协会反映,并要求华成公司承担违约责任。经过消费者协会调解,华成公司交付给李某一条黄金项链。

案例分析

对此案有两种观点:第一种观点认为,华成公司的广告只不过是要约邀请,因此华成公司不受广告的约束,华成公司不构成违约责任。第二种观点认为,华成公司的广告构成了要约,华成公司应当承担违约责任。经过消费者协会调解,华成公司交付给李某一条黄金项链。

本案例涉及的主要问题是要约的概念、要件、效力及与要约邀请的区别。

广告能否构成要约,需要对广告的情况进行具体分析。本案中的广告构成了要约。

(1) 华成发布广告的目的是为了唤起对方响应而成立合同,而不是唤起广告受众对广告主提出要约,不是仅仅为了商业上的宣传。一旦有人承诺广告的内容,即成为合同的内容。广告主应当就广告中的许诺,对相对人承担义务。就本案的广告来看,广告主华成公司明确表达了建立交易关系的愿望,具有明确的缔约目的,表示受广告约束。广告称:欲购者请汇款至本公司,本公司将在一周内将项链寄出。广告3个月内有效。这种表述,就是受约束的意思表示。"3个月"是要约的承诺期限,亦即要约的有效期。换一个角度看,广告清楚地表明成立合同关系不需要再进一步地磋商、讨价还价。本案中的广告已经表明款到发货的意旨。这种意旨,是受广告约束的意思表示。实践中这类情况较多,例如,广告中"款到即发货""收到定单7日内发货"等许诺就排除了进一步洽商的必要。对这种广告,不应视作要约邀请,而应视为要约。对广告条件完全接受的人应当认定其与广告主发生合同关系。不过,实践中的情况比较复杂,单凭广告中的几个不确定的字眼,不能确认其为要约。例如,广告中笼统地说"备有现货,保证供应",就不宜据此认定其构成要约。因为,此类用语往往只是商业宣传用语,并不是一种允诺。

(2) 广告具体表明了合同内容,含有足以使合同成立的必要条款。华成公司的广告是为了建立买卖合同关系的广告,一个买卖合同的要约,参照《联合国国际货物销售合同公约》第十四条的规定至少需要3项条款:一是标的,二是价金,三是数量。华成公司的广告中,标的、价款都很明确,只是没有数量。但是,应当认为有确定数量的方法。即广告主已经把确定数量的权利交给了买受人,买受人以汇款数量决定交易数量。也就是说,华成公司的广告符合《合同法》第十四条要约"内容具体确定"的要求。

综上所述,华成公司的广告构成了要约,其送达后(发布后)即产生效力,相对人(广告受众)即获得了承诺权。相对人承诺(汇款)后,合同成立,华成公司有履行义务,其不履行,应当承担违约责任。华成公司并没有在广告中表明是限量销售,因此限量销售并不是其免责的理由,也不是其撤销合同的理由。

5. 缔约过失责任

缔约过失责任是指合同订立过程中,一方因违背诚信原则而给另一方造成损失时所应承担的责任。

例如,在工程建设的招标投标过程中,招标人下达了中标通知书而中标人不与招标人签订合同,则中标人应当承担缔约过失责任。

(1) 缔约过失责任的法律特征。其主要内容包括:
① 此种责任发生在合同订立阶段,合同尚未成立,或虽成立,但被确认无效或者撤销。
② 一方违反了依诚信原则而产生的义务。此种义务不是约定义务,而是一种法定义务。
③ 造成了另一方信赖利益损失,此种损失基于信赖而发生。

所谓信赖利益损失,主要是指一方实施某种行为后,另一方对此产生了信赖(如信任其会订立合同),并因此而支付了一定的费用,因一方违反诚信原则使该费用不能得到补偿。

(2) 缔约过失责任。主要有以下几种情形:
① 假借订立合同,恶意进行磋商。
② 故意隐瞒与订立合同有关的重要事实或者提供虚假情况。
③ 泄露或不正当地使用他人商业秘密,如产品的性能、销售对象、市场营销情况及技术诀窍等。
④ 其他违背诚实信用原则的行为。

在上述几种情况下,一方必须给另一方造成损失,才应负缔约过失责任。

缔约过失责任不同于合同违约责任,缔约过失责任发生在合同订立过程中,合同尚未成立,或虽成立但被确认无效或者撤销。而合同违约责任发生在合同成立和生效以后。

2.3 合同的形式和内容

2.3.1 合同的形式

合同形式是合同当事人合意的表现形式。《合同法》第十条规定的合同形式有书面形式、口头形式和其他形式。法律和行政规章规定采用书面形式的，应采用书面形式。当事人约定采用书面形式的，应当采用书面形式。

1. 书面形式

书面形式是指合同书、信件以及数据电文(包括电传、电子邮件、传真、电报和电子数据交换等)可以有形地表现合同内容的形式。

2. 口头形式

口头形式是指当事人只用语言为意思表示订立合同，而不是用文字表述协议内容的形式。采用口头形式订立合同具有快速便捷的优点，其缺点是发生合同纠纷时难以举证，因而应即时清结。

3. 其他形式

除书面形式和口头形式之外，当事人还可以通过自己的行为成立合同。即当事人仅用行为向对方发出要约，对方接受该要约，作出一定或指定的行为作为承诺，合同即宣告成立，如事实合同、默示合同等。

2.3.2 合同的内容

《合同法》第十二条规定，合同的内容由当事人约定，一般包括以下条款：
(1) 当事人的名称或者姓名和住所。
(2) 标的。
(3) 数量。
(4) 质量。
(5) 价款或者报酬。
(6) 履行期限、地点和方式。
(7) 违约责任。
(8) 解决争议的方法。

由此可见，作为一份合同应该包括以上 8 个方面的内容，否则就不能称作为合同，而只能说明当事人之间签订了一份协议。

2.4 合同的效力

2.4.1 合同的生效与成立

1. 合同生效的概念

所谓合同生效，是指已经成立的合同在当事人之间产生了一定的法律约束力，也就是通常所说的法律效力。

2. 合同成立与生效的区别

《合同法》第四十四条规定：依法成立的合同，自成立时生效。

尽管合法的合同一旦成立便产生效力，但合同的成立与合同的生效仍然是两个不同的概念，应当在法律上严格区分。

所谓合同的成立，是指缔约当事人就合同的主要条款达成合意，但合同的成立只是解决了当事人之间是否存在合意的问题，并不意味着已经成立的合同都能产生法律约束力。换言之，即使合同已经成立，如果不符合法律规定的生效要件，仍然不能产生法律效力。

合法合同从合同成立时起具有法律效力，而违法合同虽然成立但不会发生法律效力。由此可见，合同成立后并不是当然生效的，合同是否生效，还主要取决于其是否符合国家的意志和社会公共利益。

2.4.2 合同的生效要件

已经成立的合同，必须具备一定的生效要件，才能产生法律约束力，合同的生效要件是判断合同是否具有法律效力的标准。

合同的一般生效要件包括下列 4 个条件。

1. 行为人具有相应的民事权利和民事行为能力

行为人具有相应的民事行为能力的要件，通常又称为有行为能力原则或主体合格原则。

由于任何合同都是以当事人的意思表示为基础，并且以产生一定的法律效果为目的。因此，行为人必须具备正确地理解自己的行为性质和后果、独立地表达自己意思的能力。不具备相应的民事行为能力，就不能相应地独立进行意思表示，即使订立了合同也将会使自己遭受损失。

2. 意思表示真实

所谓意思表示真实，是指表意人的表示行为应当真实地反映其内心的效果意思。

效果意思是指意思表示人欲使其表示内容引起法律上效力的内在意思要素。表示行为是指行为人将其内在意思以一定的方式表示于外部，并足以为外界所客观理解的要素。

意思表示真实要求表示行为应当与效果意思相一致。

在大多数情况下，行为人表示于外部的意思同其内心真实意思是一致的。但有时行为人作出的意思表示与其真实意思不相符合，例如：A 单位拟同 B 单位签订供货合同，因 B 单位产品价格过高，本不想签约，但迫于 B 单位的压力或威胁不得已而与之签订了供货合同。此种情况称为"非真实的意思表示""意思缺乏"或"意思表示不真实"。

合同一旦成立，就要在当事人之间产生约束力，如果当事人是在被胁迫、受欺诈以及重大误解等法律规定的情况下作出的与其真实意思不符的意思表示，那么，根据法律规定，当事人可以申请人民法院或者仲裁机关依法撤销该行为，并根据情况追究过错的一方或双方当事人的责任。

3. 不违反法律和社会公共利益

不违反法律是指不违反法律和行政法规的强制性规定。不违反社会公共利益，就是指不违反公序良俗。

4. 合同必须具备法律所要求的形式

当事人可以选择合同所采用的形式,但如果法律对合同形式、订立程序有特殊规定的,应当遵守法律的规定,否则视为无效合同。例如,在建设工程承发包中,某一项目按照规定其发包应招标来选择承包商,若发包人未招标就选择了承包人并签订了合同,则此次发包无效,其签订的承包合同也是无效的。

同时《合同法》第四十四条规定:"法律、行政法规规定应当办理批准、登记手续生效的,依照其规定。"

2.4.3 附条件合同和附期限合同

1. 附条件合同

附条件合同是指合同当事人在合同中约定一定的条件,并将条件的成立与否作为合同效力发生或消灭根据的合同。

附条件合同中所附条件应符合以下要求:

(1) 条件必须是将来发生的事实,已发生的事实不能作为条件。

(2) 条件是不确定的事实,其将来发生与否不能确定。不可能发生的或者必然发生的事实不能作为条件。

(3) 条件是由当事人约定的事实,而非法律规定的条件。

(4) 条件必须合法。违法或者违背社会公德的事实不能作为合同的条件。

(5) 条件不得与合同的主要内容相矛盾。

2. 附期限合同

附期限合同是指当事人在合同中设定一定的期限,并把期限的到来作为合同效力发生或消灭根据的合同。

附期限合同和附条件合同不同,合同所附期限是必然到来的,而所附条件发生与否却是不确定的。

期限可分为始期和终期。始期是合同效力发生的期限,又称生效期限。终期是指合同效力终止的期限,又称为解除期限。

建设工程施工合同中虽然附了合同工期,但它不属于附期限合同的范畴,因为合同工期不影响合同效力的发生或消灭。

【例 2-2】王某与李某同为一个工厂的工人。王某患病在家休息。某月发工资,每个工人被摊派必须认购每券一元的文化官建设奖券 3 张,在工资中扣除购买费用,奖券连同工资一同发放。李某为王某代领工资,并为王某抽出奖券 3 张。李某揭开奖券,发现其中 1 张中特等奖,奖金 1 万元。李某去王某家,告知其为王某抽奖 3 张,并问,如果中奖,奖金如何处理。王某说,如果中奖,二人平分奖金。李某即出示奖券,王某见中奖,当即反悔。李某诉至法院,要求分得 5000 元奖金。

 案例分析

受诉法院判决李某分得奖金 3000 元,其余归王某所有。与本案的判决不同,当前流行

的观点是该赠与合同无效。有学者指出:"当事人在确定该合同及其条件的时候,所附条件的事实已经是客观的、已经发生的事实,即李某是在合同所附条件已经实际发生的情况下,与王某约定平分奖金的所附条件,因而不符合必须是将来发生的事实和必须是不确定的事实这两个条件。因此,双方当事人平分约定奖金的协议,不发生法律上的效力,李某无权要求王某赠与奖金,王某也无赠与李奖金的义务。法院判决李某分得奖金3000元,没有法律依据,侵害了王某的财产所有权。"

对本案的合同效力的分析如下:

对本案的处理,比较一致的观点认为,王某不发生赠与的义务。对合同性质的分析,也比较一致。认为双方附了一个既成条件,合同应当无效。其实,对附生效条件合同来说,附一个既成条件,并不是合同无效的事由,附一个既成条件,其客观效果等于无条件,即没有条件限制合同的效力,既成条件只不过是假装条件。"法律行为成立时,其成就与否业已确定之条件即所谓既成条件,亦即法律行为所附条件,系属过去既定事实者,虽有条件之外形,但并无实质条件之存在……"无条件等于设立的条件无效,是合同部分无效的一种情况。这是我们分析问题的第一步。

第二步,对于王某与李某之间"无条件"的合同效力应当如何看待?此赠与合同效力的发生不受条件的限制,但还受其他因素的限制。这个"无条件"的合同不是出于赠与合同债务人王某的真意。案情是这样的:李某问,如果中奖,奖金如何处理。王某说,如果中奖,二人平分奖金。李某即出示奖券,王某见中奖,当即反悔。"如果中奖"的表述隐瞒了已经中奖的事实,构成了合同欺诈。如果李某揭示了中奖的事实,王某就不会有赠与的意思表示,赠与合同是以欺诈为基础成立的。因此该合同应为因欺诈订立的可撤销合同。从目的来看,欺诈,并不是在附条件问题上(部分问题上)的欺诈,而是为获得不正当民事权益的合同欺诈。可撤销的合同是意思表示有瑕疵的合同,同时是成立的、有效的合同。对该可撤销的合同,王某可以履行,也可以请求人民法院予以撤销。合同撤销权是需要法院或者仲裁机关认可的形成权,即所谓的形成诉权。撤销权的行使很麻烦,王某拒绝履行,可以根据《合同法》第一百八十六条第一款的规定行使任意撤销权。该款规定:"赠与人在赠与财产的权利转移之前可以撤销赠与。"因而,附生效条件赠与,赠与人仍然享有任意撤销权。这种任意撤销权是典型的形成权,由撤销权人通知相对人即发生效力。

2.4.4 效力待定合同

1. 效力待定合同的概念

效力待定合同是指虽已成立,但是否发生法律效力尚不确定的合同。

该类合同的效力处于悬而未决状态,它欠缺权利人的同意,经权利人追认方可自始有效,权利人拒绝追认,合同归于无效。

2. 效力待定合同的类型

按照《合同法》第四十七条至第五十一条的规定,效力待定合同主要包括以下几种类型。

(1) 限制民事行为能力人订立的合同。这份合同经法定代理人追认后,合同有效。相对人可以催告法定代理人在1个月内予以追认,法定代理人未作表示的,视为拒绝追认。

(2) 无权代理订立的合同。行为人没有代理权、超越代理权或代理权终止后以被代理人的名义订立的合同，未经被代理人追认，对被代理人不发生效力，由行为人承担责任。

(3) 法定代表人、负责人超越权限订立的合同。一般认为，法定代表人、负责人是享有相应权利的，是能够代表法人或其他组织的，因而其行为是有效的。只有在相对人知道或应当知道法定代表人或负责人超越权限的情况下，法定代表人、负责人签订的合同才是无效的。

(4) 无权处人签订的处分他人财产的合同。无处分权人处分他人财产而订立的合同一般情况下无效。但《合同法》第五十一条规定：无处分权人处分他人财产，经权利人追认或者无处分权人订立合同后取得处分权的，该合同有效。

2.4.5 无效合同

1. 无效合同的概念

无效合同是指当事人违反了法律规定的条件而订立的，国家不承认其效力，不给予法律保护的合同。

2. 无效合同的范围

根据《合同法》第五十二条规定，有下列情形之一的，合同无效。

(1) 一方以欺诈、胁迫的手段订立合同，损害国家利益。"欺诈"是指一方当事人故意告知对方虚假情况，或者故意隐瞒真实情况，诱使对方当事人作出错误意思表示的行为。如施工企业伪造资质等级证书与发包人签订施工合同。"胁迫"是给自然人及其亲友的生命、健康、荣誉、名誉、财产等造成损害或者以给法人的荣誉、名誉、财产等造成损害为要挟，迫使对方作出违背真实意思表示的行为。

(2) 恶意串通、损害国家、集体或第三方利益。如在建设工程领域中较为常见的是投标人串通或招标人与投标人串通损害国家、集体或第三人利益，投标人、招标人通过这样的方式订立的合同是无效的。

(3) 以合法形式掩盖非法目的。

(4) 损害社会公共利益。如果合同违反了公共秩序和公序良俗，就损害了社会公共利益，这样的合同也是无效的。如在施工合同的履行中规定以债务人的人身作为担保的约定，就属于无效的合同条款。

(5) 违反法律、行政法规的强制性规定。违反法律、行政法规的强制性规定的合同属于无效合同。按照《最高人民法院关于适用〈中华人民共和国合同法〉若干问题的解释(一)》(法释[1999]19号)的第四条规定：合同法实施以后，人民法院确认合同无效，应当以全国人大及其常委会制定的法律和国务院制定的行政法规为依据，不得以地方性法规、行政规章为依据。可见，当事人签订的合同若违反的不是全国人大及其常委会制定的法律和国务院制定的行政法规的，则不影响合同的效力，当然应当接受有关行政主管部门的相应处罚。例如，在我国施工垫资问题非常普遍，禁止垫资施工主要是依据1996年6月原国家计划委员会、原建设部、财政部联合下发的《关于严格禁止在工程建设中带资承包的通知》(以下简称《通知》)，从行政管理的角度来说，这一《通知》是建设行政主管部门依法对工程合同进行管理的重要依据，因而一些法院据此认为施工合同中垫资施工的条款，违反了该强制性规定而属于无效条款却是不当的。

2.4.6 可撤销合同

1. 可撤销合同的概念和特征

可撤销合同,又称为可撤销、可变更的合同,它是指当事人在订立合同时,因意思表示不真实,法律允许撤销权人通过行使撤销权而使已经生效的合同归于无效。

例如,因重大误解而订立的合同,误解的一方有权请求法院撤销该合同。

可撤销合同与无效合同是不同的,其法律特征表现如下:

(1) 可撤销合同主要是意思表示不真实的合同。
(2) 必须由撤销权人主动行使撤销权,请求撤销合同。
(3) 可撤销合同在未被撤销以前仍然是有效的。
(4) 可撤销合同在《民法通则》中称为可变更、可撤销的合同,也就是说此类合同的撤销权人有权请求予以撤销,也可以不要求撤销而仅要求变更合同的内容。

2. 撤销权的行使

撤销权通常由因意思表示不真实而受损害的一方当事人享有,如重大误解中的误解人、显失公平中的遭受重大不利的一方。

撤销权人有权提出变更合同,从鼓励交易的需要出发,《合同法》第五十四条规定:当事人请求变更的,人民法院或仲裁机构不得撤销。因此,请求变更的权利也是撤销权人享有的一项权利。

撤销权人必须在规定的期限内行使撤销权。《合同法》第五十五条规定:具有撤销权的当事人自知道或者应当知道撤销事由之日起1年内没有行使撤销权或具有撤销权的当事人知道撤销事由后明确表示或者以自己的行为放弃撤销权,则撤销权消失。之所以规定撤销权的行使期限,是为了防止一些合同的效力长期处于不稳定状态,不利于社会经济秩序的稳定。

3. 可撤销合同的种类

可撤销合同通常包括以下4种类型:

(1) 因重大误解订立的合同。所谓重大误解,是指一方因自己的过错而对合同的内容等发生误解,订立了合同。误解直接影响到当事人所应享有的权利和承担的义务。误解既可以是单方面的误解,也可以是双方的误解。

(2) 在订立合同时显失公平的合同。显失公平的合同是指一方在订立合同时因情况紧迫或缺乏经验而订立的明显对自己有重大不利的合同。例如,某人投资额占全部投资的4/5,但利润的分配比例仅占5%,这种合作合同显然是不公平的。

(3) 因欺诈、胁迫而订立的合同。
(4) 乘人之危订立的合同。

所谓乘人之危,是指行为人利用他人的为难处境或紧迫需要,强迫对方接受某种明显不公平的条件并作出违背其真实意志的意思表示。

2.4.7 合同被确认无效或被撤销的后果

1. 无效的合同或被撤销的合同自始没有法律约束力

自始无效指自合同成立之日起合同就没有法律效力,因为合同无效的原因常常存在于合同成立之际。当然，在合同部分内容无效的情况下，如果无效部分不影响合同的其他部分，则其他部分仍然有效。

2. 不影响独立存在的解决争议条款的效力

《合同法》第五十七条规定："合同无效、被撤销或者终止的，不影响合同中存在的有关解决合同争议方法的条款的效力。"因为这些条款具有相对的独立性，只有在真正发生争议时才适用。

3. 财产的返还及当事人责任的承担

《合同法》第五十八条规定："合同无效或被撤销后，因该合同取得的财产，应当予以返还；不能返还或没有必要返还的，应当折价补偿。有过错的一方应当赔偿对方因此所受到的损失，双方都有过错的，应当各自承担责任。"

(1) 财产的返还。由于合同无效或被撤销后，合同自始没有法律效力，因而其履行合同所发生的一切变化，均应恢复到原来的状态。若合同没有履行，则就不履行。若已经履行，则应恢复到没有履行的状态。对因合同而取得的财产应返还给对方，若财产发生了变化不能返还，或没有必要返还的，应当补偿。

(2) 赔偿损失。对于合同无效或被撤销有过错的一方，对方因此而遭受损失的，应承担赔偿责任，赔偿对方因此遭受的损失。对双方都有过错的，则根据其过错的程度，各自承担相应的责任。

(3) 收归国家所有或返还集体、第三人。《合同法》第五十九条规定："当事人恶意串通，损害国家集体或第三人利益的，因此取得的财产应当收归国家所有或者返还集体、第三人。"

【例 2-3】甲有限责任公司卖给乙农场(国有企业)一批鱼粉(饲料)。在签订合同之前，乙方仔细审阅了甲方提供的质量保证书和说明书，说明书中列举了各种成分的含量。甲方发货后，乙方在第 16 天开始检验，发现质量与质量保证书和说明书严重不符，遂通知甲方解除合同，并要求甲方退回货款 260 万元，支付不履行的违约金 32 万元。甲方不予理睬。乙方起诉至法院要求判决解除合同，返还 260 万元货款，并支付违约金 32 万元。甲方则主张因自己的欺诈，合同无效。

案例分析

对此案有三种观点：第一种观点认为，甲方欺诈国有企业，等于侵害国家利益，依照《合同法》第五十二条的规定，合同为无效。第二种观点认为，甲方欺诈国有企业，不等于侵害国家利益，依照《合同法》第五十四条的规定，合同为可撤销。第三种观点认为，合同因欺诈属于可撤销，但乙方有权根据《合同法》第九十四条的规定通知甲方解除合同，并要求返还货款、支付违约金。

本案涉及的主要法律问题是无效合同与可撤销合同的区别。

对本案的分析：欺诈国有企业，是欺诈人侵犯了一个平等民事主体的利益，在终极意义上是侵犯了国家利益。但是如果按终极意义的侵犯确定当事人行为的性质，则破坏了公平原则、平等原则。欺诈的具体对象是乙国有企业，乙国有企业有独立的人格，它是被侵害的主体，如果认为国家是被侵害的主体，那么国家能否作为民事诉讼原告起诉欺诈人呢？

如果认为国有企业的利益等于国家利益，那么国有企业欺诈了他人，他人是否可以起诉国家呢？实际上，设立了国有企业，赋予其法律人格，就将国有企业的利益与国家的利益作了区别，使国有企业能够独立享有权利、承担义务。因此，欺诈国有企业订立的合同，只是可撤销的合同，不是无效合同。

既然是可撤销合同，被欺诈人就掌握了合同撤销与否的主动权。他可以请求法院撤销，也可以维持合同的效力追究对方不履行或者履行不符合约定的责任。在本案中，乙方的要求是能够成立的。第一，甲乙之间的合同是有效合同，在符合条件时，自然可以解除。第二，解除后，合同自订立时起失去效力，因此乙方有权要求返还财产。第三，解除后，不影响当事人要求赔偿损失的权利，这种赔偿可以违约金的方式表现出来，乙方请求甲方支付32万元违约金于法有据。

【例2-4】黄某于2002年10月1日深夜一点钟得知其儿子得了急性阑尾炎症，需要做外科手术，摘除阑尾。黄某得知消息时正在某县城。该县城距离市区医院约36km，但深夜没有出租车，赵某恰巧驾驶私家车路过。黄某拦住赵某的车，要求搭乘，但未提出搭车的原因。赵某提出要600元，黄某心急如焚，当即答应。至医院后，赵某收了黄某的600元钱扬长而去。黄某记住了赵某的车号，在一个月后找到了赵某，要求退回500元。赵某拒绝，黄某提起诉讼，以乘人之危为由，要求把车费降低至100元。在当地，36km的出租车费是80元左右。法院受理该案件后，又受理了案由相同的起诉：甲电器公司急需一种电器上的配件，该配件平时10元/个，但乙机械公司得知该种零件市场上断档，且属甲公司急需，遂对甲公司提高要价。甲公司被迫以60元/个的价格购买配件5000个，比平时多支付价款250000元。后甲电器公司起诉，以乘人之危为由，要求将合同价格变更至10元/个。

案例分析

法院受理后，对第一个案件认为构成了乘人之危，判决予以变更。对第二个案件有不同的意见。第一种意见认为，乙公司不构成乘人之危，因为利用市场供求关系不能认为是乘人之危。另一种意见认为，市场配件断档，乙公司事实上处于经济上的垄断地位，其利用了自己的垄断地位和甲公司的急需，是一种乘人之危的行为，合同应当准予变更。法院采纳了第一种意见，驳回了甲公司的诉讼请求。

对两个案件的分析意见如下。

第一个案件中的赵某的行为符合乘人之危的四个条件，生活中的急迫需要可以认为是一种被人利用的"危难"。双方的旅客运输合同，属于可撤销的合同。对于可撤销的合同，有变更和撤销两种救济方法。当事人请求变更的，法院不得撤销，当事人请求撤销的，法院酌情可以予以变更。法院根据原告的诉讼请求，将600元变更至100元的判决，是恰当的。

第二个案件中的甲公司是商人，是经营者，其对市场交易的风险应当有更强的承受能力，经营中的紧迫需要一般不能认为是"危难"。出卖人乙公司利用供求关系提高配件的出卖价格，是一种正常的市场竞争行为，从已知的条件看，尚不构成不正当竞争，也不构成乘人之危。合同的效力应予维持，否则合同关系过于脆弱，不利于保证交易安全。

2.5 合同的履行

2.5.1 合同履行的概念和原则

1. 合同履行的概念

合同的履行是指合同当事人按照合同的规定全面地、适当地完成其合同义务,并实现各自的权利,使各方的目的得以实现的行为。依法成立的合同,当事人就应当按照合同的约定全部履行自己的义务,合同应当履行是合同具有法律约束力的首要表现。

2. 合同履行的原则

合同履行的原则是合同当事人在履行合同债务时所应遵循的基本准则。《合同法》第六十条规定:"当事人应当按照约定全面履行自己的义务。当事人应当遵循诚实信用原则,根据合同的性质、目的和交易习惯履行通知、协助、保密等义务。"由此可见,合同履行应遵循的主要原则有全面履行和诚实信用原则。

1) 全面履行原则

全面履行原则要求当事人按照合同的约定全面履行自己的义务,包括履行义务的主体、标的、数量、质量、价款或酬金、履行的期限、履行的地点、履行方式等,都应严格按照合同的约定全面履行。

合同生效后,当事人就质量、价款或报酬、履行地点等内容没有约定或者约定不明的,按照《合同法》第六十一条的规定,当事人可以协议补充,不能达成补充协议的,按照合同有关条款或者交易习惯确定。

如按照《合同法》第六十一条的规定仍然不能确定如何履行的,可以按照《合同法》第六十二条的如下规定履行。

(1) 质量要求不明确的,按照国家标准、行业标准履行;没有国家、行业标准的,按照通常标准或符合合同目的的特定标准履行。

(2) 价款或报酬不明的,按订立合同时履行地的市场价格履行;依法应当执行政府定价或政府指导价的,按规定履行。

(3) 履行地点不明确的,给付货币的,在接受货币一方所在地履行;交付不动产的,在不动产所在地履行;其他标的物在义务一方所在地履行。

(4) 履行期限不明确的,债务人可以随时履行,债权人也可以随时要求履行,但应当给对方必要的准备时间。

(5) 履行方式不明确的,按照有利于实现合同目的的方式履行。

(6) 履行费用的负担不明确的,由履行义务一方承担。

2) 诚实信用原则

诚实信用原则是指当事人在履行合同时,要心怀善意,要诚实,讲信用,相互协作,不得滥用权利。如有的需要及时通知对方,以便做好准备;有的需要提供必要的条件和说明;有的需要协作;有的需要保密等。

【例2-5】甲乙双方订立了买卖20t泡沫塑料的合同,合同规定甲方(卖方)在一年内分

4 次交货，但对交货的季度、月份和具体日期都没有规定。甲方欲在一个季度内分 4 次交货，并声称，如乙方拒绝接受，将追究其违约责任。双方发生争议。结合本案的情况，乙方提出，自己用料是一个连续、渐进的过程，仓库的容量有限，这些情况甲方也都了解。根据诚实信用原则，交货的时间应当确定为按季度分 4 次交货。《合同法》第六十二条第(四)项规定："履行期限不明确的，债务人可以随时履行，债权人也可以要求履行，但应当给对方必要的准备时间。"据此，甲方认为自己可以随时履行，即可以在一个季度内分 4 次交货。

案例分析

甲乙双方的合同对交货期限约定不明确，甲方主张在一个季度内分 4 次交货，乙方主张交货时间应当以年平均。甲方主张自己有权随时发货，乙方否认甲方的这种权利。这就涉及合同补缺的顺序问题。

乙方的观点是正确的。乙方的观点实际上是要按照《合同法》第六十一条的规定进行补缺，根据已有的条款(一年内分 4 次交货)确认合同应按 4 个季度分 4 次交货。甲方的观点是适用《合同法》第六十二条自己有权随时交货。应当指出，按照《合同法》第六十一条，依据已有的条款，在诚实信用原则指导下是能够推定出意图的。第一步骤能够完成补缺的任务，即能够推定出当事人的意图。第一步骤不能解决问题时才能适用第二步骤，不能忽略他们之间的顺序关系。另外，本案适用第六十二条第(四)项，有违诚实信用原则，这是检验规则适用是否正确的一个标准。

2.5.2 合同履行中的抗辩权

1. 抗辩权的概念

抗辩权指在双务合同中，当事人一方有依法对抗对方要求或否认对方权力主张的权利。合同法规定了同时履行抗辩权和异时履行抗辩权。

合同履行中的抗辩权，是合同效力的表现。它们的行使，只是在一定的期限内中止履行合同，并不消灭合同的履行效力，产生抗辩权的原因消失后，债务人仍应履行其债务。双务合同履行中的抗辩权，对抗辩权人是一种保护，免除其履行后得不到对方履行的风险，使对方当事人产生及时履行、提供担保等压力，因此它们是债权保障的法律制度。行使抗辩权就是行使自己的合法权利，而非违约，应受法律保护。

2. 同时履行抗辩权

同时履行抗辩权是指在没有规定履行顺序的双务合同中，当事人一方在当事人另一方未为对待给付以前，有权拒绝先为给付的权利。

《合同法》第六十六条规定：当事人互负债务，没有先后履行顺序的，应当同时履行。一方在对方履行之前有权拒绝履行要求。一方在对方履行债务不符合约定时，有权拒绝其相应的履行要求。

同时履行抗辩权的适用条件。

(1) 由同一双务合同中产生互负债务，只有在同双务合同中才能产生同时履行抗辩权。

(2) 在合同中未约定履行顺序，即"没有先后履行顺序"，在这种情况下往往要求当事人同时履行。只有在当事人双方的债务同时到期时才可能产生同时履行抗辩权。

(3) 当事人另一方未履行债务。

(4) 对方的对待给付可能，倘若对方所负债务已经没有履行的可能性，即同时履行的目的已不可能实现时，则不发生同时履行抗辩问题，当事人可依照法律规定解除合同。

3. 后履行抗辩权

后履行抗辩权即后履行一方的抗辩权，是指在有履行顺序的双务合同中，后履行合同的一方人有权要求应当先履行的一方履行其义务，如果应当先履行的一方未履行债务或者履行债务不符合约定，后履行的一方当事人有权拒绝应当先履行一方的履行请求。此时，后履行的一方当事人有权行使其异时履行抗辩权。

例如，建设工程施工合同履行过程中，承包方一般负有先履行债务的责任，即完成约定的工程形象进度，而发包方则负有后履行债务的责任，即审查承包方工程进度月报表后及时支付当月工程进度款。若承包方未完成约定的工程形象进度，或虽然完成了约定的工程形象进度，但工程质量不符合要求，则发包方有权拒绝承包方的付款请求。

4. 先履行一方的抗辩权——不安抗辩权

(1) 不安抗辩权的概念。不安抗辩权，是指在双务合同中，当事人互负债务，合同约定有先后履行顺利的，先履行债务的当事人一方应当先履行其债务。但是，在应当先履行债务的当事人一方，有确切证据证明对方有丧失或者可能丧失履行债务能力的情况中的情况下可以中止履行其债务。此时，先履行的一方当事人有权行使其不安履行抗辩权。

(2) 不安抗辩权的法律规定。《合同法》第六十八条规定："应当先履行债务的当事人，有确切证据证明对方有下列情形之一的，可以中止履行。

① 经营状况严重恶化。

② 转移财产、抽逃资金、以逃避债务。

③ 丧失商业信誉。

④ 有丧失或者可能丧失履行债务能力的其他情况。

当事人没有确切证明中止履行的，应当承担违约责任。"

(3) 不安抗辩权的行使程序及后果。按照《合同法》第六十九条规定，当事人行使不安抗辩权应当及时通知对方，以使对方了解其主张的不安抗辩权，使对方作出明确的表示。

当事人行使不安抗辩权，可能出现三种后果：

① 若对方提供担保，应恢复履行。

② 中止履行的一方可以解除合同，这种情况发生在中止履行后，对方在合理的期限内未恢复履行能力，也没有提供担保的情形下。

③ 中止履行的一方承担违约责任，这种情况一般是行使不安抗辩权的一方在没有确切证据的情况下发生。

【例 2-6】1999 年 10 月，江苏某重型机械公司(以下简称"重型机械公司")与沈阳某工业公司(以下简称"工业公司")签订买卖合同。约定由重型机械公司供给工业公司价值 200 万元的重型机械设备及配件。约定 2001 年 2 月发货，货到后 5 个月内付款。2001 年 2 月，重型机械公司在沈阳的代办处发现工业公司从别处买进的重型机械，大部分以低于进价卖出。重型机械公司遂发出拒绝履行的通知，在通知中阐明了拒绝履行的理由，并要求对方提供担保。工业公司派人催发货并表示近期不发货将提起诉讼。重型机械公司的法律顾问将此案提交律师事务所讨论。

案例分析

大部分律师认为，重型机械公司的不安抗辩权成立。因为工业公司将所进货物大部分以低价转售，违背了商业经营的规律，使支付出卖人的价款不能回笼。其行为只有一种解释，就是利用他人的货物套现。这种表现，是典型欺诈性公司的表现。重型机械公司可以该公司欠缺信用为由行使不安抗辩权。行使不安抗辩权无效果，重型机械公司可以解除合同。

有少部分律师认为，工业公司的低价转售行为并没有针对重型机械公司发生，重型机械公司行使不安抗辩权的理由不足。还有个别律师认为，工业公司构成了重大默示预期违约，重型机械公司可以不行使不安抗辩权，而直接行使法定解除权，即依照《合同法》第九十四条第（二）项的规定通知工业公司解除合同。

本案中，重型机械公司行使不安抗辩权有充足的理由。工业公司低价转售的行为，如果只是偶尔为之则尚不能构成丧失商业信誉的事实。但其将购进的大部分重型机械以低价转卖，不能回笼足够的货款，那么只有一种解释，就是利用他人的货物变现，即套取现金。套取他人现金是经常性行为，那么这个公司就是欺诈性公司。针对欺诈性公司不仅可以行使不安抗辩权，还可以直接解除合同。

另外，丧失商业信誉的行为，不一定针对特定的当事人。如甲乙双方签订合同，甲方又与丙方签订了同类合同，甲方对丙方丧失信用，则乙方对甲方有可能成立不安抗辩权。

2.5.3 合同保全

1. 合同保全的概念

合同保全是指法律为防止因债务人财产的不当减少而给债权人的债权带来危害，允许债权人为确保其债权的实现而采取的法律措施。这些措施包括行使撤销权或代位权两种。

合同保全不同于合同担保。首先，合同保全的作用主要在于防止债务人责任财产的不当减少，而合同担保则是在于增加保障债权实现的责任财产的量，使第三人的财产也成为债权实现的保证，或者使债权人对特定的物享有物权，可通过物权的行使，使债权优先得到实现。其次，合同保全是基于法律的直接规定，债权人的撤销权、代位权，系债权人的法定权利，而合同的担保多基于当事人的约定而设立。另外，合同保全是债权效力的一部分，而合同担保多是在原债之外另行设定了担保之债。

合同保全一般具有以下法律特征：

(1) 合同保全是合同相对性原则的例外。根据合同相对性原则，合同仅在合同当事人之间产生法律效力，合同当事人不可以依合同向第三人主张权利。但依合同保全制度，合同债权人却可以依其与债务人之间的合同，而取得对第三人的影响。可见，合同保全为合同相对性原则的例外。

(2) 合同保全主要发生在合同生效期间。如果合同未成立、无效或已被撤销，则无合同保全的余地。

(3) 合同保全的基本方法是确认债权人享有代位权和撤销权,这两种措施均在于防止债务人财产的不当减少,从而保障债权人债权的实现。

2. 债权人的代位权

1) 代位权的概念

债权人的代位权是指因债务人怠于行使其到期债权,对债权人的债权造成的损害,债权人可以向人民法院请求以自己的名义代位行使债务人债权的权利。

代位权具有以下法律特征:

(1) 代位权是债权人代债务人之位向债务人的债务人主张权利,因此,债权人的债权对第三人产生了约束力,此项权利为法定权利,随债的移转和消灭而移转和消灭。

(2) 代位权是债权人以自己名义行使债务人的权利,代位权不同于代理权。代位权行使的目的在于保全自己的债权,增大自己债权实现的可能性。

(3) 代位权是债权人请求第三人向债务人履行债务,而不是请求第三人向自己履行债务。

(4) 代位权的行使必须向法院提起诉讼,其虽为一实体权利,但只能依诉行使。

2) 代位权行使的要件

代位权的行使应符合以下要件:

(1) 债权人与债务人之间必须有合法的债权债务存在。

(2) 债务人对第三人享有到期债权。代位权是债权人代债务人之位而行使其债权,当债务人的债权不存在时,无从代位。而在债务人的债权未到期时,也不能代位行使,因为此时债务人的债务人享有期限利益。

(3) 债务人怠于行使其权利。所谓怠于行使,是指应当而且能够行使而不行使。应当行使指若不及时行使,权利就有可能超过诉讼时效等。所谓能够行使,是指不存在任何权利行使的障碍。如果债务人已积极向其债务人主张权利或已向法院提起了诉讼,但由于其债务人的原因而未能实现债权,则不属于怠于行使。

按照《最高人民法院关于适用〈中华人民共和国合同法〉若干问题的解释(一)》(法释〔1999〕19号)第十三条规定"债务人怠于行使其到期债权,对债权人造成损害的",是指债务人不履行其对债权人的到期债务,又不以诉讼方式或者仲裁方式向其债务人主张其享有的具有金钱给付内容的到期债权,致使债权人的到期债权未能实现。次债务人(即债务人的债务人)不认为债务人有怠于行使其到期债权情况的,应当承担举证责任。

(4) 债务人怠于行使权利的行为有害于债权人的债权。这主要是指债务人没有其他财产可供清偿,又不积极行使对第三人的债权,以获得财产来清偿自己的债务,从而危及债权人的债权实现。

(5) 债务人的债权不是专属于债务人自身的债权。专属于债务人自身的债权,是指基于扶养关系、抚养关系、赡养关系、继承关系产生的给付请求权和劳动报酬、退休金、养老金、抚恤金、安置费、人寿保险、人身伤害赔偿请求权等权利。

3) 债权人代位行使的范围

债权人代位行使的范围应以保全债权的必要为限。代位权行使的目的在于保障债权的实现,因而代位权的行使不应超出这一目标范围,代位权的行使范围应以债权人的债权为限。

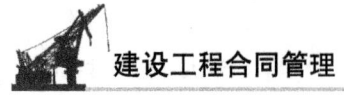

3. 债权人的撤销权

1) 撤销权的概念

撤销权是指债权人针对债务人滥用其财产处分权而损害债权人债权的行为，请求人民法院予以撤销的权利。

《合同法》第七十四条规定：因债务人放弃其到期债权或者无偿转让财产，对债权人造成损害的，债权人可以请求人民法院撤销债务人的行为。债务人以明显不合理的低价转让财产，对债权人造成损害，并且受让人知道该情形的，债权人也可以请求人民法院撤销债务人的行为。

撤销权的行使范围以债权为限，债权人行使撤销权的必要费用由债务人承担，如诉讼费等。

2) 撤销权行使的构成要件

撤销权的行使必须符合客观要件和主观要件。

客观要件是指客观方面债务人实施了一定有害于债权人债权的行为。此类行为包括放弃到期债权、无偿转让财产和以明显不合理的低价转让财产。

主观要件是指债务人与第三人有恶意。恶意是指债务人知道或者应当知道其处分财产的行为将导致其无资产清偿债务，从而有害于债权人的债权，而仍然实施该行为。第三人的恶意指在债务人以明显不合理的低价转让该财产时，第三人知道债务人以明显不合理低价转让财产将对债权人造成损害。如果第三人不知道该情形的，则为善意。

3) 撤销权的行使

撤销权的行使需由享有撤销权的债权人以自己的名义向人民法院提起诉讼，请求人民法院撤销债务人的不当处分财产的行为。

撤销权的行使应注意以下几个问题：

(1) 撤销权的行使范围应以债权人的债权为限。撤销权的行使在于保全债权，因而只能以债权人的债权额为限。否则，就是对债务人过分的干涉。

(2) 关于撤销之诉中的被告。若债务人实施的是单方行为，则应以债务人为被告；若债务人与第三人共同实施行为，则应以债务人和第三人为共同被告。

(3) 撤销权必须在一定期限内行使。《合同法》第七十五条规定：撤销权自债权人知道或者应当知道撤销事由之日起一年内行使。自债务人的行为发生之日起五年内没有行使撤销权的，该撤销权消灭。

2.6 合同的变更与转让

2.6.1 合同变更

1. 合同变更的概念

合同变更是指当事人对已经发生法律效力，但尚未履行或者尚未完全履行的合同进行修改或补充所达成的协议。

2. 合同变更的条件

(1) 当事人之间原已经存在合同关系。合同的变更是新合同对旧合同的替代，所以必然在变更之前就存在合同关系，否则就不存在合同变更。同时，原合同必须是有效合同，如果原合同无效或者被撤销，则合同自始就没有法律效力，也不会发生变更的问题。

(2) 合同变更必须有当事人的变更协议。

(3) 原合同内容发生变化。一般情况下，合同的变更为合同内容的变更，所以合同的变更应当能起到使合同的内容发生变更的效果，否则不能认为是合同的变更。合同的变更包括合同性质、标的、各履行条款等的变化。

(4) 合同变更必须满足法定要求。《合同法》第七十七条规定，法律、行政法规规定变更合同应当办理批准、登记手续的，当事人必须办理。否则合同变更不发生法律效力。

3. 合同变更的效力

合同变更后当事人应当按照变更后的合同履行。合同变更后有以下效力：

(1) 变更后的合同部分，原有的合同失去效力，当事人应当按照变更后的合同履行。

(2) 合同的变更只对合同未履行的部分有效，不对已经履行的部分产生效力，当事人另有约定的除外。即合同的变更不产生追溯力。

(3) 合同的变更不影响当事人请求损害赔偿的权利。合同变更以前，一方因可归责于自己的原因而给对方造成损害的，另一方有权要求责任方承担赔偿责任，但是合同变更协议已经对受害人的损害给予处理的除外。

(4) 当事人对合同变更的内容约定不明确的，推定为没有变更。

2.6.2 合同转让

1. 合同转让的概念

合同转让是指合同权利义务的转让，合同当事人一方将合同权利、义务全部或部分地转让给第三人。合同转让包括合同权利的转让、合同义务的转让及合同权利义务的概括转让。

合同转让具有以下法律特征：

(1) 合同转让并不引起合同内容的变化。合同转让只是合同权利义务的归属方的变化，合同权利义务本身并没有发生变化。

(2) 合同转让是合同主体的变化。合同转让是由第三人替代合同当事人一方成为合同当事人，即当事人一方退出合同或第三人进入合同关系。

(3) 合同转让涉及原合同当事人双方之间的权利义务关系、转让人与受让人之间的权利义务关系。

2. 合同权利的转让

合同权利转让是指合同债权人将其合同权利转让给第三人享有。如高速公路收费权的转让，就是一种典型的合同权利的转让。

《合同法》第七十九条规定：债权人可以将合同的权利全部或者部分转让给第三人。在合同权利部分转让的情况下，受让的第三人加入合同关系，与原债权人共享债权，使原合同之债变为多数人之债。在合同权利全部转让的情况下，第三人取代原债权人而成为合同的新债权人，原债权人脱离合同关系。

3. 合同义务的转让

合同义务转让是指不改变合同内容，债务人将其合同义务转移给第三人。

合同义务转让可分为全部转移和部分转移，全部转移是指第三人受让债务而成为合同新的债务人，部分转移则是第三人受让部分债务而加入到合同关系中。

4. 合同权利义务的概括转移

合同权利义务的概括转移，是指合同当事人一方将其合同权利义务一并转移给第三人。第三人取代原当事人成为合同的当事人，债的同一性不变。

合同权利义务的概括转移可基于法律的规定而发生，也可以基于当事人之间的合同行为而发生。合同权利义务的概括转移主要包括以下几种情形：

(1) 合同承受。合同承受是指合同一方当事人与第三人订立合同，并经对方当事人同意，将合同中的权利义务一并移转给第三人。非经对方当事人同意，不得将合同中的权利义务一并移转给第三人。

(2) 企业合并。企业合并是指两个或两个以上企业合并为一个企业。企业合并可导致合同主体的法定变更，即合同权利义务的概括转移。《合同法》第九十条规定：当事人订立合同合并后的，则合并后的法人或者其他组织行使合同权利，履行合同义务。

2.7 合同的终止

2.7.1 合同终止概述

1. 合同终止的概念

合同终止是指合同当事人双方依法使相互间的权利义务关系终止，即合同关系的消灭。它是随着一定法律事实的发生而发生的，与合同的中止不同之处在于，合同中止是在法定的特殊情况下，当事人暂时停止履行合同，当这种特殊情况消失后，当事人仍然承担继续履行的义务，而合同的终止是合同关系的消灭。

2. 合同终止的情形

按《合同法》第九十一条规定：有下列情况形之一的，合同的权利义务终止。
(1) 债务已按照约定履行。
(2) 合同解除。
(3) 债务相互抵销。
(4) 债务人依法将标的物提存。
(5) 债权人免除债务。
(6) 债权债务归于同一人。
(7) 法律规定或者事人约定终止的其他情形。

2.7.2 合同的解除

1. 合同解除的概念

合同解除是指当事人依法行使解除权或双方协商决定,提前解除合同效力的行为,包括约定解除和法定解除。

2. 约定解除

1) 约定解除的概念

约定解除是指当事人通过行使约定的解除权或双方协商决定而进行的合同解除。当事人协商一致可以解除合同,即合同的协商解除。当事人可以约定一方解除合同的条件,当条件成就时,解除权人可以解除合同,即约定解除。

2) 法律规定

《合同法》第九十三条规定:"当事人协商一致,可以解除合同。当事人可以约定一方解除合同的条件。解除合同的条件成就时,解除权人可以解除合同。"

3) 约定解除的方式

(1) 当事人协商一致,可以解决合同:是指合同当事人双方都同意解除合同,而不是单方行使解除权。

(2) 约定一方解除合同条件的解除:是指当事人在合同中约定解除合同的条件,当合同成立之后,全部履行之前,由当事人一方在某种情况出现后享有解除权,从而终止合同关系。

3. 法定解除合同

法定解除是解除条件直接由法律规定的解除。当法律规定的解除条件具备时,当事人可以解除合同。

《合同法》第九十四条规定:有下列情形之一的,当事人可以解除合同。

(1) 因不可抗力致使不能实现合同目的。

(2) 在履行期限届满之前,当事人一方明确表示或者以自己的行为表明不履行主要债务。

(3) 当事人一方迟延履行主要债务,经催告后在合理期限内仍未履行。

(4) 当事人一方迟延履行债务或者有其他违约行为致使不能实现合同目的。

(5) 法律规定的其他情形。

4. 合同解除的法律后果

《合同法》第九十七条规定:"合同解除后,尚未履行的,终止履行;已经履行的,根据履行情况和合同性质,当事人可以要求恢复原状、采取其他补救措施,并有权要求赔偿损失。"

《合同法》第九十八条规定:"合同的权利义务终止,不影响合同中结算和清理条款的效力。"

2.7.3 债务相互抵销

1. 债务抵销的概念

债务抵销是指两个人彼此互负到期债务,各以其债权充当债务的清偿,使双方的债务在等额范围内归于消灭。债务抵销可以分为法定债务抵销和约定债务抵销两类。

2. 法定债务抵销

法定债务抵销是指当事人互负到期债务,该债务标的物的种类、品质相同的,任何一方可以将自己的债务与对方的债务抵销。法定债务抵销要求必须是互负到期债务,且债务标的物的种类、品质相同。

当事人主张抵销的,应当通知对方。通知自到达对方时起生效。

3. 约定债务抵销

约定债务抵销是指当事人经协商一致而发生的抵销。约定债务抵销的标的物的种类、品质可以不同,但要求当事人必须协商一致。

2.8 违约责任

2.8.1 违约责任的概念和特征

违约责任是指当事人任何一方不履行合同或履行合同义务不符合约定而应当承担的法律责任。违约行为表现形式包括不履行和不当履行。

《合同法》第一百零七条规定:当事人一方不履行合同义务或者履行合同义务不符合约定的,应当承担继续履行、采取补救措施或者赔偿损失等违约责任。

违约责任具有以下法律特征:

1) 违约责任的产生以合同当事人不履行合同义务为条件

2) 违约责任具有相对性

合同关系的相对性决定了责任的相对性,违约责任只能在特定的当事人之间发生,合同之外的当事人不会成为违约责任的主体。即《合同法》规定的承担违约责任的严格责任原则。例如,甲乙之间订立了买卖合同,在甲尚未交付标的物之前,该标的物被丙损毁,致使甲不能向乙交付该标的物。此时,根据违约责任的相对性特征,甲仍然应向乙承担违约责任,而不得以标的物不能交付是因为第三人的侵权行为所致为由,要求免除违约责任。

3) 违约责任具有补偿性

违约责任旨在补偿因违约行为所造成的损害,而不是一种惩罚手段,受害人不能因违约方承担责任而获得额外的补偿。

4) 违约责任可以由当事人约定

违约责任具有一定的任意性,当事人可以在法律规定的范围内对违约责任作出事先的安排。《合同法》第一百一十四条规定:当事人可以约定一方违约时应当根据违约情况向对方支付一定数额的违约金,也可以约定因违约产生的损害赔偿额的计算方法。

5) 违约责任是民事责任的一种形式

民事责任根据其违反义务的性质不同,可分为违约责任和侵权责任。因此,违约责任是我国民事责任制度的组成部分。

2.8.2 违约责任的构成要件

违约责任的构成要件是指当事人应具备何种条件才应承担违约责任。

违约责任的一般构成要件包括以下内容:

(1) 违约行为。

(2) 不存在法定和约定的免责事由。

只有这两个要件同时成立,才可以构成违约责任。

《合同法》第一百一十七条规定:因不可抗力不能履行合同的,根据不可抗力的影响,部分或全部免除责任,但法律另有规定的除外。但当事人迟延履行后发生不可抗力的,不能免除责任,这里的不可抗力即为法定的免责事由。

除了上述法定的免责事由外,当事人如果约定有免责事由,那么当此免责事由发生时,当事人也可以不承担违约责任。

2.8.3 实际履行与损害赔偿

实际履行是指一方违反合同时,另一方有权要求其依据合同的规定继续履行。

损害赔偿是指违约方对因其不履行或不完全履行合同义务,而给对方造成损失所应承担的赔偿责任。

损害赔偿与其他补救方式的区别。

1) 损害赔偿与实际履行

实际履行是实现合同目的的有效方式,而损害赔偿不能使合同目的实现,只是为当事人所遭受的损失提供补偿。两者可以并行使用。

2) 损害赔偿与支付违约金

损害赔偿以损失存在为构成要件。但违约责任不需要损失存在。例如,工程质量未达到合同约定的评定标准,经承包方整改后仍可以交付使用,对建设单位不会造成直接经济损失。但建设工程一次交验不合格,属承包方的违约行为,应当支付违约金。违约金与损害赔偿也可以并行使用,当违约金不足以弥补损失时,还应赔偿损失。

损害赔偿应遵循完全赔偿原则。所谓完全赔偿原则,是指因违约而使受害人遭受的全部损失都应当由违约方赔偿。《合同法》第一百一十三条规定:当事人一方不履行合同义务或者履行合同义务不符合约定,给对方造成损失的,损失赔偿额应相当于因违约所造成的损失,包括合同履行后可以获得的收益。

2.8.4 违约金责任和定金责任

(1) 违约金是指由当事人通过协商预先确定的在违约发生后作出的独立于履行行为之外的给付。

违约金具有以下法律特征:

① 违约金是由当事人协商确定的。
② 违约金的数额是预先确定的。
③ 违约金是一种违约后生效的责任方式。

(2) 定金是指合同当事人为了确保合同的履行，由一方预先给付另一方一定数额的金钱或其他物品。

定金具有以下法律特征：
① 定金在性质上属于违约定金，适用于债务不履行的行为。
② 定金责任是一种独立于其他责任形式的责任方式。给付定金的一方不履行合同的，无权要求返还定金，接受定金的一方不履行合同的，应当双倍返还定金。
③ 从性质上看，定金合同具有从合同的性质。

《中华人民共和国担保法》第九十一条规定，定金的数额不得超过主合同标的额的20%。

2.8.5 免责事由

法定的或约定的免除当事人责任的事由，称为免责事由。

不可抗力是一种最典型的免责事由。所谓不可抗力，是指不可预见、不能避免、不能克服的客观情况。

1) 不可抗力具有的主要特征

(1) 不可预见性，判断是否可以预见需以一般人的预见能力及现有的科学技术水平作为能否预见的标准。

(2) 不能避免和不能克服性。

2) 不可抗力主要包括以下几种情况

(1) 自然灾害，如地震、台风、洪水等。

(2) 政府行为，这主要是指当事人订立合同以后，政府颁布新的政策、法规和实施行政措施而导致合同不能履行。

(3) 社会异常现象，如罢工、骚乱等。

因不可抗力不能履行合同的，根据不可抗力的影响，部分或者全部免除责任，但法律另有规定的除外。当事人迟延履行后发生不可抗力的，不能免除责任。

2.9 合同争议的解决

2.9.1 解决合同争议的方法

合同争议也称合同纠纷，是指合同当事人对合同规定的权利和义务产生了不同的理解。对合同争议的解决，《合同法》第一百二十八条对此作了规定："当事人可以通过和解或者调解解决合同争议。当事人不愿和解、调解或者和解、调解不成的，可以根据仲裁协议向仲裁机构申请仲裁。涉外合同的当事人可以根据仲裁协议向中国仲裁机构或者其他仲裁机构申请仲裁。当事人没有订立仲裁协议或者仲裁协议无效的，可以向人民法院起诉。"可见，合同争议的解决有和解、调解、仲裁、诉讼四种。在这四种解决争议的方式中，和解和调解的结果没有强制执行的法律效力，要靠当事人自觉履行。

1. 和解

和解是指合同纠纷当事人在自愿友好的基础上，相互沟通、相互谅解，从而解决纠纷的一种方式。

合同发生纠纷时，当事人应首先考虑通过和解解决纠纷。合同纠纷和解解决具有以下优点：

(1) 简便易行，能经济、及时地解决纠纷。
(2) 有利于维护合同双方的友好合作关系，使合同能更好地得到履行。
(3) 有利于和解协议的执行。

2. 调解

调解，是指合同当事人对合同所约定的权利、义务发生争议，不能达成和解协议时，在合同管理机关或有关机关、团体等的主持下，通过对当事人进行说服教育，促成双方相互作出适当的让步，平息争端，自愿达成协议，以求解决合同纠纷的方法。

调解解决纠纷有以下特点：

(1) 有第三人参与。
(2) 能够较经济、及时地解决纠纷。
(3) 有利于消除合同当事人的对立情绪，维护双方的长期合作关系。

3. 仲裁

仲裁又称"公断"，是当事人双方在争议发生前或争议发生后达成协议，自愿将争议提交给仲裁机构作出裁决，并负有自动履行义务的一种解决争议的方式。

这种解决争议的方式是自愿的，因而双方应订立仲裁协议，否则，仲裁机构是不会受理仲裁的。

4. 诉讼

诉讼，是指合同当事人依法请求人民法院行使审判权，审理双方之间发生的合同争议，作出有国家强制保证实现其合法权益、从而解决纠纷的审判活动。

2.9.2 仲裁

1. 仲裁的基本原则

(1) 独立的原则。仲裁机构在仲裁合同争议时，依法独立进行，不受行政机关、社会团体和个人的干涉。

(2) 自愿的原则。按照仲裁法的规定，当事人采用仲裁方式解决纠纷时，应当贯彻自愿原则，达成仲裁协议。如有一方不同意进行仲裁的，仲裁机构无权受理合同纠纷的仲裁。

(3) 或裁或审的原则。《中华人民共和国仲裁法》(以下简称《仲裁法》)第五条规定："当事人达成仲裁协议，一方向人民法院起诉的，人民法院不予受理，但仲裁协议无效的除外。"可见，合同争议发生后，当事人要么选择仲裁解决，要么选择诉讼解决，不可能既仲裁又同时进行诉讼。

(4) 一裁定终局原则。《仲裁法》第九条规定:"仲裁实行一裁终局制的制度。"一裁终局是指裁决作出后,当事人就同一争议再申请仲裁或向人民法院起诉的,仲裁机构或人民法院不应受理。但是当事人对仲裁委员会作出的裁决不服时,并提出足够的证明、证据,可以向人民法院申请撤销裁决,裁决被法院依法裁定撤销或者不予执行的,当事人可以就已裁决的争议重新达成仲裁协议或向人民法院起诉。

(5) 先行调解的原则。就是仲裁机构先于裁决之前,根据争议的情况或双方当事人自愿而进行说服教育和劝导工作,以便双方当事人自愿达成协议,解决合同争议。

2. 仲裁的一般程序

1) 仲裁申请和受理

(1) 仲裁申请,申请是指当事人向仲裁委员会依照法律的规定和仲裁协议的约定,将争议提请约定的仲裁委员会予以仲裁。当事人申请仲裁必须满足以下条件:有仲裁协议;有具体的仲裁请求和事实、理由;属于仲裁委员会的受理范围。

(2) 仲裁受理。受理是指仲裁委员会依法接受对争议的审理。仲裁委员会在接到仲裁申请书之日起 5 日内,认为符合条件的,应当受理并通知当事人,认为不符合受理条件的,应当书面通知当事人,并说明理由。

2) 组成仲裁庭

仲裁委员会受理仲裁申请后,应组成仲裁庭。仲裁庭的组成有两种方式:一种是由三名仲裁员组成,即合议制的仲裁庭。采用这种方式,应当由当事人双方各自选择或者各自委托仲裁委员会主任指定一位仲裁员,第三名仲裁员即首席仲裁员由当事人共同选定或者共同委托仲裁委员会主任选定。另一种是由一名仲裁员组成,即独任制的仲裁庭,这名仲裁员由当事人共同选定或者共同委托仲裁委员会主任选定。

3) 开庭和裁决

开庭是指仲裁庭按照法定的程序,对案件有步骤、有计划地审理。在仲裁过程中,当事人应对其主张举证,当事人可以质证。裁决是指仲裁机构经过对当事人之间争议的审理,依据争议的事实和法律,对当事人双方的争议作出具有法律约束力的判定。裁决书自作出之日起发生法律效力。

4) 执行仲裁裁决

仲裁裁决具有强制执行力,对当事人双方都有约束力,当事人应自觉执行。一方当事人不履行仲裁裁决的,另一方当事人可以申请人民法院强制执行。

3. 申请撤销裁决

当事人提出证据证明裁决有下列情形之一的,可以向仲裁委员会所在地的中级人民法院申请撤销裁决。

(1) 没有仲裁协议的。
(2) 裁决的事项不属于仲裁协议的范围或者仲裁委员会无权仲裁的。
(3) 仲裁庭的组成或者仲裁的程序违反法定程序的。
(4) 裁决所根据的证据属伪造的。
(5) 对方当事人隐瞒了足以影响公正裁决的证据的。
(6) 仲裁员在仲裁该案时有索贿受贿、徇私舞弊、枉法裁决的。

2.9.3 诉讼

1. 诉讼管辖

诉讼管辖是指在人民法院系统中,各级人民法院之间以及同级人民法院之间受理第一审案件的权限分工。诉讼管辖分为级别管辖、地域管辖、移送管辖和指定管辖。

1) 级别管辖

级别管辖是指划分上下级人民法院之间受理第一审民事案件的分工和权限,是人民法院组织系统内部从纵向划分各级人民法院的管辖权,它是划分人民法院管辖范围的基础。我国人民法院设四级,即基层人民法院、中级人民法院、高级人民法院和最高人民法院。

2) 地域管辖

地域管辖是确定同级人民法院在各自的辖区内管辖第一审民事案件的分工和权限。它是在人民法院组织系统内部,从横向确认人民法院的管辖范围,是在级别管辖的基础上确认的。地域管辖是根据各种不同的民事案件的特点来确定,一般原则是"原告就被告",同时民事诉讼法规定,因合同纠纷提起的诉讼,由被告住所地或者合同履行地人民法院管辖。

3) 移送管辖

移送管辖是指地方人民法院受理某一案件后,发现对该案无管辖权,为保证该案件的审理,依照法律相关规定,将该案件移送给有管辖权的人民法院。移送管辖的实质是对案件进行移送,而不是对案件管辖权进行移送。它是对管辖发生错误所采用的一种纠正措施。移送管辖通常发生在同级人民法院之间,但也不排除在上、下级人民法院之间移送。

4) 指定管辖

指定管辖是指上级人民法院以裁定方式,指定下级人民法院对某一案件行使管辖权。指定管辖的实质是法律赋予上级人民法院在特殊情况下有权变更和确定案件管辖法院,以适应审判实践的需要,保证案件及时正确地裁判。

2. 诉讼程序

1) 起诉和受理

(1) 起诉的条件。 当事人起诉应符合以下条件:原告是与本案有直接利害关系的当事人,有明确的被告,有具体的诉讼请求、事实和理由,属于人民法院受理诉讼的范围和由受诉人民法院管辖。

(2) 人民法院受理案件。人民法院对符合规定的起诉必须受理,认为不符合起诉条件的,应当在 7 日内裁定不予受理。人民法院受理起诉后,首先确定在第一审中适用普通程序还是简易程序。对于建设工程中发生的纠纷一般适用普通程序。

(3) 被告答辩。人民法院应在立案之日起 5 日内将起诉状副本发送被告,被告在收到之日起 15 日内提出答辩状。

2) 第一审开庭审理

(1) 法庭调查。调查一般按以下程序进行:当事人陈述;告知证人的权利义务,证人作证,宣读未到庭的证人证言;出示书证、物证和视听资料;宣读鉴定结论;宣读勘验笔录。

(2) 法庭辩论。法庭辩论一般按以下程序进行:原告及其诉讼代理人发言;被告及其诉讼代理人答辩；第三人及其诉讼代理人答辩；相互辩论。

(3) 依法判决。法庭辩论终结应作出判决。判决前能够调解的，还可以进行调解，如调解不成的，应及时判决。

3) 审限要求

人民法院适用普通程序审理的案件应在立案之日起 6 个月内审结。有特殊情况需要延长的，由本院院长批准可以延长 6 个月。

引例回放

引例中建筑公司没有按照原建设部、国家工商行政管理局发布的《建筑市场管理规定》，持单位所在地省人民政府主管部门部或国务院有关主管部门出具的外出承包工程证明和本规定第 14 号规定的证件，向工程所在地山西省人民政府建设行政主管部门办理核准手续，并到工商行政机关办理有关手续，就跨地区承包工程。这违反了部门规章，但不能说明此工程承包合同就是无效的。

根据《合同法》及最高人民法院《关于适用〈中华人民共和国合同法〉若干问题的解释(一)》(法释〔1999〕19 号)第三条、第四条的规定：人民法院确定合同效力时，对合同法实施以前成立的合同，适用当时的法律合同无效与适用合同法有效的，适用于合同法；合同法实施以后，人民法院确定合同效力时，应当以全国人大及其常务委员会制定的法律和国务院制定的行政法规为依据，不得以地方法规、行政规章为依据。可见，当事人签订的合同若违反的不是全国人大及其常委会制定的法律和国务院制定的行政法规的，则不影响合同的效力，当然应当接受有关行政主管部门的相应处置。据此，实业公司以行政规章《建筑市场管理规定》为依据，主张双方签订合同无效，其理由不能成立。因双方签订的合同意思表示真实，不违反国家法律、行政法规的规定，而且是在合同法及司法解释出台后订立的合同，因而应认定有效。

当然从行政管理的角度来说，《建筑市场管理规定》是建设行政主管部门依法对工程合同进行管理的重要依据，相应的行政主管部门可以对建筑公司进行行政处罚。

根据以上分析可知：建筑公司的请求应得到法院的支持。所以，实业公司除应支付建筑公司的尚欠工程款外，还应按合同约定承担逾期付款的违约金。

本 章 小 结

本章主要介绍了合同订立程序、合同的形式与内容、合同效力的确定、合同履行、合同终止、违约责任及争议解决等内容。教学中重点掌握合同订立的要约与承诺、合同生效的条件、无效合同与效力待定合同的表现形式、合同履行中的抗辩权、可变更可撤销合同的形式、合同保全、违约责任形式与承担、合同争议解决方式，并结合所给的案例及分析理解《合同法》的相关概念。

阅读材料指引

(1) 《中华人民共和国合同法》。
(2) 《最高人民法院关于适用〈中华人民共和国合同法〉若干问题的解释(一)》(法释[1999]19号)。
(3) 《最高人民法院关于适用〈中华人民共和国合同法〉若干问题的解释(二)》(法释[2009]5号)。
(4) 《最高人民法院关于审理建设工程施工合同纠纷案件适用法律问题的解释》(法释[2004]14号)。

习　题

一、单选题

1. 我国合同法规定承诺生效的原则是(　　)。
   A. 发出承诺　　　　　　　　B. 承诺到达对方
   C. 对方了解要约内容　　　　D. 对方作出承诺

2. 当合同履行过程中发现，对给付货币地点，合同中没有明确约定，事后双方又未能达成补充协议，依据《合同法》，应在(　　)履行。
   A. 支付货币一方所在地　　　B. 接受货币一方所在地
   C. 货币存放地　　　　　　　D. 货币使用地

3. 下列有关合同的形式说法不正确的是(　　)。
   A. 一般认为合同有口头形式、书面形式和其他形式三种
   B. 我国《合同法》在合同形式上的要求是以不要式为原则
   C. 法律要求采用书面形式的，当事人双方未采用，无论何种情况该合同不成立
   D. 数据电文是书面形式的一种

4. 根据《合同法》的规定，一方以欺诈、胁迫的手段订立合同，但不损害国家利益，则该合同(　　)。
   A. 无效　　　　　　　　　　B. 有效
   C. 可撤销或变更　　　　　　D. 据具体情况确定

5. 一个买卖合同执行的是政府定价，2000年2月1日订立合同时价格为每千克100元，合同规定2000年4月1日交货，违约金为每千克10元，交货后付款，但卖方直至2000年6月1日才交货，而政府定价于2000年5月1日已调整为每千克120元，买方应当按照每千克(　　)元向卖方付款。
   A. 90　　　　　B. 100　　　　　C. 110　　　　　D. 120

6. 一个合同被确认为无效合同，双方约定的违约金为2万元，双方各有1万元的经济损失，甲乙双方都有过错，但甲方是主要过错方(75%过错)，损失承担应为(　　)。
   A. 各自承担自己的损失　　　B. 甲方赔偿乙方1万元的损失

C. 甲方赔偿乙方 0.5 万元的损失　　D. 甲方赔偿乙方 2 万元的损失

7. 有关法定抵销与约定抵销说法正确的是(   )。
   A. 两者的标的物品质一定要相同　　B. 两者都需要当事人协商一致
   C. 法定抵销具有双方性　　D. 约定抵消体现了当事人意思自治的原则

8. 根据《合同法》的规定，合同依法解除以后，合同的权利与义务终止，则(   )。
   A. 合同不再对当事人有约束力
   B. 合同仍然对当事人有一定的约束力
   C. 有没有约束力看当事人是否另有约定
   D. 具体情况具体分析

9. 缔约过失责任有别于违约责任的最重要原因是(   )。
   A. 当事人有损失　　B. 当事人有过错
   C. 合同尚未成立　　D. 过错与损失之间的因果关系

10. 一个施工合同的当事人在合同中未选择协议管辖，施工合同发生纠纷后，施工企业应当向(   )人民法院提出诉讼申请。
    A. 施工企业所在地　　B. 工程所在地
    C. 合同签订地　　D. 建设单位所在地

二、多选题

1. 监理合同属于(   )合同。
   A. 要式　　B. 双务　　C. 诺成　　D. 单务
   E. 有偿

2. 在下列行为中，(   )属于要约邀请。
   A. 价目表的寄送　　B. 招标公告
   C. 投标　　D. 招股说明书
   E. 不含价格的商业广告

3. 有关格式条款合同，下列说法正确的有(   )。
   A. 提供格式条款的一方应当遵循公平原则确定双方的权利义务
   B. 对格式条款的理解发生争议的应按照通常理解予以解释
   C. 提供格式条款的一方不对条款作解释
   D. 当对格式条款的理解有两种以上的解释的应作出不利于提供格式条款一方的解释
   E. 当格式条款与非格式条款不一致时应当采用非格式条款

4. 受要约人对要约内容的实质性变更包括(   )等。
   A. 违约责任的变更　　B. 数量的变更　　C. 增加建议性条款
   D. 增加说明性条款　　E. 履行期限的变更

5. 下列关于合同不当履行中的保全措施的说法，正确的有(   )。
   A. 保全措施包括代位权和撤销权两种
   B. 代位权是指债权人可以向人民法院请求以自己的名义代位行使债务人的债权
   C. 代位权是指债权人可以向人民法院请示以债务人的名义代位行使债务人的债权
   D. 债权人请示人民法院撤销债务人的行为的前提是债务人以明显不合理低价转让财产，对债权人造成损害的，并且受让人知道该情形

E. 撤销权自债权人知道或者应当知道撤销事由之日起 2 年内行使

6. 下列(   )属于效力待定合同。
A. 无代理权人签订的合同
B. 当事人签订损失第三方利益的合同
C. 无处分权人处分他人财产订立的合同
D. 限制民事行为能力人签订的经有权人追认的合同
E. 法定代表人越权签订的合同

7. 下列有关合同履行中的抗辩权说法正确的有(   )。
A. 抗辩权在双务合同中才能行使
B. 抗辩权有同时履行抗辩权和异时履行抗辩权两种
C. 不安抗辩权在应先履行义务的一方有确切证据证明对方经营状况严重恶化时可以行使不安抗辩权
D. 当事人行使不安抗辩权时应通知对方
E. 后履行一方的抗辩权称为不安抗辩权

8. 合同解除后的后果有(   )。
A. 尚未履行的终止履行
B. 已经履行的可以根据合同的性质，当事人可以要求恢复原状、采取补救措施并有权要求赔偿损失
C. 合同解除后合同所有的条款无效
D. 合同解除后合同责任终止
E. 合同中清理结算的条款有效

9. 承担违约责任的方式有(   )。
A. 诉讼　　　　　B. 采取补救措施　　　　C. 支付违约金
D. 赔偿损失　　　E. 仲裁

10. 诉讼中的证据有(   )。
A. 物证　　　　　B. 视听资料　　　　　　C. 领导意见
D. 书证　　　　　E. 鉴定结论

三、简答题

1. 合同法规定的基本原则有哪些？
2. 简述合同订立的程序及合同的基本形式。
3. 合同包括哪些主要内容？
4. 简述合同生效、履行的基本原则。
5. 无效合同、效力待定合同的表现形式有哪些？
6. 什么叫抗辩权？合同法中规定有哪几种抗辩权？
7. 解释代位权、撤销权的概念。
8. 违约责任有哪几种？
9. 简述合同变更的概念及其效力。
10. 简述合同转让与终止的概念及形式。
11. 合同争议的解决方式有哪几种？

四、案例题

2005年8月16日,某钢铁厂与某市政工程公司签订钢铁厂地下大排水工程总承包合同,总长5000m,市政工程公司将任务下达给该公司第四施工队。事后,第四施工队与某乡建设工程队签订分包合同,由乡建筑工程队分包3000m任务,价金35万元,9月10日正式施工。2005年10月2日,市建委主管部门在检查该项工程施工中,发现某乡建筑工程队承包手续不符合有关规定,责令停工。某乡建设工程队不予理睬。10月3日,主管部门下达停工文件,某乡建筑工程队不服,以已完工程经验收是合格的且合同经双方自愿签订,并有营业执照为由,于10月10日诉至人民法院,要求第四施工队继续履行合同或承担违约责任并赔偿经济损失。

问题:
(1) 依法确认总、分包合同的法律效力。
(2) 该合同的法律效力应由哪个机关(机构)确认?
(3) 某乡建筑工程队提供的承包工程法定文书完备吗?
(4) 某市建委主管部门是否有权责令停工?
(5) 合同纠纷的法律责任如何解决?

第 3 章 建设工程合同订立

教学目标

本章介绍合同的订立过程的相关知识,重点介绍了建设工程招投标制度的概念、特点、主要形式、工作程序及主要内容;合同订立谈判技巧和注意事项。通过本章的学习,应达到以下目标:

(1) 掌握建设工程招标投标的工作程序和内容;
(2) 熟悉工程建设合同的订立过程;
(3) 熟悉建设工程合同订立谈判的程序与技巧;
(4) 了解建设工程招标的范围和主要形式。

教学要求

知识要点	能力要求	相关知识
招投标市场	(1) 了解招投标市场概况 (2) 掌握招投标市场的主体 (3) 熟悉招投标与合同订立的关系	(1) 招投标的概念 (2) 招投标市场的几大主体 (3) 招投标即合同订立方式
招投标方式和程序	(1) 了解公开招标的一般流程 (2) 掌握两种招标方式 (3) 熟悉我国招投标的基本原则和范围	(1) 公开招标的概念 (2) 公开招标和邀请招标的概念 (3) 招投标的基本原则和范围

建设工程合同管理

知识要点	能力要求	相关知识
建设工程招标和投标	(1) 了解招投标的程序和规定 (2) 掌握投标策略和技巧 (3) 熟悉两种常用的评标办法	(1) 招标投标法 (2) 投标报价技巧 (3) 评标的计算方法
合同审查与谈判	(1) 了解合同审查的内容 (2) 掌握合同的谈判方法 (3) 熟悉施工合同的谈判技巧	(1) 施工合同的审核 (2) 审核表的内容和填写方法 (3) 合同谈判技巧

基本概念

招标投标法、公开招标、邀请招标、业主、承包商、工程咨询服务单位、招标人、投标人、建设工程交易中心、合同审核表

引例

鲁布革水电站引水工程合同的订立和实施过程

1981年6月，国家批准建设装机60万千瓦时的鲁布革水电站，并被列为当时的国家重点工程。开工3年后的1984年4月，原水利电力部决定在鲁布革工程中采用世界银行贷款。当时正值改革开放的初期，鲁布革工程是我国第一个利用世界银行贷款的基本建设项目。但是根据与世界银行的使用贷款协议，鲁布革部分项目要实行国际招标。工程三大部分之一的引水隧洞工程必须进行国际招标。鲁布革电站工地先后引来了7个国家的承包商、制造商和世界银行聘请的近百名咨询专家。在中国、日本、挪威、意大利、美国、德国、前南斯拉夫、法国八国承包商的竞争中，日本大成公司中标，其报价比标底低了43%。同时，挪威和澳大利亚政府决定向工程提供贷款和咨询服务。

鲁布革引水系统工程进行国际招标和实行国际合同管理，在当时具有很大的超前性，这是在20世纪80年代初我国计划经济体制还没有根本改变，建筑市场还没形成的情况下进行的。鲁布革水电站引水工程国际公开招标程序见表3-1。

表3-1 鲁布革水电站引水工程国际公开招标程序

时间	工作内容	具体情况说明
1982年9月	发布招标公告	在公众媒体(当时主要为报纸和电视)上发布招标公告
1982年9—12月	第一阶段资格预审	从13个国家的32家公司中选出20家公司进入下一轮
1983年1—6月	第二阶段资格预审	第二轮筛选和谈判，组成联合体投标
1983年6月15日	发售招标文件	15家外商和3家中国公司购买了标书
1983年11月8日	开标	共8家公司参与了最后的开标，7家为有效标书
1983年11月—1984年4月	评标	推举出前3名为中标候选单位，最终日本大成公司中标

续表

时间	工作内容	具体情况说明
1984年7月14日	签正式合同	合同包括施工总承包合同、技术合同、劳务合同及施工设备赠与合同
1984年11月24日	开工	在电站现场举行开工典礼，破土动工

招标带来了合同制管理模式。在鲁布革并存着两种管理体制：一种是以云南电力局为业主，鲁布革工程管理局为业主代表及"工程师机构"日本大成公司为承包方的合同制管理体制；一种是以鲁布革工程管理局为甲方，以中国水利水电十四局为乙方的投资包干管理体制。日方按照合同制管理，对工人按效率给工资。日本大成公司派到中国来的仅是一支三十多人的管理队伍，从水电十四局雇用了424名工人。他们开挖了两三个月，单月平均进尺222.5m，相当于我国当时同类工程的2～2.5倍。1986年8月，大成公司在开挖直径8.8m的圆形发电隧洞中，创造出单头进尺373.7m的国际先进纪录。1986年10月30日，隧洞全线贯通，工程质量优良，比合同计划提前了5个月。

相比之下，中方施工企业水电十四局承担的首部枢纽工程于1983年工程开工，工程进展迟缓。世界银行特别咨询团于1984年4月和1985年5月两次来工地考察，都认为按期完成截流的计划难以实现。用的是同样的工人，两者差距为何那么大？此时，中国的施工企业意识到，奇迹的产生源于好的机制，高效益来自于科学的管理。在计划经济体制下，我国基本建设战线"投资大，工期长，见效慢"的弊端在这个工程中暴露无遗。

中国人被激发起强烈的斗志。鲁布革工程指挥部开始推行新的管理体制，在首部枢纽工程建设中，施工人员发动了千人会战。此后，中国的施工企业在学习先进管理经验的基础上，提出了"项目法施工"。"项目法施工"是以工程建设项目为对象，以项目经理负责制为基础，以企业内部决策层、管理层与作业层相对分离为特性，以内部经济承包为纽带，实行动态管理和生产要素优化，从施工准备开始直至交工验收结束的一次性的施工管理活动。

1985年11月，国务院批准鲁布革工程厂房工地开始率先进行项目法施工的尝试。参照日本大成公司鲁布革事务所的建制，建立了精干的指挥机构，使用配套的先进施工机械，优化施工组织设计，改革内部分配办法，产生了我国最早的"项目法施工"雏形。通过试点，提高了劳动生产力和工程质量，加快了施工进度，取得了显著效果。在建设过程中，原水利电力部还实行了国际通行的工程监理制和项目法人责任制等管理办法，取得了投资省、工期短、质量好的经济效果。到1986年底，历时13个月，不仅把耽误的3个月时间抢了回来，还提前4个半月结束了开挖工程，安装车间混凝土工程提前半年完成。

1986年，时任国务院副总理的李鹏视察鲁布革水电站工地时感叹："看来同大成的差距，原因不在工人，而在于管理，中国工人可以出高效率。"1987年6月，他在国务院召开的全国施工工作会议上提出全面推广鲁布革经验，要求国家有关部门对鲁布革管理经验进行全面总结，在建筑行业推广鲁布革经验。"鲁布革"这个名不见经传的名字成为"震源"，在全国掀起了一阵阵的冲击波。鲁布革冲击波带来了思想的解放。我国水电建设率先实行业主负责、招标承包和建设监理制度，推广项目法施工经验。新的水电建设体制逐步确立，计划经济的自营体制宣告结束，改革成效逐渐显现。这种新的管理模式带来了效率的极大提升，加快了云南水电开发进程。在此之后，全国大小施工工程开始试行招投标制与合同

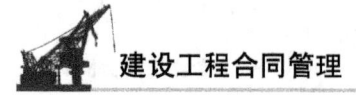

制管理。

1987年8月6日《人民日报》头版头条发表题为《鲁布革冲击》的长篇通讯，引起社会的强烈反响。由此，鲁布革冲击波引起广泛关注，影响深远。鲁布革经验对我国传统的投资体制、施工管理模式乃至国企组织结构等都提出了挑战，对中国建筑业产生了巨大影响。

3.1 工程建设合同订立概述

鉴于前面章节所述合同对工程管理起到的特殊作用，其合同订立也存在自身的特殊性。从合同法律体系中我们已经了解，要约和承诺是订立合同的两个基本程序，而工程合同的订立自然也要经历这两个程序。由引例中可以得知，它是通过招标和投标流程来完成这两个基本程序的。

1. 招标公告(或投标邀请函)是要约邀请

招标人通过在公众媒体(如互联网络)上发布招标公告或者向指定对象发出投标邀请函吸引潜在的投标人前来投标，希望这些潜在投标人给自己发出"订立合同的意思表示"，因此我们说，招标公告(或投标邀请函)是要约邀请。

2. 投标文件是要约

投标文件即是潜在投标人向招标人表达"订立合同的意思表示"，一旦标书被招标人接受，合同即可成立，因此投标文件是要约，它需要承担要约所具有的一切法律责任。

3. 中标通知书是承诺

中标通知书是招标人对投标文件(要约)的答复，即为承诺。

因此，招标投标的过程其实就是建设工程合同的订立过程。建设单位不可能直接在建筑市场中购得建筑商品的成品，也无法全部由自己组织兴建，因此产生了承发包制——由建设单位提出购买要求，建筑企业按要求加工。最初的承发包制只是经过协商建立承发包关系，实现建筑商品交易，但由于缺乏竞争，导致工期拖延、质量低劣、价格不合理等一系列问题。招投标作为一种商品交易方式，与承发包制相结合，形成带有竞争性质的建筑商品交易方式，这就是招投标承包制。建筑市场通过招标投标确定工程合同的承发包双方，完成合同的订立。

3.1.1 招标投标的基本含义

所谓招标投标，是在市场经济条件下进行大宗货物的买卖、工程建设项目的发包与承包，以及服务项目的采购与提供时，达成交易的一种方式。在这种交易方式下，通常是由货物、工程或者服务的采购方作为招标方，通过发布招标公告或者向一定数量的特定供应商、承包商发出投标邀请书等方式，发出招标采购的信息，提出招标采购文件，由各有意提供采购所需货物、工程或者服务的供应商、承包商作为投标方，向招标方书面提出响应招标文件要求的条件，参加投标竞争；招标方按照规定的程序从众多投标人中择优选定中标人，并与其签订采购合同。

从交易过程来看，招标投标必然包含招标和投标两个最基本的环节。没有招标就不会有供应商或者承包商的投标；没有投标，采购人的招标就没有得到响应，也就没有开标、评标、中标、合同签订及履行等。

采用招标投标的交易方式在国外已有 200 多年的历史。由于招投标具有程序规范、透明度高、公平竞争、择优定标等特点，为实行市场经济的国家的大宗采购活动，特别是使用财政资金等公共资金进行的采购活动普遍采用。

我国采用招标投标的交易方式起步较晚，是在改革开放之后才兴起的。实行市场经济就要产生竞争，有竞争就要有维护竞争的秩序，就要进行规范，如关于产品质量、反不正当竞争、消费者权益保障等的相关法律、法规的出台。同样，对外开放，对于我国来讲也是件新鲜事物，我国没有这方面的经验。随着改革开放的不断深入和商品经济的迅速发展，引进外资、利用外资、对外贸易往来、承揽国际工程、利用国外贷款等项目逐年增多，招投标的涉及面不断扩大，在建筑工程发包、机电设备进口等方面得到较广泛的应用。从我国二十余年的实践经验来看，这种采购方式对于约束交易者行为，创造公平竞争的市场环境，提高经济效益，保证工程质量，防止采购过程中的腐败现象，保障国有资金有效使用等方面起到了积极的作用。

在招投标过程中，除了"招标""投标"的概念外，"开标""评标"和"中标"也是较为重要的概念。

开标是指招标人在规定的地点和规定的时间，在所有投标人出席的情况下，当众拆开标书，宣布投标人的名称、投标价格和投标价格的有效修改等主要内容的过程。

评标是指招标人按照招标文件的有关要求，由招标小组或专门的评标委员会，对各投标人所报的投标资料进行全面审查、择优选定中标人的过程。评标是一项比较复杂的工作，要求有生产、质量、检验、供应、财务、计划等各方面的专业人员参加，对投标人的投标方案从质量、价格、工期、施工工艺等方面进行综合分析和评比。

中标是指招标人以中标通知书的形式，正式通知投标人已被择优录取为承包人。这对于投标人来说就是中了标；就招标人来说，就是接受了投标人的投标。经过评标择优选中的投标人称为中标人，在国际工程招投标中，称之为成功的投标人。

3.1.2 工程建设招标范围

根据《中华人民共和国招标投标法》(以下简称《招标投标法》)及相关规定，在中华人民共和国境内进行下列建设项目，包括项目的勘察、设计、施工、监理，以及与工程建设项目有关的重要设备、材料等的采购必须进行招标。

1. 关系社会公共利益、公众安全的基础设施项目

其具体内容如下：
(1) 煤炭、石油、天然气、电力、新能源等能源项目。
(2) 铁路、公路、管道、水运、航空以及其他交通运输业等交通运输项目。
(3) 邮政、电信枢纽、通信、信息网络等邮电通信项目。
(4) 防洪、灌溉、排涝、引(供)水、滩涂治理、水土保持、水利枢纽等水利项目。
(5) 道路、桥梁、地铁和轻轨交通、污水排放及处理、垃圾处理、地下管理、公共停

车场等城市设施项目。

(6) 生态环境保护项目。

(7) 其他基础设施项目。

2. 关系社会公共利益、公众安全的公用事业项目

其具体内容如下：

(1) 供水、供电、供气、供热等市政工程项目。

(2) 科技、教育、文化等项目。

(3) 体育、旅游等项目。

(4) 卫生、社会福利等项目。

(5) 商品住宅，包括经济适用住房。

(6) 其他公用事业项目。

3. 全部或者部分使用国有资金投资的项目

其具体内容如下：

(1) 使用各级财政预算资金的项目。

(2) 使用纳入财政管理的各种政府性专项建设基金的项目。

(3) 使用国有企业事业单位自有资金，并且国有资产投资者实际拥有控制权的项目。

4. 国家融资的项目

其具体内容如下：

(1) 使用国家发行债券所筹资金的项目。

(2) 使用国家对外借款或者担保所筹资金的项目。

(3) 使用国家政策性贷款的项目。

(4) 国家授权投资主体融资的项目。

(5) 国家特许的融资项目。

5. 使用国际组织或者外国政府贷款、援助资金的项目

其具体内容如下：

(1) 使用世界银行、亚洲开发银行等国际组织贷款资金的项目。

(2) 使用外国政府及其机构贷款资金的项目。

(3) 使用国际组织或者外国政府援助资金的项目。

另外，依法必须进行招标的各类工程建设项目，包括项目的勘察、设计、施工、监理，以及与工程建设项目有关的重要设备、材料等的采购，达到下列标准之一的，必须进行招标。

(1) 施工单项合同估算价在 200 万元人民币以上的。

(2) 重要设备、材料等货物的采购，单项合同估算价在 100 万元人民币以上的。

(3) 勘察、设计、监理等服务的采购，单项合同估算价在 50 万元人民币以上的。

(4) 单项合同估算价低于第 1、2、3 项规定的标准，但项目总投资额在 3000 万元人民币以上的。

涉及国家安全、国家秘密、抢险救灾或者属于利用扶贫资金实行以工代赈、需要使用农民工等特殊情况，不适宜进行招标的项目，按照国家有关规定可以不进行招标。

3.1.3 招标投标活动的基本原则

为推行正常的建筑市场秩序，促进建筑市场体系的健康发展，《招标投标法》第五条规定：招投标活动应遵循公开、公平、公正和诚实信用的原则。

1. 公开的原则

(1) 招投标活动的信息要公开，包括招标公告、资格预审报告等。投标邀请书中应载明能基本满足投标人决定其是否参加投标竞争所需的必要信息。招标人应按照招标公告或投标邀请书中说明的时间、地点向承包商提供招标文件。

(2) 开标程序要公开，一切程序均应接受投标人的监督。

(3) 评标的标准和程序要公开。评标的标准和办法应当在提供给所有的投标人的招标文件中注明。

(4) 中标结果要公开。确定中标人后，招标人应当向中标人发出中标通知书，并将中标结果通知所有未中标的投标人，未中标的投标人对投标结果如果存在异议，有权向招标人提出。

总之，公开的原则应使每个投标人都获得同等的信息。

2. 公平的原则

(1) 招标人应严格按照招标条件和招标程序办事，同等对待每一个投标竞争者。

(2) 投标人不得向招标人及其工作人员采取行贿、提供回扣或给以其他好处等不正当竞争手段。

(3) 投标人与招标人地位平等。任何一方不得向另一方提出不合理的要求，不得将自己的意志强加给对方。

3. 公正的原则

招标人不得偏袒任何一方，不得向投标人泄露标底或其他可能妨碍公平竞争的信息，要公正地对待每一个投标人。

4. 诚实信用的原则

招投标当事人应以诚实、善意的态度行使权利和履行义务，以维护双方的利益平衡，以及自身利益和社会利益的平衡。在当事人之间的利益关系中，诚信原则要求尊重他人利益，以对待自己事物的态度对待他人事物，保证彼此都得到自己应该得到的利益。诚信原则还要求当事人不得通过自己的活动损害第三方的和社会的利益，必须在法律范围内以符合社会经济目的的方式行使自己的权利。从这一原则出发，《招标投标法》规定了不得采取规避招标、串通投标、泄露标底、骗取中标等诸多行为。

3.1.4 工程建设招标的基本方式

根据我国《招标投标法》的有关规定，建设工程招标分为公开招标和邀请招标两种方式。

1. 公开招标

公开招标又称无限竞争性招标,是指招标人按照法定程序,在指定的报纸、网络等公共媒体发布招标公告,凡有兴趣并符合公告要求的供应商、承包商,都可以购买资格预审文件,资格预审合格后,按规定时间参加投标竞争,招标人从中择优选择中标人的招标方式。

公开招标的特点是:招标人可以在较大范围内选择承包商或供应商,择优率更高,有利于招标人将工程项目交予可靠的供应商或承包商实施,并获得有竞争性的商业报价,同时也可以在较大程度上避免招标活动中的贿标行为。因此,国际上的政府采购通常采用这种方式。但是,公开招标中准备招标、对投标申请者进行资格预审和评标工作量大,招标时间长,费用高。同时,参加竞争的投标者越多,每个参加者中标的机会越小,风险越大,损失的费用也就越多。

2. 邀请招标

邀请招标也称有限竞争性招标,是指招标人向预先确定的若干家供应商、承包商发出投标邀请书,就招标工程的内容、工作范围和实施的条件等作出简要的说明。被邀请单位同意参加投标后,从招标人处获取招标文件,并在规定时间内投标报价的招标方式。

采用邀请招标时,一般宜邀请5~10家,至少3家,否则就失去了竞争意义。与公开招标相比,其特点是不发招标公告,不进行资格预审,简化了招标程序,因此,节约了招标费用、缩短了招标时间。而且由于招标人对投标人以往的业绩和履约能力比较了解,从而减少了合同履行过程中承包商违约的风险。但同时,由于投标竞争的激烈程度较差,有可能提高中标的合同价;也有可能排除了某些在技术上或报价上有竞争力的供应商、承包商参与投标。与公开招标相比,邀请招标耗时短、花费少,对于采购标的额较小的招标来说,采用邀请招标比较有利。另外,有些项目专业性强,有资格承接的潜在投标人较少,或者需要在短时间内完成投标任务等,也不宜采用公开招标的方式,而应采用邀请招标的方式。

3.1.5 工程建设招投标的基本程序

工程建设招投标一般要经历招标、接受投标、开标、评标、定标、签订承发包合同等阶段的工作。

1) 工程建设招投标的具体工作

(1) 招标前准备工作。包括确定招标范围、工程报建、招标备案、选择招标方式、编制资格预审文件等。

(2) 组建招标工作机构,或者委托具有相应资质的工程咨询、监理单位代理招标。

(3) 向政府招标投标管理机构提出招标申请书。

(4) 编制招标文件和标底,并呈报审批。

(5) 发布招标公告或发出投标邀请书。

(6) 投标单位申请投标。

(7) 审查投标人资质,并告知审查结果。

(8) 向合格投标人发售招标文件和有关技术资料。

(9) 组织投标人踏勘现场并对招标文件进行答疑。
(10) 接受投标文件。
(11) 召开开标会议,审查投标书。
(12) 组织评标,决定中标人。
(13) 向中标人发出中标通知书。
(14) 建设单位与中标人签订承发包合同。

2) 工程建设招投标的基本程序(图3.1)

(1) 招标准备阶段。从办理招标申请开始,到发布招标公告或邀请招标函为止的时间段。

(2) 招标阶段。也是投标人的投标阶段,从发布招标公告之日起到投标截止之日的时间段。

(3) 决标成交阶段。从开标之日起,到与中标人签订合同为止的时间段。

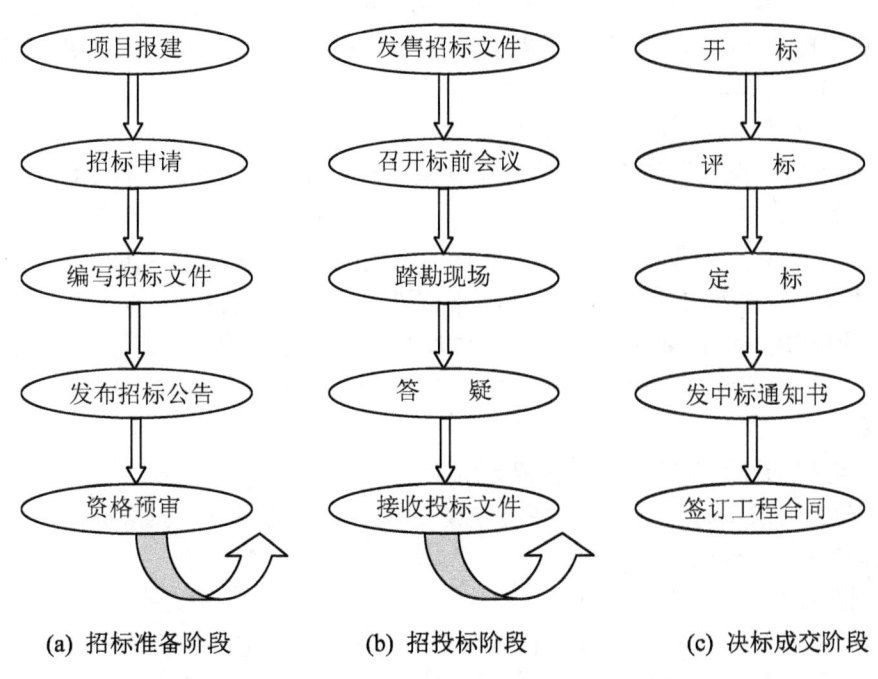

(a) 招标准备阶段　　(b) 招投标阶段　　(c) 决标成交阶段

图 3.1　工程建设招投标的基本程序

3.2　工程建设招标与投标

3.2.1　工程建设招标

工程建设招标,是指招标人(或发包人)将拟建工程对外发布信息,吸引有承包能力的单位参与竞争,按照法定程序择优选择承包单位的法律活动。

根据工程建设招标全过程的工作特点,一般可以将其分为招标准备、招标、决标成交三个阶段。

1. 招标准备阶段的工作

1) 招标前准备工作

招标前，招标人应完成以下准备工作：

(1) 确定招标范围。可以选择工程建设全过程招标，也可以按照建设过程各阶段分别进行招标。

(2) 工程报建。建设工程项目报建内容主要包括：工程名称、建设地点、投资规模、资金来源、当年投资额、工程规模、结构类型、发包方式、计划开竣工日期、工程筹建情况等。

(3) 招标备案。招标人发布招标公告或寄出投标邀请书之前，应向建设行政主管部门提交备案资料。

(4) 选择招标方式。根据项目特点及具体情况选择公开招标或邀请招标。

(5) 编制资格预审文件。采用公开招标的项目，招标人应编制资格预审文件。其主要内容包括：资格预审申请人须知、资格预审申请书格式、资格预审评审标准或方法。

2) 组建招标工作机构，或者委托具有相应资质的工程咨询、招标代理机构代理招标

自行组织招标的单位应该具备下述条件：

(1) 具有法人资格或是依法成立的其他经济组织。

(2) 有与招标工程规模和复杂程度相适应的工程技术、概预算、财务和工程管理等方面的专业技术人员。

(3) 有从事同类工程建设项目招标的经验；有组织编制招标文件的能力。

(4) 有3名以上专职招标业务人员；有审查投标单位资质的能力。

(5) 熟悉和掌握《招标投标法》及有关法律规章，有组织开标、评标、定标的能力。

如果业主不具备后4项条件，需委托具有相应资质的工程咨询、招标代理机构代理招标。

3) 向政府招标投标管理机构提出招标申请书

招标单位按要求填写"建设工程招标申请表"，经上级主管部门批准同意后，报建设工程招标投标管理机构审批。

4) 编制招标文件，并呈报审批

招标文件是招投标过程中最重要的法律文件，它不仅规定了完整的招投标程序，而且提出了各项具体的技术标准和交易条件，是投标人编制投标文件的依据，也是评标委员会评标的依据，同时也是订立合同的重要依据。招标文件通常由投标须知、合同条件、技术规范、投标文件(格式)和图纸几部分组成。目前，我国很多地区都颁布了建设工程招标文件范本，以规范建设工程的招标行为。

(1) 投标须知。投标须知是招标人对投标人提出所有实质性要求和条件，用来指导投标人正确地进行投标报价的文件。投标须知所列条目应清晰，内容明确。一般应包括以下内容：

① 项目概述。

② 招标项目的资金来源。

③ 对投标人的资格要求及资格审查标准。

④ 合同类型。
⑤ 现场踏勘和答疑会的时间、地点及有关事项。
⑥ 填写投标文件的注意事项。
⑦ 投标保证金的金额和有效期。
⑧ 投标文件的递送要求。
⑨ 投标有效期。
⑩ 开标和评标的时间、地点及评审原则。
⑪ 授予合同的有关规定等。

(2) 合同条件。招标文件中包含合同条件和合同格式，目的是告知投标人中标后将与业主签订合同的有关权利和义务等规定，以便投标人在编制投标文件时充分考虑。招标文件中所包含的合同条件是双方签订承包合同的基础，允许双方在签订合同时，通过协商对其中的某些条款的约定作适当修改。我国经过多年的改进与完善，适用于不同项目的合同文本都已规范化，基本上可以直接采用。为了便于招投标双方明确各自的职责范围，招标人一般固定好合同的格式，只待填入一些具体内容即成为合同。

(3) 技术规范。编写技术规范时一般可引用国家正式颁布的规范，但一定要结合本工程的具体环境和要求来选用，同时往往还需要由监理工程师编制一部分具体适用于本工程的技术规定和要求。

(4) 投标文件(格式)。投标文件(格式)一般包括招标人规定的投标书格式、工程量清单和要求补充的资料表等。

(5) 图纸。图纸是投标人拟订施工方案、确定施工方法，以及提出替代方案、计算投标报价必不可少的资料。

招标文件可以由招标单位自行编制，也可委托有资格的咨询单位代为编制，由招标单位审定。招标文件编制完成后，应报建设工程招标投标管理机构审批。

2. 招标阶段的工作

招标申请经主管部门批准，并备齐招标文件后，即可发出招标公告或投标邀请书，从此时起，招标工作进入实质性的操作阶段。

1) 资格预审

资格预审的目的是对各投标单位的资质、能力、经验是否与拟实施项目特点相适应的总体考查，同时可以减少评标阶段的工作时间、减少评审费用。资格预审一般包括以下几个方面：

(1) 法人地位。审查企业的法人资格、资质等级、批准的营业范围、机构及组织等是否与招标工程相适应。若为联合体投标，对各合伙人也要审查。

(2) 商业信誉。主要审查在建设工程承包活动中都完成过哪些工程项目；是否发生过严重违约行为；获得过多少荣誉证书等。

(3) 财务能力。财务审查主要为确保投标人能顺利地履行合同。另外，通过财务审查也可以看出该企业经营管理水平的高低。

(4) 技术能力。主要是评价投标单位实施工程项目的潜在技术水平，包括人员能力和设备能力两方面。人员能力要考查人员的数量，专业覆盖面，高、中、初级人员的组成结构，管理人员和技术人员的水平，已获得相关执业资格证书人员的数量等；设备能力要考查投标单位自有的仪器、设备的数量、规格型号、使用情况等。

(5) 工程经验。通过投标人提供的近几年承接工程项目建设的一览表，考查投标人最近几年已完成项目的数量、规模，更要看有无与招标项目类似的工程经验。

经过评审，对每个投标人按预定标准逐一打分得出综合评审分，然后从高到低按预计数目确定资格预审合格的名单，向资格预审合格的单位发出合格通知书，同时将结果告知没有通过的单位。资格预审合格的单位才有资格购买招标文件，参与投标竞争。

2) 组织现场踏勘

招标人发售招标文件后，应按招标文件规定的时间，负责组织所有投标人到工程建设现场进行考察。组织现场踏勘的目的，一方面是让投标人了解招标现场的自然环境、施工条件、周围环境，调查现场所在地材料的供应品种和价格、供应渠道，设备的生产、销售情况，现场所在地的治安、生活情况等，以便于投标报价；另一方面是要求投标人通过自己的实地考察，以决定投标的策略和确定投标的原则，避免实施过程中承包商以不了解现场情况为由推卸应承担的责任。为此，招标人在组织现场踏勘的过程中，除了对现场情况进行简要介绍外，不对投标人提出的有关问题作进一步说明，以免干扰投标人的判断。投标人的疑问一般都留待答疑会上统一解决。现场踏勘的费用由投标人自己承担。

3) 答疑会

答疑会也称标前会议，是指招标人在招标文件规定的日期，针对投标人研究招标文件和现场踏勘中提出的有关质疑问题进行解答的会议。在答疑会上，除了向投标人介绍工程概况外，还可对招标文件中某些内容加以修改或补充说明，有针对性地解决投标人书面提出的各种问题，以及会议上投标人即席提出的有关问题。会议结束后，招标人应按其口头解答的内容以书面补充的形式发给每个投标人，作为招标文件的组成部分，与招标文件具有同等的法律效力。

4) 接收投标文件

在投标截止时间前，招标人应做好接收投标文件的工作，并做好接收记录。招标人应将接收的投标文件在开标前妥善保管，任何单位和个人不得开启。超过规定投标截止日期递交的投标书，招标人不予接收或原封退回。

提交投标文件少于3个投标人时，招标需依法重新进行。

3. 决标成交阶段的工作

从开标到业主与中标人签订工程合同这一期间，属于决标成交阶段。该阶段的工作包括开标、评标、决标和签订合同几项内容。

1) 开标

开标应当在招标文件确定的提交投标文件截止时间的同一时间公开进行；开标地点一般在统一的建设工程交易中心。所有投标人的法定代表人或授权代理人应参加开标会。

开标会议由招标人组织并主持，邀请招标管理机构有关人员参加，可邀请公证机关对开标过程公证。招标人应对开标会议做好签到记录，以证明投标人出席开标会议。

开标时，由投标人或者其推选的代表检查投标文件的密封情况，也可以由招标人委托的公证机构检查并公证；经确认无误后，由工作人员当众拆封，宣读投标人名称、投标价格和投标文件的其他主要内容，此项工作也称为唱标。招标人在招标文件确定的提交投标文件截止时间前收到的所有投标文件，开标时都应当众予以拆封、宣读。开标过程应当记录，并存档备查。

开标时另一项重要工作是对无效标书的认定。根据《政府采购货物和服务招标投标管理办法》第五十六条第2、4款的规定："未按照招标文件规定要求密封、签署、盖章的""不符合法律、法规和招标文件中规定的其他实质性要求的"按照无效投标处理。一般包括下列情形。

(1) 投标文件逾期送达的或者未送达指定地点的。
(2) 投标文件未按招标文件的规定密封、标记和骑缝加盖投标人公章的。
(3) 投标报价高于公布标底或投标报价最高限价的。
(4) 投标文件承诺的工期超过招标文件中的工期要求的。
(5) 投标函部分的密封袋内无投标保函原件或招标人出具的已收讫投标保证金的凭证原件的，或投标保函的内容不符合招标文件的实质性要求的。
(6) 投标文件未按招标文件规定的格式要求加盖投标人印章，或未经法定代表人或其委托代理人签字(盖章)，或由委托代理人签字(盖章)但未随投标文件一起提供"投标文件签署授权委托书"原件的。
(7) 联合体投标未按规定附有联合体各方共同投标协议的。
(8) 招标文件要求提交投标文件电子文档，但未提交或提交的电子文档不符合要求的。

2) 评标

评标由评标委员会按招标文件中的评标、定标办法进行。

(1) 评标委员会。依法必须进行招标的项目，其评标委员会由招标人的代表和有关技术、经济等方面的专家组成，成员人数为5人以上单数，其中技术、经济等方面的专家不得少于2/3。专家必须从事相关领域工作满8年并具有高级职称或同等专业水平，同时熟悉招投标相关法律法规及评标办法。评委会专家由招标人从国务院有关部门或省、市、自治区人民政府有关部门提供的专家名册或代理机构的专家库内随机抽取。与投标人有利害关系的人不得进入相关项目的评标委员会；已经进入的应当更换。

评标委员会成员的名单在确定中标结果之前应严格保密。招标人应采取必要的措施，保证评标在严格保密的情况下进行。任何单位和个人不得非法干扰、影响评标的过程和结果。

(2) 废标。废标是指经过评标委员会评审，不符合招标文件要求因而丧失了继续参加评审程序的资格的投标。决定废标的权利应当是招标人的民事权利，但必须由评标委员会代为行使。 评标委员会决定废标的权利来自于两个方面。

① 法律、法规、部门规章的规定。
② 招标文件的规定。

投标人或投标文件出现下列情形的，一般被认定为废标：

① 投标人以他人的名义投标或出现下列串通投标、弄虚作假投标嫌疑的。

a. 投标文件中载明的项目管理班子成员与招标工程其他投标人的投标文件载明的相关人员中有同一人的。

b. 在投标文件中的商务标上签字盖章的造价工程师与其他投标人的投标文件相同的。

② 投标人资格条件不符合国家有关规定和招标文件要求。

③ 投标人拒不按照要求对投标文件进行澄清、说明、补正的，或评标委员会根据招标文件的规定对投标文件的计算错误进行修正后，投标人不接受修正后的投标报价的。

④ 投标文件中存在明显不符合技术规范、技术标准的内容的。

⑤ 投标文件附有招标人不能接受的条件的。

⑥ 投标报价中主要清单项目的报价明显高于其他投标人的相应报价的平均值或高于标底价格的。

(3) 评标方法。评标委员会应当根据招标文件确定的评标标准和方法，对其技术部分和商务部分进行评审、比较。常用的评标方法包括专家评议法、最低评标价法和综合评估法。

① 专家评议法。专家评议法是由评标委员会的各位专家分别就各投标书的内容充分进行优缺点评论，经过专家共同的认真分析、横向比较和调查后，最终以投票的方式评选出最具实力的投标单位作为中标候选人推荐给业主。这种方法实际上是一种定性的优选法，虽然能深入地听取各方面的意见，但由于没有进行量化评定和比较，同时受到评标专家个人主观影响较大，评标的科学性较差。其优点是评标过程简单、较短时间内即可完成。该方法一般仅适用于小型工程或规模较小的改扩建项目。

② 经评审的最低评标价法。简单地说，最低评标价法就是指投标单位按计划运行成本，而不是按预算运行成本进行报价，对投标文件中的各项评标因素尽可能地折算为货币量，评标单位将各投标单位投标报价进行评比之后，确定出评标价最低的投标单位，并以该最低评标价为中标价。

但需特别指出的是：最低评标价绝不是最低投标价。

最低评标价法是《招标投标法》提供了法律保障的一种评标方法，有其实施的法律依据及客观必然性。该法第四十一条规定，中标人应符合"能够满足招标文件的实质性要求，并且经评审的投标价格最低，但是投标价格低于成本的除外"。

"最低价中标"作为国际通行的评标原则已得到广泛运用，成为一种国际惯例。国际上，标底的作用仅仅是业主对工程价格的评估，国际竞争性招标并没有规定一定要编制标底，评标主要以"最低价中标"为原则。

在中小型工程项目招标中推广应用最低评标价法是市场经济发展的必然。对于那些施工技术单纯、工艺简单的工程项目，不低于成本报价，评标价最低者中标正是建设市场客观竞争的必然。最低评标价法能充分体现公平竞争的要求。"低价中标"可以淡化标底，打消投标企业到处摸标底的违规念头，简化评标、定标程序，消除人为因素的影响。

③ 综合评估法(或百分制评分法)。综合评估法是基于评审的内容较多，且各项内容的单位又不统一，因此不能进行简单的数字加减而产生的。该方法的操作步骤：首先，要确定量化的形式，一般可采取折算为货币的方法、打分的方法或者其他方法，将所有参与评价的因素(技术因素、报价因素、工期因素、质量等级因素、企业评价因素等)列出。然后，评标委员会根据招标项目特点将准备评审的内容进行分类，各类内容再进一步细分为小项，并确定各类及小项的分值及评分标准。随后评委专家按照各投标人各项考评因素逐一打分并加权计算，最终以综合评估得分的高低排出次序，综合评分最高的三家投标人成为评标委员会推荐的中标候选人，再由招标人从中选定一家单位作为中标人，签订合同。综合评估法(或百分制评分法)能够综合地评定出各投标人的素质情况，既是一种科学的评标方法，又能充分体现平等竞争的招投标基本原则。

【例3-1】综合评估法示例

某项目施工评标采用综合评估法进行评价，按技术标和商务标两大部分进行评分，总分100分。其中商务标占70分，技术标占30分。具体评分内容如下。

商 务 标

1. 总报价(70分)

(1) 招标人设有最高限价(明标或暗标),超过最高限价的投标价不进入评标复合价和评标基准价的计算(不设限价时,一般情况下投标单位不得少于5家)。

情况一: 有效投标人不少于5家。

评标基准价的计算公式如下:

① 评标复合价=(各允许进入复合价的投标价之和－一个最高进入复合价的投标价－一个最低进入复合价的投标价)÷(进入复合价的投标人总数－2)

② 评标基准价=所有进入复合价的投标中次低价×0.5+评标复合价×0.5。

情况二: 有效投标人少于5家时。

① 评标复合价=各进入复合价的投标价之和÷进入复合价的投标人总数。

② 评标基准价=所有进入复合价的投标中次低价×0.5+评标复合价×0.5。

情况三: 当有效投标人少于3家时,由评标小组决定是否继续评标。附相应情况下商务标的计算标准和方法。

(2) 评分办法。

$$A=(投标价-评标基准价)÷评标基准价×100\% \text{ (保留1位小数)}$$

① $A=-0.5\%$时,得满分70分。

② $A>-0.5\%$时,投标价每高一个百分点扣2分。

③ $-0.5\%>A\geqslant-2.5\%$时,投标价每低一个百分点扣1分。

④ $A<-2.5\%$时,投标价每低一个百分点扣2分,依此类推,不计负分。

技 术 标

2. 施工组织设计(17.0~30.0分)

(1) 施工技术方案、施工平面布置(4.0~6.0分)。

(2) 施工进度计划及保证措施、劳动力及材料供应计划(4.0~6.0分)。

(3) 施工质量、材料和设备质量保证措施(4.0~7.0分)。

(4) 施工机械设备的选用和布置(3.0~6.0分)。

(5) 安全生产、文明施工、环境保护措施(2.0~4.0分)。

(6) 推广应用新技术、新工艺(0.0~1.0分)。

(部分项目技术要求简单,可对技术标作符合性评审,符合招标文件实质性规定的则得30分,不符合的不进入详细评审阶段,作废标处理)

评标委员会完成评标后,应当向招标人提出书面评标报告,并推荐合格的中标候选人。评标委员会经评审,认为所有投标都不符合招标文件要求的,可以否决所有投标。

3. 决标和授标

1) 确定中标人

招标人根据评标委员会提出的书面评标报告和推荐的中标候选人确定中标人。招标人也可以授权评标委员会直接确定中标人。

中标人的投标文件应符合下列条件之一:

(1) 能够最大限度地满足招标文件中规定的各项综合评价标准。
(2) 能够满足招标文件的实质性要求,并且经评审的投标价格最低,但投标价格低于成本的除外。

在确定中标人前,招标人不得与投标人就投标价格、投标方案等实质性内容进行谈判。

2) 核发中标通知书

中标人确定后,招标人应向中标人发出中标通知书,并同时将中标结果通知所有未中标人。中标通知书对招标人和中标人具有法律效力,通知书发出后,若招标人改变中标结果或中标人放弃中标项目的,应承担法律责任。

3) 授标

中标人接到中标通知书后,应在中标通知书发出之日起的 30 日内与业主签订合同,合同自双方签字盖章之日起成立。签订合同前业主与中标人还要进行决标后的谈判,谈判仅限于澄清投标书的细节和合同条款细节,不得另行订立违背合同实质性内容的其他协议。招标文件要求中标人提交履约保证金的,中标人应按要求提交。

业主与中标人签订合同后 5 日内,退还未中标人的投标保证金。至此,招标工作即告结束。

3.2.2 工程建设投标

工程建设投标是指投标人(或承包人)根据所掌握的信息,按照招标人的要求,参与投标竞争,以获得工程建设承包权的法律活动。

工程建设投标一般应完成以下各项工作:
(1) 投标人了解招标信息,提出投标申请。
(2) 接受招标人的资格审查。
(3) 购买招标文件及有关技术资料。
(4) 参加现场踏勘,并提出疑问。
(5) 编制投标文件。
(6) 办理投标保函,递交投标文件。
(7) 参加开标会。
(8) 若中标,接受中标通知书并签订合同。

以上工作可概括为投标决策、投标准备、投标报价、签约等几个阶段。

1. 投标决策

投标决策是指投标人对是否投标,投标哪些项目,是以高价投标还是低价投标的决策过程。在激烈的市场竞争中,能够承揽到工程项目,不仅是企业之间财力和技术实力的较量,而且也是智力的比拼。因此,企业在积累雄厚的经济实力,拥有丰富的经验和管理能力,并创建了良好的社会声誉之后,还要有一整套独特而有效的经营策略。

收集和掌握有关招标项目的情报和信息,对于有目的地做好投标准备工作具有十分重要的意义。因此,投标决策的基本原则,或者说是其基本前提应注意以下两方面的内容。

(1) 建立广泛的信息来源渠道,建立项目数据库。企业可通过多渠道获得信息,如:各级基本建设管理部门;建设单位及主管部门;各地勘察设计单位;各类咨询机构;各种工程承包公司;城市综合开发公司、房地产公司、行业协会等;各类刊物、广播、电视、互联网等多种媒体。

(2) 开展广泛的调查活动。为提高中标概率和获得良好的经济效益，除获知哪些项目拟进行招标外，投标人还应从战略角度全面调查收集以下资料，作出投标与否的决策。

① 工程方面的信息。包括工程的性质、规模、技术复杂程度、工程现场条件、工期、工程的材料供应条件、质量要求及交工条件等。

② 业主方面的信息。包括业主的信誉、资金来源有无保障、工程款支付能力等；是否要求承包商带资承包、延期支付；投标能否在公平条件下进行；是否已有内定的承包商等。

③ 市场竞争条件。包括当地施工用料供应条件和市场价格；当地机电设备采购条件、租赁费、零配件供应和机械修理能力等；当地生活用品供应情况、食品供应和价格水平；当地劳务的技术水平、劳务态度、雇佣价格及雇佣手续、途径等；当地运输状况，如车辆租赁价格、汽车零配件供应情况、油料价格及供应情况等；有关海港、航空港及铁路的装卸能力、费用及管理方面的规定等。

④ 竞争对手情况。包括竞争对手的数量、质量和投标的积极性；竞争对手已实施工程的投标价格；对手投标报价的标准；等等。

投标企业在掌握大量有效信息的基础上，应借助一些决策理论和方法，进行科学决策。在投标决策中，比较常用的决策方法有综合分析法、期望值法和决策树法。

1) 综合分析法

此方法将投标工程定性分析的各个因素通过评分转化为定量问题，计算综合得分，用以衡量投标工程的条件。下面通过一个简单的案例来说明该方法的运用。

【例 3-2】投标决策分析

某企业拟对一项招标工程进行定量分析，以确定是否参加投标。

选择评价因素，确定为经营能力、经营需要、中标可能性、工程条件、时间要求五个主要方面。用综合评分法对前述五个因素评分。

① 对每个因素视其重要程度给出一个权数，见表 3-2。
② 将各因素的优劣分为三等，分别评为 10 分、5 分、0 分，见表 3-2。
③ 计算综合得分，评价工程的投标条件。

表 3-2 评标评价表

评价因素	权 数	评 分			得 分
		好(10分)	一般(5分)	差(0分)	
1. 经营能力	0.25	10	—	—	2.5
2. 经营需要	0.2	—	5	—	1.0
3. 中标可能	0.25	10	—	—	2.5
4. 工程条件	0.10	—	—	0	0
5. 时间要求	0.20	—	5	—	1.00
合计	1.00				7.00

从表 3-2 的评分过程可看出，投标条件最好的为 10 分，但这种情况很少。实际工作中，常根据经验确定一个参加投标的标准分数线，高于此线就参加投标。假定该企业定的投标标准分数线为 6.5 分，则上例工程可考虑参加投标。

2) 期望值法

企业投标一般都比较注重经济效益，期望值法就是以经济效益为目标对投标工程进行选择的决策方法。这里所说的期望值就是概率论中离散型随机变量的数学期望。把每个方案看成是离散型随机变量，其取值就是每个方案在各自自然状态下相应的损益值，而各方案的损益期望值则是各自然状态发生的概率与各方案对应的损益值乘积之和。所谓期望值法，即以期望值最大的方案为最佳方案。下面仍然通过一个简单的案例来说明该方法的运用。

【例3-3】某企业拟在A、B、C三个工程中选择一项投标，各种资料见表3-3，试决策应选哪个项目投标。

案例分析

用风险型决策中的数学期望值法，计算各工程收益的数学期望值(计算结果见表3-3)。经比较，应选择C工程投标。此时，企业可能获得11.10万元的收益值。

表 3-3　期望值计算表

工程名称	未来状态下的收益值/万元		期望值/万元
	中标(0.4)	失标(0.6)	
A	20	−0.5	7.70
B	25	−0.8	9.52
C	30	−1.5	11.1

3) 决策树法

如果企业由于施工能力和资源的限制，只能在不同项目中选择一项进行投标，就会有多个方案。此时可以用决策树的方法进行决策。

决策树是图论中树图用于决策的一种工具，它是基于期望值法，以树生长过程的不断分枝来表示事件发生的各种可能性，以分枝和修剪来寻优的决策方法。决策树的基本决策过程是：先画出决策树，再计算各节点的损益期望值，然后选择期望值最大的方案为最优方案。

【例3-4】某承包商面临A、B两项工程投标，因受本单位资源条件限制，只能选择其中一项工程投标，或者两项工程均不投标。根据过去类似工程投标的经验数据，A工程投高标的中标概率为0.3，投低标的中标概率为0.6，编制投标文件的费用为3万元；B工程投高标的中标概率为0.4，投低标的中标概率为0.7，编制投标文件的费用为2万元。试运用决策树法进行投标决策。

各方案承包的效果、概率及损益情况见表3-4。

表 3-4　方案评价参数表

方　案	效　果	概　率	损益值/万元
A高	好	0.3	150
	中	0.5	100
	差	0.2	50
A低	好	0.2	110
	中	0.7	60
	差	0.1	0

续表

方案	效果	概率	损益值/万元
B高	好 中 差	0.4 0.5 0.1	110 70 30
B低	好 中 差	0.2 0.5 0.3	70 30 −10
不投标			0

案例分析

第一步，画出决策树(图 3.2)。

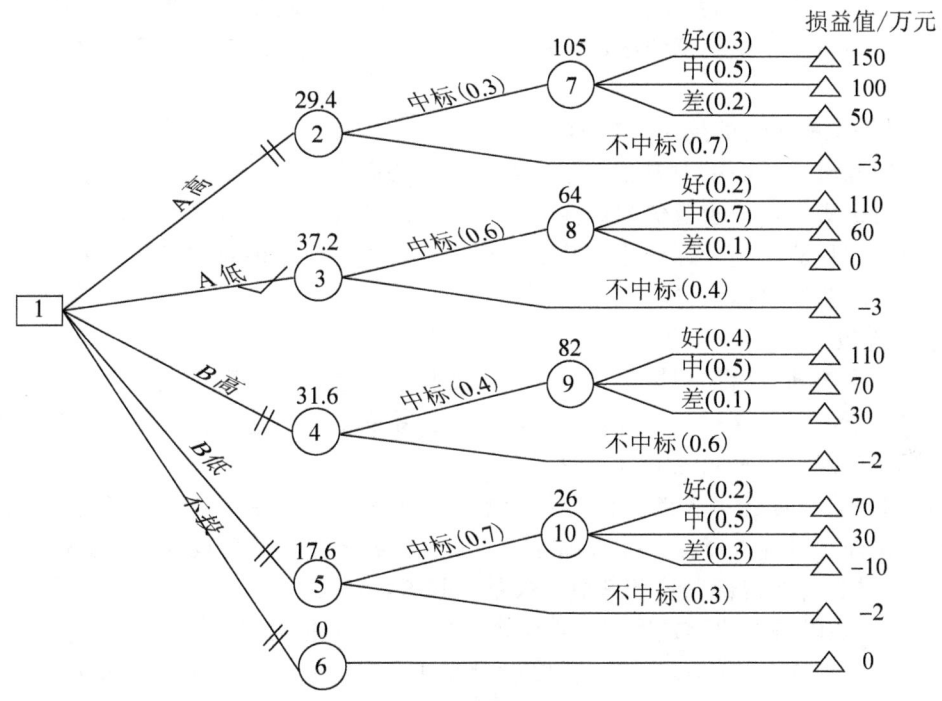

图 3.2 投标决策树

第二步，计算各点的损益期望值。

点②：$0.3 \times (0.3 \times 150 + 0.5 \times 100 + 0.2 \times 50)$ 万元 $+ 0.7 \times (-3)$ 万元 $= 29.4$ 万元

点③：$0.6 \times (0.2 \times 110 + 0.7 \times 60 + 0.1 \times 0)$ 万元 $+ 0.4 \times (-3)$ 万元 $= 37.2$ 万元

点④：$0.4 \times (0.4 \times 110 + 0.5 \times 70 + 0.1 \times 30)$ 万元 $+ 0.6 \times (-2)$ 万元 $= 31.6$ 万元

点⑤：$0.7 \times [0.2 \times 70 + 0.5 \times 30 + 0.3 \times (-10)]$ 万元 $+ 0.3 \times (-2)$ 万元 $= 17.6$ 万元

点⑥：1×0 万元 $= 0$ 万元

第三步，确定方案。

经比较，点③的期望值最大，故选择 A 工程投低标。

2. 投标准备阶段

企业进入建设市场进行投标，必须做好一系列的准备工作。准备工作充分与否对中标和中标后的赢利程度都有很大的影响。

投标经营准备指从企业中抽调相关人员组成干练有效的投标班子；选择合适的合作伙伴或组成联合体投标；寻找良好的合作银行等。

1) 组成投标班子

在企业决策要参加某工程项目投标之后，最重要的工作即是组成一个干练的投标班子。参加投标的人员要经过认真挑选，并需具备以下条件：

(1) 熟悉招标文件，包括合同条款，会拟订合同文稿，对投标、合同谈判和合同签约有丰富的经验。

(2) 熟悉《招标投标法》《合同法》《中华人民共和国建筑法》(以下简称《建筑法》)、《建设工程质量管理条例》等法律法规。

(3) 需要有丰富的工程经验、熟悉工程建设的工程师，还要有具有设计经验的设计工程师参加，以便从设计或施工角度，对招标文件的设计图纸提出改进方案，以节省投资和加快工程进度。

(4) 有精通工程报价的经济师参加。

总之，投标班子最好由多方面人才组成。一个公司应该有一个按专业和承包地区分组的、稳定的投标班子，但应避免把投标人员和工程施工人员完全分开，即部分投标人员必须参加所投标项目的实施，这样才能减少工程失误和损失，不断总结经验，提高投标人员的水平和公司的总体投标水平。

2) 联合体投标

投标人若无法独立承担招标项目的建设，或独立投标中标的可能性不大以及在业主的某些特殊要求下，可以寻找其他有实力或与业主关系良好的承包商组成联合体参与投标竞争。在进行联合体投标时应注意以下问题：

(1) 联合体各方面应具备的条件。联合体各方应具备承担招标项目的能力，国家有关规定或招标文件对投标人资格条件有规定的，联合体各方均应具备规定的相应资格条件。

(2) 联合体各方的内部关系和其对外关系。其内容包括：

① 内部关系以协议的形式确定。联合体在组建时，应依据《招标投标法》和有关合同法律的规定共同订立书面投标协议，在协议中拟订各方拟承担的具体工作和各方应承担的责任。如果各方是通过共同注册并进行长期经营的"合资公司"，则不属于《招标投标法》所说的联合体。

② 联合体对外关系。中标的联合体各方应当共同与招标人签订合同，并应在合同书上签字或盖章。在同一类型的债权债务关系中，联合体任何一方均有义务履行招标人提出的债权要求。招标人可以要求联合体的任何一方履行全部的义务。被要求的一方不得以"内部订立的权利义务关系"为由而拒绝履行义务。

(3) 联合体的优缺点。其内容包括：

① 可增强融资能力。大型建设项目需要有巨额的履约保证金和周转资金，资金不足无法承担这类项目。即使资金雄厚，承担这一个项目后也无法再承担其他项目。采用联合体可以增强融资能力，减轻每一家公司的资金负担，实现以较少资金参加大型建设项目的目

的，其余资金可以再承包其他项目。

② 分散风险。大型工程风险因素很多，如果由一家公司承担，其风险很大。所以，有必要依靠联合体来分散风险。

③ 弥补技术力量的不足。大型项目需要很多专门的技术，而技术力量薄弱和经验少的企业是不能承担的。即使承担了也要冒很大的风险。同技术力量雄厚、经验丰富的企业联合，可以使各个公司的技术专长互相取长补短。

④ 报价可相互检查。有的联合体报价是每个合伙人单独制定的，要想算出正确和适当的价格，必须互查报价，以免漏报和错报。有的联合体报价是合伙人之间相互交流和检查后制定的，这样可以提高报价的可靠性，提高竞争力。

⑤ 确保项目按期完工。通过联合体对合同的共同履行，可以提高项目完工的可靠性。同时，对业主来说也提高了对项目合同、各项保证、融资贷款等方面的安全度和可靠性。

但是也要看到，由于联合体是几个公司的临时合伙，有时在工作中难以迅速作出判断。如果协作不好，则会影响项目的实施。这就需要在制定联合体合同时明确职责、权利和义务，组成一个强有力的领导班子。

联合体一般是在资格预审前即开始组织并制定内部合同与规划，如果投标成功，则贯彻在项目实施全过程中。如果投标失败，则联合体立即解散。

3) 与银行建立业务关系

投标单位在投标前应积极与银行办理有关的业务联系。与银行有关的投标业务联系包括：贷款、存款、提请银行开具保函、信用证、资信证明及代理调查等。

3. 接受资格预审

根据《招标投标法》的有关规定，招标人可以对投标人进行资格预审。投标人在获得招标信息后，可以从招标人处获得资格预审申请表，投标工作从填写资格预审申请表开始。

(1) 为了顺利通过资格预审，投标人应在平时就将一般资格预审的有关资料准备齐全。最好存储在计算机中，若要填写某个项目资格预审调查表，可将有关文件调出来加以补充完善。因为资格预审内容中，财务状况、施工经验、人员能力等属于通用审查内容，在此基础上，附加一些具体项目的补充说明或填写一些其他表格，即可成为资格预审书送出。

(2) 填表时要加强重点分析，即针对工程项目的特点，填好重要部位。特别是要反映出本公司的施工经验、施工水平和施工组织能力，这往往是业主考虑的主要方面。

(3) 在投标决策阶段，研究并确定本公司发展的主要地区和项目，注意收集信息，如有合适项目，及早动手做资格预审的申请准备，并根据相应的资格预审方法，为自己打分，找出差距。如果自己不能解决，则应考虑寻找适宜的合作伙伴组成联合体来参加投标。

(4) 做好递交资格预审调查表后的跟踪工作，以便及时发现问题，及时补充材料。

4. 报价准备

1) 熟悉招标文件

企业通过资格预审获得投标资格后，要购买招标文件并研究和熟悉招标文件，在此过程中，应特别注意对标价计算可能产生重大影响的问题，主要包括以下几个方面：

(1) 合同条件。诸如工期、拖期罚款、保函要求、保险、付款条件、税收、货币、提前竣工奖励、争议、仲裁、诉讼法律等。

(2) 材料、设备和施工技术要求。如所采用的规范、特殊施工和施工材料的技术要求等。
(3) 工程范围和报价要求。承包商可能获得补偿的权利。
(4) 熟悉图纸和设计说明，为投标报价做准备。熟悉招标文件，同时找出招标文件中含糊不清的问题，及时提请业主澄清。

2) 标前调查与现场踏勘

标前调查是投标前最重要的一步，如果在投标决策阶段已对投标项目所在地区进行了较深入的调查研究，则在领到招标文件后只需进行针对性的补充调查即可；否则，还需要进行深入调查。

(1) 标前调查的内容。包括以下六方面：

① 工程的性质及工程与其他工程间的关系；投标人投标的那部分工程与其他承包商或分包商间的关系。

② 工程所在地的政治形势、经济形势、法律法规、风俗习惯、自然条件、生产和生活条件等。

③ 项目资金来源是否可靠，避免风险。

④ 项目开工手续是否齐备，避免免费为其估价。

⑤ 业主是否有明显的授标倾向，避免陪标。

⑥ 竞争对手的数量，同类工程的经验，其他优势，惯用的投标策略等。

(2) 现场踏勘是指去工地现场进行考察，招标人一般在招标文件中要注明现场考察的时间和地点，在文件发出后就要安排投标人进行现场考察准备工作。现场踏勘既是投标人的权利，又是其责任。因此，投标人在报价前必须认真地进行现场踏勘，全面、仔细地调查了解工地及其周围的政治、经济、地理等情况。现场踏勘均由投标人自费进行。投标人进入现场后应特别注意从以下五方面进行考察：

① 工程的性质以及与其他周边工程之间的关系。

② 投标人所投标的工程与其他承包商或分包商之间的关系。

③ 工地地貌、地质、气候、交通、电力、水源等情况，有无障碍物等。

④ 工地附近有无住宿条件，料场开采条件，其他加工条件，设备维修条件等。

⑤ 工地附近治安情况等。

3) 研究招标文件，校核工程量

招标文件是投标的主要依据，应该进行仔细分析。分析应主要放在投标人须知、专用条款、设计图纸、工程范围以及工程量表上，最好有专人或小组研究技术规范和设计图纸，明确特殊要求。

对于招标文件中的工程量清单，投标人一定要进行校核，因为这直接影响中标的机会和投标报价。对于无工程量清单的招标工程，应当计算工程量，其项目一般可以单价项目划分为依据。在校核中如发现相差较大，投标人不能随便改变工程量，而应致函或直接找业主澄清。尤其对于总价合同要特别注意，如果业主在投标前不给予更正，而且是对投标人不利的情况，投标人应在投标时附上说明。投标人在核算工程量时，应结合招标文件中的技术规范明确工程量中每一细目的具体内容，才不至于在计算单位工程量价格时出现错误。如果招标工程是一个大型项目，而且投标时间又比较短，投标人至少要对工程量大而且造价高的项目进行核实。

5. 投标报价阶段

投标报价是投标工作的核心，投标报价要在报价准备工作完善的基础上进行，并建立在报价准备工作的成果之上。

1) 价格估算

投标人在研究了招标文件并对现场进行了考察之后，即进入工程价格估算阶段。投标人根据自己的经验和习惯，一般工程在施工图的基础上进行报价，其方法与编制施工图预算的方法基本相同，但应注意以下问题：

(1) 工程量计算。目前，由于各省、市、自治区的预算定额都有自己的规定，从而引起单价、费用、工程项目定额内容不尽相同。参加一个地区的投标报价时，必须首先熟悉当地使用的定额及规定，才能将计算工程量时的项目划分清楚。此外，还应注意不可调整工程项目的计算。一般来说，上部工程的工程量不可调整，计算时应尽量准确无误。而允许调整(视招标文件规定)的工程项目，其准确性可以降低。最后，应注意工程量计算与现场实际相结合，如土石方工程、构件和半成品的运输及吊装等，使其尽量做到与今后施工相吻合。

(2) 正确套用单价。正确套用单价的基础是要掌握定额单位所包含的内容，同时又要与各分部分项工程的施工工艺和操作过程相一致。这就需要投标人除了掌握定额外，还要对施工组织设计或施工方案有较深的了解。同时，又要熟悉本企业主要项目施工工艺的一般做法。

(3) 准确计算各种数据。工程量、单价、合价以及各种费用的计算，都属于数据的计算，这些数据的运算一般都比较简单。但是，许多数字是相互关联的，一处错误就会引起一系列的错误。因此，工程量的计算首先应精确，而工程量的计算又取决于作标人计算程序的合理性。应当指出的是，投标报价是竞争激烈的商务活动，它不同于一般的施工图预算编制，投标人由于计算上的失误而失标，或中标后引起企业亏损的事例很多。因此，精明的投标人在完成计算后，一定要耐心细致地复核，以减少运算上的失误。

(4) 合理确定各类费用。国内投标报价中所谓报价合理，是指企业根据自身条件，以及企业掌握的外部条件(如材料供应等)，所确定的费用合理的工程造价。但是，前提必须是企业应有一定的利润。确定各类费用的收取标准是国内工程报价的核心问题。因此，投标人应尽力掌握企业当前经营状况的各种资料，主要应从企业管理费、其他直接费、其他间接费、材料价差等方面进行核算，以取得可靠数据，才能确定取费标准和合理计算各项费用。

2) 单价分析

单价分析是对工程量表上所列项目的单价的分析、计算和确定，或者是研究如何计算不同项目的直接费和分摊其间接费、利润和风险之后得出的项目单价。有的招标文件要求投标人对部分项目要递交单价分析表，而一般招标文件不要求报单价分析表。但是对投标人来说，除对很有经验、有把握的项目外，必须对工程量大、对工程成本起决定作用、没有经验或特殊的项目进行单价分析，以使报价建立在可靠的基础之上。最后，将每个项目单价分析表中计算的人工费、材料费、机械台班费、分摊的管理费进行汇总，并与原来估算的各项费用对比后，调整各种管理分摊系数，得出修正后的工程总价。

3) 投标报价决策

以上计算得出的价格只是特定的暂时标价，需经多方面分析后，才能作出最终报价决策。在报价时，投标人要客观而慎重地分析本行业的情况和竞争形势。在此基础上对报价进行深入细致的分析，包括分析竞争对手、市场材料价格、企业盈亏、企业当前任务情况等，最后作出报价决策。即报价上浮或下浮的比例，多方分析工程情况后决定最后报价。

报价是确定中标人的条件之一，而不是唯一的条件。一般来说，在工期、质量、社会信誉相同的条件下，招标人选择最低价标。但是，确定报价主要是和标底比较。许多地区规定合格标价的范围(即上、下浮范围)。在这种情况下应特别注意，不能追求报价最低，而应当在评价标准的诸因素上多下工夫。例如：企业自身掌握有三大材料、流动资金拥有量大、施工组织水平高、工期短等，就要以自身的优势去战胜竞争对手。标价过高或过低，不但不能得标，而且会严重损害本企业的形象。

4) 报价策略

投标报价的策略很多，应根据实际情况灵活采用。常用的报价策略有以下几种。

(1) 不平衡报价法。不平衡报价法是指一个工程项目的投标报价，在总价基本确定后，如何调整内部各个项目的报价，以期既不提高总价，不影响中标，又能在结算时得到更理想的经济效益。投标人一般可在以下几种情况下采用不平衡报价法：

① 能早日结账收款的项目(如开办费、基础工程、土方开挖、桩基等)可以报得较高，将投标开支、保函手续费、临时设施费、开办费等资金摊算到早期工程价格中去，以利于资金周转。后期工程项目(如机电设备安装、装饰、油漆等)的报价可适当降低。

② 经过工程量核算，预计今后工程量会增加的项目，单价可适当提高，这样在最终结算时会得到更多的资金；相反，降低预计工程量会减少的项目单价。

③ 设计图样不明确，估计修改后工程量要增加的，可提高单价；而工程内容不清的，则可降低一些单价。

④ 对暂定项目要具体分析，因为这类项目要开工后由业主研究决定是否实施，由哪家承包商实施。如工程不分标，则其中确定要实施的项目单价可提高，不一定做的项目单价可适当下调。如工程分标，则暂定项目也可能由其他承包商施工，则不宜报高价，以免影响总报价。

⑤ 在单价包干混合制合同中，业主要求采用包干价报价的项目，宜报高价。首先因这类项目风险较大，其次这类项目一般按报价结算。

不平衡报价法的应用一定要建立在对工程量仔细核算的基础之上。特别是对于报低单价的项目，如果实际工程量增多将造成投标人的重大损失。同时，调价幅度一定要控制在合理幅度内(一般在10%左右)，以免引起业主反对，甚至导致废标。大型工程项目往往采取分期建设的方式，投标人如果希望承包全部工程时，可考虑另一种形式的不平衡报价法。即将一期工程降低报价，将一部分开办费用分摊到后期工程中去，这种方法应对分期建设形势进行比较透彻的分析，在有把握的情况下采用。

(2) 多方案报价法。这种报价方法是在标书中报多个标价。其中一个按原招标文件的条件报，另一些则对招标文件进行合理的修改，在修改的基础上报出价格。例如，在标书中说明，只要修改了招标文件中某一个不合理的指标，标价就可以降低多少。用这种方法来吸引发包方，只要修改意见合理，发包方就会采纳，从而使采用多方案报价法的投标单位在竞争中处于有利地位，扩大了中标机会。这种方法适合于招标文件的条款不明确或不合理的情况下，投标企业通过多方案报价，既可提高中标机会，又可减少风险。

(3) 突然降价法。这种方法是一种用以迷惑竞争对手的艺术。在整个报价过程中，先按一般情况进行报价，甚至故意表现出自己对该工程的兴趣不大，等快到投标截止时间时，再突然降价，使竞争对手措手不及。使用该方法时，应事先考虑好降价的幅度，降价的时候一般只降总价。

(4) 逐步升级法。这种方法是将投标看作协商的开始，首先对技术规范和图纸说明书进行分析，把工程中的一些难题，如特殊基础等费用最多的部分抛弃，将标价降至竞争对手无法与之竞争的数额(在报价单中加以注解)。利用这种最低标价来吸引业主，从而取得与业主商谈的机会，再逐步进行费用最多部分的报价。

5) 编制投标文件

在最终确定报价后，即可编写投标文件。投标文件的编写应严格按照招标文件的要求，一般不带任何附加条件，否则会导致废标。投标文件一般应包括下列内容：

(1) 投标函。
(2) 投标人资格、资信证明文件。
(3) 授权委托书。
(4) 投标项目方案及说明。
(5) 投标价格及计算依据。
(6) 投标保证金或其他形式的担保。
(7) 招标文件要求提供的其他内容。
(8) 辅助中标文件，如设计修改建议、优惠条件承诺等。

6) 辅助中标手段

合理的报价、标准的投标文件固然重要，如果有更多的辅助中标手段，对提高中标的可能性也会有很大帮助。

对于一些招标工程，如发现工程范围不很明确，条款不清楚或不很公平，或技术规范要求过于苛刻时，投标人则要在充分估计投标风险的基础上，按多方案报价处理。即按原招标文件报一个价，然后提出如果业主修改某些条款，那么报价会降低到多少，以引起业主的注意。

(1) 增加建议方案。投标人可组织有经验的设计和施工工程师，对原招标文件的设计和施工方案仔细研究，提出更合理的方案促成中标。新方案要能够降低工程总价，促进提前竣工或使工程运用更合理。增加建议时，不要将建议写得太具体，保留方案的技术关键，以防止方案泄密。

(2) 许诺优惠条件。招标人在评标时，除了要考虑报价和技术方案外，还要分析其他条件，如工期、支付条件等。因此，投标人在投标时主动提出提前竣工、低息贷款、赠予施工设备、免费转让新技术或专利、代为培训人员等，均是吸引业主的辅助中标手段。

6. 递交标书阶段

以上工作结束后，投标工作的主要内容即告完成。在投标截止日前，投标人将编写好的投标文件递交到招标文件载明的地点。递交标书是将所有准备好的信函、证明文件、保函、技术文件、报价表、比较方案等按要求密封递送到招标单位。投标文件的填写要清晰、端正，补充设计图纸要美观。一般招标人会要求投标人在递交标书的同时递交投标保证金，保证金可以采取现金方式或由银行出具保函。如投标保证金为合同总价的某一百分比时，开具投标保函不宜过早，以免泄露报价。

投标人递交投标文件后，便是参加开标会议了。通过了解竞标对手的投标报价、数据，可以找到差距，积累经验，进一步提高自身的管理、技术能力。

在招标人评标期间，投标人应对评标人提出的各种疑义予以说明，必要时也要同招标人进行商谈。如最终得到招标人签发的中标通知书，则应在规定时间内与招标人签订合同，并在以后的规定时日内办理履约保函，最终在合同规定的时间进驻现场。至此，合同的订立工作即告结束，招投标双方进入合同履行期。

3.3 工程建设合同审查与谈判

工程承包经过招标—投标—定标等过程后，根据《合同法》规定，发包人和承包人的合同法律关系就已经建立。但由于建设工程标的规模大、金额高、履行时间长、技术复杂，再加上可能由于招投标工作较仓促，从而可能会导致合同条款完备性不够，甚至合法性不足，给今后合同履行带来很大困难。因此在中标通知书发出后，发包人和承包人往往会对合同的内容进行审查分析，在不违背原合同实质性内容的情况下通过合同谈判对合同内容进行补充或删减，最终签订一份对双方都有法律约束力的合同文件。

3.3.1 工程合同审查分析的内容

合同审查分析是一项技术性很强的综合性工作，它要求合同管理者必须熟悉与合同相关的法律法规，精通合同条款，了解合同环境，具备足够的细心和耐心。

工程合同审查分析主要包括以下内容。

1. 合同效力的审查与分析

工程合同的签订必须遵守相关法律、行政法规的规定，否则合同就会全部或部分无效，因此对合同效力的审查是合同审查分析最基本的工作，可从以下几方面进行：

(1) 合同当事人资格审查。即合同主体资格的审查。无论发包人还是承包人，都应该按照国家有关法律、行政法规的规定具备发包和承包工程的资格。

(2) 工程项目合法性审查。即合同客体资格的审查。主要审查工程项目是否具备招投标、签订合同的条件。

(3) 合同订立过程的审查。主要审查工程招投标工作是否规范，如招标人是否存在隐瞒工程真实情况的现象，投标人是否存在串标、围标的现象等。

(4) 合同内容合法性审查。主要审查合同条款是否符合法律法规的规定，如关于分包转包、安全管理等合同条款是否符合相应的法律规定。

2. 合同的完备性审查

根据《合同法》规定，合同应包括合同当事人、合同标的、标的数量和质量、合同价款、履行期限、地点和方式、违约责任和合同争议解决方法等内容。工程合同由于其涉及面广，履行过程中的不确定性因素多，因此若合同内容不完备，就会给合同当事人造成损失。工程合同的完备性审查包括以下两方面：

(1) 合同文件完备性审查。即审查该合同的各种文件是否齐全。

(2) 合同条款完备性审查。即审查合同条款是否齐全，对工程项目所涉及的各方面是否都有规定，合同条款是否存在漏项等。

3. 合同条款的公正性审查

公平公正是《合同法》规定的合同订立的基本原则，工程合同双方当事人在签订合同时都应该遵守该原则。但由于建筑市场竞争激烈，合同的起草权往往掌握在发包人手中，而承包人只能处于被动地位，因此发包人提供的合同条款往往苛刻，难以达到公平公正的程度。承包人在审查合同时应考虑到该点。

对施工合同而言，应重点审查以下内容：

1) 工作范围

即承包人所承担的工作范围，包括工程施工任务、材料和设备供应、施工人员的提供、工程量的确定、工程质量、工期要求等。工作范围是确定合同价格的基础，因此工作范围的确定是合同审查中的一项极其重要的工作。招标文件中对于工作范围的界定有时较模糊，因此发包人和承包人在合同审查时应进一步明确工作范围。常见的工作范围不明确的问题主要体现在以下四方面：

(1) 因工作范围不明确或承包人未能正确理解而出现报价漏项，从而导致成本增加。

(2) 由于工作范围不明确，对一些应包括进去的工程量没有进行计算而导致施工成本的增加。

(3) 规定工作内容时，对于规格、型号、质量要求、技术标准等表达不清楚，从而在合同履行过程中容易产生合同纠纷。

(4) 对于承包的国际工程，若在翻译外文招标文件时出现错误，就会导致报价失误。

因此，无论是发包人还是承包人在合同审查时，对于工作范围的规定要明确具体、责任分明。

2) 权利和义务

合同应公平合理分配双方的权利和义务。因此在合同审查时，合同双方当事人应将各自的权利和义务一一列出，检查是否存在权利和义务失衡的问题，另外还需对双方权利和义务的制约关系进行分析。如在合同中规定一方当事人享有某项权利，则要分析该权利的行使会使对方产生什么影响，该权利是否需要制约，权利方是否会滥用该权利，使用该权利时权利方应承担什么责任等，据此可以提出对该项权利的制约。例如，合同中规定"承包商在施工过程中随时接受工程师的检查"条款。作为承包商，为防止工程师滥用检查权，应相应增加"如果检查结果符合合同规定，则业主应承担相应的损失"条款，以限制工程师的检查权。如果合同中规定一方当事人必须承担某项义务，则要分析承担该义务的前提条件。例如合同规定承包商必须按时开工，则应在合同中相应规定业主应按时提供施工现场和施工图纸。

3) 工期和施工进度

(1) 工期。工期的长短直接与承发包方双方利益密切相关。对于发包人而言，若工期过短可能会影响工程质量,增加工程成本;若工期过长则会影响发包人正常使用,使发包人的收益推迟实现。因此发包人在审查合同时,应综合考虑工期、成本和质量三者的关系,以确定合理工期。对于承包商而言,应认真分析自己能否在规定的合同工期内完工,按期完工的条件有哪些,若合同工期较苛刻,承包商应在合同谈判时争取一个承发包人都能接受的工期,以保证承包人按期完工,避免项目完工风险的发生。

(2) 开工。承包人应审查开工日期是按合同约定时间还是以工程师的开工通知书为准,开工准备的时间是否合理,发包人为保证按期开工应承担的义务是否有明确规定,以及承发包人双方没有履行各自相关义务时应承担的违约责任。

(3) 竣工。承包人应审查竣工验收应具备什么条件,验收的程序和内容,对工程任务较多的项目能否分批进行验收,维修期开始时间的确定,承包人能否延长竣工时间等。

4) 工程质量

承包人应审查工程质量标准的约定能否体现优质优价的原则;材料设备的标准及验收规定;工程师的质量检查权利及限制;工程验收程序及期限规定;工程质量瑕疵责任的承担方式;工程保修期限及保修责任;等等。

5) 工程款及支付问题

工程造价条款是工程施工合同的关键条款,但通常会发生约定不明的情况,容易造成合同争议和纠纷。在实际的工程合同履行的过程中,业主和承包商之间的争议往往也集中在工程价款的支付上,因此,无论发包人还是承包人都应该花费较大精力研究工程价款及其支付的有关问题,主要有以下两方面。

(1) 合同价格。首先应研究工程合同的计价方式,如果合同采用固定价格方式,则应检查合同中是否约定了合同价款风险范围及风险费用的计算方式,价格风险承担方式是否合理;如果合同采用可调价格方式,则应检查合同是否约定因工程量的增减而调整的变更限额;如果合同采用成本加酬金方式,则应检查合同中成本构成和酬金的计算方式。

(2) 工程价款的支付。其内容包括:

① 预付款。对于承包人而言,争取预付款既可以使自己减少垫付的周转资金及利息,也可以表明业主的支付信用,减少部分风险。因此承包人应力争取得预付款,甚至可适当降低合同价款以换取部分预付款,同时还要分析预付款的比例、支付时间及扣还方式。

② 付款方式。承发包人应审查工程量计量及工程款的支付程序,以及检查合同中是否有支付期限和延期支付责任的规定。

③ 支付保证。支付保证包括承包人预付款保证和发包人工程款支付保证。对于预付款保证,承包人应重点审查保证的方式及预付款保证的保值问题。对于发包人工程款支付的保证,承包人应尽可能要求业主提供银行出具的资金到位的证明或资金支付担保。

④ 保修金。承包人应检查合同中规定的保修金是否合理,保修金的退还时间等。

6) 违约责任

违约责任条款订立的目的在于促使合同双方严格履行合同义务,防止违约行为的发生。如果发包人不按时支付工程价款,承包人不能按期完工或工程质量达不到合同规定的标准,都会给合同的另一方当事人造成损失。因此工程合同双方当事人应对违约责任条款进行认真审查,以保证违约责任条款的具体、完整。

(1) 对双方违约行为的约定是否明确，违约责任的约定是否全面。在工程合同中，合同双方当事人的义务繁多，因此承发包人应在合同审查时，检查是否针对当事人的每项义务都规定了相应的违约责任。

(2) 违约责任的承担是否公平。针对自己关键性权利，即对方的主要义务，应向对方规定违约责任，如对承包人按期完成、发包人按期付款等，都要详细规定各自的履行义务和违约责任。在对自己确定违约责任时，一定要同时规定对方的某些行为是自己履约的先决条件，否则自己将不承担违约责任。如承包商没有按照合同规定按期开工，是因为业主没有按期提供设计文件，此时承包商就不应承担未按期开工的违约责任。

(3) 对于违约责任应按不同情况做相应约定。有的合同不管当事人是何种情况的违约，均按照合同金额的一定比例计算违约金，这很难与因违约给当事人造成的损失相匹配。因此工程合同双方当事人应审查违约责任的处理是否合理，是否和该违约情况造成的不良后果相适应。

此外，在合同审查时，还必须注意合同中关于保险、担保、变更、索赔、争议的解决及合同解除等条款的约定是否完备、公平、合理。

3.3.2 合同审查表

1. 合同审查表的作用

合同审查后，对分析研究结果可以用合同审查表进行归纳整理。用合同审查表可以系统地针对合同文本中存在的问题提出相应的对策。合同审查表的主要作用如下：

(1) 通过合同的结构分解，使合同当事人及合同谈判者对合同有一个全面的了解。

(2) 检查合同内容的完整性。与标准的合同结构对照，即可发现该合同缺少哪些必需条款。

(3) 分析评价每一合同条款执行的法律后果及风险，为合同谈判和签订提供决策依据。

2. 合同审查表的格式

要达到合同审查的目的，合同审查表应具备以下功能：

(1) 完整的审查项目和审查内容。通过审查表可以直接检查合同条款的完整性。

(2) 被审查合同在对应审查项目上的具体条款和内容。

(3) 对合同内容的分析评价，即合同中有怎样的问题和风险。

(4) 针对分析出来的问题提出建议或对策。

某承包人的合同审查表见表 3-5。

表 3-5 合同审查表

审查项目编号	审查项目	条款号	条款内容	条款说明	建议或对策
S06021	责任和义务	6.1	承包商严格遵守工程师对本工程的各项指令并使工程师满意	工程师权限过大，使工程师满意对承包商产生极大约束	工程师指令及满意仅限于技术规范及合同条件范围内，并增加反约束条款

续表

审查项目编号	审查项目	条款号	条款内容	条款说明	建议或对策
S07056	工程质量	16.2	承包商在施工中应加强质量管理工作,确保交工时工程达到设计生产能力,否则应对业主损失给予赔偿	达不到设计生产能力的原因很多,责权不平衡	(1)赔偿责任仅限因承包商原因造成的 (2)对因业主原因达不到设计生产能力的,承包商有权获得补偿

3.3.3 工程合同谈判的准备工作

工程合同谈判是发包人和承包人之间的直接较量,谈判的结果直接关系到合同内容是否对自己有利,因此,在合同正式谈判前,无论发包人还是承包人,都应细致地做好充分的思想准备、组织准备、资料准备的工作。

1. 谈判的思想准备

合同谈判是一项艰苦复杂的工作,只有做好了充分的思想准备,才能在谈判中坚持自己的立场,最终达到预定目标。因此在谈判前,应对下面两个问题做好充分的思想准备:

1) 谈判目标

这是必须明确的首要问题。因为不同的目标决定了谈判方式的不同,所有的谈判方式和技巧都是为谈判目标服务的。因此,对于合同的谈判双方而言,首先必须确定自己的谈判目标。

2) 确定谈判的基本原则和谈判态度

明确谈判目标后,合同的谈判者应确定自己谈判的基本原则,从而确定在谈判中哪些问题是必须坚持的,哪些问题可以作出一定的合理让步及让步的程度等。同时还应分析在谈判过程中可能遇到哪些复杂情况及其对谈判目标的影响,遇到关键问题争执不下应如何解决等。

2. 合同谈判的组织准备

在确定了谈判目标和谈判的基本原则后,就应组织一个谈判班子进行谈判准备和谈判工作。谈判班子成员的专业知识、综合能力和基本素质对谈判结果有重要的影响。一个合格的谈判班子应由经验丰富的技术人员、财务人员和法律人员构成。谈判班子的负责人应由思路清晰、组织能力和应变能力强、熟悉业务的专家担任。

3. 合同谈判的资料准备

合同谈判要有理有据,因此在谈判前应收集各种背景资料。如对方的资信状况、履约能力、项目目前的进展情况,及前期接触时形成的会议纪要、备忘录等。并将资料进行分类整理,第一类为招标文件、技术规范、投标文件、中标通知书等资料;第二类为谈判时对方可能索取的资料及针对对方可能提出的问题准备的相应资料;第三类是证明自己具备履约能力的资料。

4. 背景资料的分析

在收集和整理好上述背景资料后,应对这些资料进行详细分析。

1) 对自己的分析

对发包人而言,应了解建设项目准备工作情况,包括技术准备、征地拆迁、现场准备及资金准备情况,以及自己对项目在质量、工期、造价等方面的要求,以确定自己的谈判方案。

对承包人而言,应分析项目的合法性与有效性,项目的自然条件和施工条件,自己承包该项目具备的优势和劣势,以确定自己的谈判地位。

2) 对对方的分析

(1) 对方是否具备合同主体资格,资信情况如何。对于发包人而言应分析承包人是否具备承接该项目的资质条件,承包人以前承接工程项目的履约情况等;对于承包人而言应分析发包人是否具备实施该项目建设的主体资格,发包人在以前的工程项目建设中是否存在违约问题等。

(2) 谈判对手的真实意图。只有在充分了解对手的谈判诚意和谈判动机后,才能在谈判中始终掌握主动权。

(3) 对方谈判人员的基本情况。包括对方谈判人员的组成,谈判人员的身份、资历、专业水平、谈判风格等,以便自己有针对性地安排谈判人员。同时还应了解对方是否了解自己的谈判人员。

5. 谈判方案的准备

在确定自己的谈判目标和对背景资料进行分析的基础上,应拟定几套谈判方案,并对备选方案进行分析,比较哪个方案较好及对方可能接受的方案,这样可避免一旦在谈判中对方不接受某个方案时可改换另一个方案。

6. 会议具体事物的安排准备

这是谈判开始前必需的准备工作,包括三方面内容:选择谈判的时机、谈判的地点及谈判议程的安排。应尽可能选择有利于自己的时间和地点,对于议程安排应松紧适度。

3.3.4 谈判程序

1. 一般讨论

谈判开始阶段通常都是先广泛交换意见,各方提出自己的设想方案,探讨各种可能性,经过商讨逐步将双方意见综合并统一起来,形成共同的问题和目标,为下一步谈判做好准备。

2. 技术谈判

主要是对原合同中技术方面的条款进行讨论,包括工程范围、技术规范、标准、施工条件、施工方案、施工进度、质量检查、竣工验收等。

3. 商务谈判

主要是对原合同中商务方面的条款进行讨论,包括工程合同价款、支付条件、支付方式、预付款、履约保证、保修金、合同价格的调整、货币可兑换风险的防范等。需要强调的是，由于技术条款和商务条款往往是密不可分的，因此在进行技术谈判和商务谈判时不能人为地将两者分割。

4. 合同拟定

当谈判进行到一定阶段后，双方对原则问题达成了一致，此时就可相互交换合同稿，然后在合同稿的基础上先对一致性问题进行审查，后对无法达成一致的问题进行讨论，提请上级审定后下次谈判继续讨论，直至双方对合同条款一致同意并形成合同草案。

3.3.5 谈判的策略和技巧

谈判是通过不断讨论、争执、让步确定双方权利、义务的过程，因此注重谈判的策略和技巧可帮助谈判者来保证自己权益的实现，常见的谈判策略和技巧有以下几方面：

1. 掌握谈判议程，合理分配各议题时间

工程合同的谈判涉及的事项较多，而各事项的重要程度并不相同，且谈判者对同一事项的关注程度也不一定相同。因此成功的谈判者应善于掌握谈判议程，在谈判气氛和谐时商谈自己所关注的问题，达成对自己有利的协议；在谈判气氛紧张时谈论双方具有共识的问题，可达到缓和气氛，推进谈判进程的目的。另外，谈判者应合理分配谈判时间，可缩短谈判时间，降低交易成本。

2. 高起点战略

谈判的过程是各方妥协的过程。对于有经验的谈判者在谈判之初会有意识地向对方提出苛刻的谈判条件，这样对方会过高估计本方的谈判底线，从而在谈判中作出更多让步。

3. 注意谈判氛围

谈判各方在谈判过程中往往会产生利益冲突，因此要不付出任何代价就获得谈判成功是不可能的。有经验的谈判者会在谈判气氛紧张时采取一些措施来缓解双方的压力。例如，可通过宴请对方来联络感情，从而在和谐的气氛中重新回到原议题。

4. 拖延与休会

当谈判陷入僵局时，通过拖延和休会可使谈判者有时间冷静思考，提出替代方案，使谈判得以顺利进行。

5. 避实就虚

谈判各方都有自己的优势和弱点。谈判者应在充分分析形势的情况下，抓住对方弱点，猛烈攻击，让对方作出妥协。而对自己的弱点，应尽量注意回避。

6. 对等让步

当自己准备对某些条件作出让步时，可要求对方在其他方面也作出相应的让步。要争取把对方的让步作为自己让步的前提和条件，同时还应分析对方的让步与自己的让步是否均衡。

7. 分配谈判角色

谈判时应利用本谈判小组成员的不同性格特征扮演不同的角色。有的咄咄逼人，有的充当和事佬，这样往往可达到事半功倍的效果。

8. 善于抓住实质性问题

在整个项目谈判过程中，谈判者要始终注意抓住主要实质性问题进行谈判，应避免对方利用一些无关紧要的问题转移视线，否则就可能无法达到预期的谈判目标。

3.4 工程建设合同订立注意问题

建设工程施工，是建设项目在完成工程设计和施工招标后进行建筑产品生产的最后实施阶段，具有投资大、周期长、涉及面广、管理难度大的特点。签订好建设施工合同，无论对发包人(建设单位)还是对承包人(施工单位)都是十分重要的。

订立工程合同前，要细心研究合同条款，要结合项目特点和当事人自身情况，设想在履行中可能出现的问题，事先提出解决的措施。合同条款用词要准确，发包人和承包人的义务、责任、权利要写清楚，切不要因准备不足或疏忽而使合同条款留下漏洞，给合同履行带来困难，使施工单位合法权益蒙受损失。

签订建设工程施工合同，应充分注意并处理好下列问题：

1. 仔细阅读合同文本，掌握有关建设工程合同的法律、法规规定

目前签订建设工程施工合同，普遍采用最新版中住房和城乡建设部与国家工商局共同制定的《建设工程施工合同(示范文本)》(GF—2013—0201)。该文本由协议书、通用条款、专用条款及合同附件四个部分组成。签订合同前仔细阅读和准确理解"通用条款"十分重要。因为这一部分内容不仅注明合同用语的确切含义，引导合同双方如何签订"专用条款"，更重要的是当"专用条款"中某一条款未作特别约定时，"通用条款"中的对应条款自动成为合同双方一致同意的合同约定。

有关建设工程施工合同的法律、法规规定主要包括：《合同法》《建筑法》《建设工程质量管理条例》《建筑业企业资质管理规定》《建筑业企业资质等级标准》(试行)、《建筑安装工程总分包实施办法》《建设工程施工发包与承包价格管理暂行规定》《工程建设项目实施阶段程序管理暂行规定》等。

2. 严格审查发包人资质等级及履约信用

对发包方主要应了解以下两方面内容：

(1) 主体资格，即建设相关手续是否齐全。例：建设用地是否已经批准？是否列入投资计划？规划、设计是否得到批准？是否进行了招标？等等。

(2) 履约能力即资金问题。施工所需资金是否已经落实或可能落实等。

施工单位在签订建设工程施工合同时，对发包人主体资格的审查是签约的一项重要的准备工作，它将不合格的主体排斥在合同的大门之外，将导致合同伪装的坑穴和风险隐患排除在外，为将来合同能够得到及时、正确的履行奠定一个良好的基础。

根据我国法律规定，从事房地产开发的企业必须取得相应的资质等级，承包人承包的项目应当是经依法批准的合法项目。违反这些规定，将因项目不合法而导致所签订的建设工程施工合同无效。因此，在订立合同时，应先审查建设单位是否依法领取企业法人营业执照，取得相应的经营资格和等级证书，审查建设单位签约代表人的资格，审查工程项目的合法性；其次还应对发包方的履约信用进行审查。

3. 工期、质量、造价条款是施工合同最重要的内容

"工期、质量、造价"是建设工程施工永恒的主题，有关这三个方面的合同条款是施工合同最重要的内容。

1) 工期

实践中关于工期的争议多因开工、竣工日期未明确界定而产生。开工日期有"破土之日""验线之日""进场之日"之说，竣工日期有"验收合格之日""交付使用之日""申请验收之日"之说。无论采用何种说法，均应在合同中予以明确，并约定开工、竣工应办理哪些手续、签署何种文件。对中间交工的工程也应按上述方法作出约定。

2) 质量

根据国务院《建设工程质量管理条例》的规定，工程质量监督部门不再是工程竣工验收和工程质量评定的主体，竣工验收将由建设单位组织勘察、设计、施工、监理单位进行。因此，合同中应明确约定参加验收的单位、人员，采用的质量标准，验收程序，需签署的文件及产生质量争议的处理办法等。

3) 造价

建设工程施工合同最常见的纠纷是对工程造价的争议。由于任何工程在施工过程中都不可避免设计变更、现场签证和材料差价的发生，所以均难以"一次性包死，不作调整"。合同中必须对价款调整的范围、程序、计算依据，以及设计变更、现场签证、材料价格的签发和确认作出明确规定。

4. 对工程进度支付和竣工结算程序的详细规定

一般情况下，工程进度款按月付款或按工程进度拨付，但如何申请拨款，需报何种文件，如何审核确认拨款数额，以及双方对进度款额认识不一致时如何处理，往往缺少详细的合同规定，容易引起争议，影响工程施工。一般合同中对竣工结算程序的规定也较粗糙，不利操作。因此，合同中应特别注重拨款和结算的程序约定。

5. 总包合同中应具体规定发包方、总包方和分包方的责任和相互关系

尽管发包方与总包方、总包方与分包方之间订有总包合同和分包合同，法律对发包方、总包方及分包方各自的责任和相互关系也有原则性规定，但实践中仍常常发生分包方不接受发包方监督和发包方直接向分包方拨款造成总包方难以管理的现象，因此，在总包合同中应当将各方责任和关系具体化，以便于操作，避免纠纷。

6. 明确规定工程师及双方管理人员的职责和权限

《民法通则》明确规定，企业法人对它的法定代表人及其他工作人员的经营行为承担民事责任。建设工程施工过程中，发包方、承包方、监理方参与生产管理的工程技术人员和管理人员较多，但往往职责和权限不明确或不为对方所知，由此造成双方不必要的纠纷和

损失。合同中应明确列出各方派出的管理人员名单，明确其各自的职责和权限，特别应将具有变更、签证、价格确认等签认权的人员、签认范围、程序、生效条件等规定清楚，防止其他人员随意签字，给各方造成损失。

7. 不可抗力要量化

施工合同通用条款对不可抗力发生后当事人责任、义务、费用等如何划分均作了详细规定，发包人和承包人都认为不可抗力的内容就是这些了。于是，在专用条款上打"√"或填上"无约定"的比比皆是。

国内工程在施工周期中发生战争、动乱、空中飞行物体坠落等现象的可能性很小，较常见的是风、雨、雪、洪、震等自然灾害。达到什么程度的自然灾害才能被认定为不可抗力，通用条款中未明确，实践中双方难以形成共识，双方当事人在合同中对可能发生的风、雨、雪、洪、震等自然灾害的程序应予以量化。如几级以上的大风、几级以上的地震、持续多少天达到多少毫米的降水等，才可能认定为不可抗力，以免引起不必要的纠纷。

8. 运用担保降低风险

在签订建设工程施工合同时，可以运用法律资源中的担保制度，来防范或减少合同条款所带来的风险。例如，施工企业向业主提供履约担保的同时，业主也应该向施工企业提供工程款支付担保。

除上述几个方面外，签订合同时对材料设备采购、检验，施工现场安全管理，违约责任等条款也应充分重视，作出具体明确的约定。任何一份施工合同都难以做到十分详尽、完美，合同履行中还应根据实际情况需要及时签订补充协议、变更协议，调整各方权利义务。

本 章 小 结

> 在一个健康的建筑市场中，合法的合同订立过程能全面保障承发包双方的利益，通过招投标制度来完成这一过程至关重要。招投标工作由招标投标、开标、评标和定标以及合同谈判等一系列步骤构成，在学习时，重点掌握招投标法中对招投标具体环节的细节规定，了解合同的审查和谈判技巧。

阅读材料指引

(1) 《招标投标法》《中华人民共和国招标投标实施条例》。
(2) 《中华人民共和国房屋建筑和市政工程标准施工招标文件》(2010 年版)。
(3) 《建设工程施工合同(示范文本)》(GF—2013—0201)。

习 题

一、单选题

1. 下列属于要约的是( )。
   A. 某公司送交的价目表　　　　　　B. 某厂家采购材料的招标公告
   C. 商场里标价的商品　　　　　　　D. 含有"仅供参考"字样的订约提议

2. 以下关于承诺的说法中，正确的是( )。
   A. 承诺可以撤回　　　　　　　　　B. 承诺既可撤回也可撤销
   C. 承诺可以撤销　　　　　　　　　D. 承诺不可撤回也不可撤销

3. 《招标投标法》于( )起开始实施。
   A. 2000年7月1日　　　　　　　　　B. 1999年8月30日
   C. 2000年1月1日　　　　　　　　　D. 1999年12月31日

4. 根据《招标投标法》规定，施工单项合同估算价在( )以上的项目必须进行招投标。
   A. 1000万元　　　B. 500万元　　　C. 200万元　　　D. 100万元

5. 下列( )不是我国《招标投标法》规定的招标方式。
   A. 公开招标　　　　　　　　　　　B. 议标
   C. 竞争性招标　　　　　　　　　　D. 邀请招标

6. 招标人采用邀请招标方式的，应当至少向( )法人发出邀请书。
   A. 3个以上的　　　B. 3个　　　C. 5个以上的　　　D. 5个

7. 以下所列公开招标程序中，( )项工作是率先进行的。
   A. 勘察现场　　　　　　　　　　　B. 发放招标文件
   C. 答疑会　　　　　　　　　　　　D. 资格预审

8. 资格预审是由( )对申请参加投标的潜在投标人进行资格审查。
   A. 建设行政主管部门　　　　　　　B. 招标人
   C. 公证部门　　　　　　　　　　　D. 质量监督部门

9. 一个项目确定投标后，通过调整内部各项目报价，以期既不提高总价，又能获得理想的经济效益的报价方法是( )。
   A. 增加建议法　　　　　　　　　　B. 不平衡报价法
   C. 突然降价法　　　　　　　　　　D. 多方案报价法

10. 从发放招标文件到投标截止时间的投标准备时间，最短不得少于( )天。
    A. 14　　　B. 28　　　C. 20　　　D. 30

二、多选题

1. 根据我国的招投标法规定，招标方式分为( )。
   A. 公开招标　　　B. 邀请招标　　　C. 协议招标　　　D. 指定招标

2. 下列( )等特殊情况，不适宜招标的项目，可以按规定不进行招标。
   A. 涉及国家安全、机密的项目　　　B. 抢险救灾项目
   C. 使用国际组织或外国政府资金的项目　D. 生态环境保护项目

3. 《招标投标法》规定招标人应为( )。
   A. 法人　　　　B. 自然人　　　　C. 政府机关　　　D. 事业单位
4. 下列关于招标会的说法正确的有( )。
   A. 招标会是招标必备程序之一　　　B. 招标人可在会上答疑和澄清投标人疑问
   C. 招标会一般在勘察现场后召开　　D. 招标文件应明确招标会的时间地点
5. 下列属于投标文件内容的是( )。
   A. 施工组织设计　　　　　　　　　B. 投标函及投标函附表
   C. 投标报价书　　　　　　　　　　D. 投标保证金

三、简答题

1. 工程合同的订立程序是怎样的？
2. 对工程合同的主体资格有哪些规定？
3. 工程合同审查的内容有哪些？
4. 如何对施工合同进行审查分析？
5. 工程合同谈判的程序是怎样的？
6. 工程合同谈判的策略和技巧有哪些？

四、案例题

某工程设计已完成，施工图纸具备，施工现场已完成"三通一平"工作，已具备开工条件。在招投标过程中，发生了如下事项。

招标阶段：招标代理机构采用公开招标方式代理招标，编制了标底(800万元)和招标文件。要求工作总工期365天。按国家工期定额规定，该工程工期应为460天。

通过资格预审参加投标的共有A、B、C、D、E共5家施工单位。开标结果是这5家投标单位的报价均高出标底价近300万元，这一异常引起了招标人的注意。为了避免招标失败，业主提出由代理机构重新复核标底。复核标底后，确认是由于工作失误，漏算了部分工程项目，致使标底偏低。在修正错误后，代理机构重新确定了新的标底。A、B、C三家单位认为新的标底不合理，向招标人提出要求撤回投标文件。

由于上述问题导致定标工作在原定的投标有效期内一直没有完成。为了早日开工，该业主更改了原定工期和工程结算方式等条件，指定了其中一家施工单位中标。

投标阶段：A单位为了不影响中标，又能在中标后取得较好收益，在不改变总报价基础上对工程内部各项目报价进行了调整，提出了正式报价，增加了所得工程款的现值。

D单位在对招标文件进行估算后，认为工程价款按季度支付不利于资金周转，决定在按招标文件要求报价之外，另建议业主将付款条件改为预付款降到5%，工程款按月支付。

E单位首先对原招标文件进行了报价，又在认真分析原招标文件的设计和施工方案的基础上提出了一种新方案(缩短了工期，且可操作性好)，并进行了相应报价。

问题：

(1) 上述招标工作存在哪些问题？
(2) 如果招标失败，招标人可否另行招标？投标单位的损失是否应由招标人赔偿？为什么？
(3) 在投标期间，A、D、E这三家投标单位各采用了哪些报价技巧？

第4章 建设工程勘察设计合同

教学目标

本章以国内工程勘察设计合同范本文件为基础,分别介绍了建设工程勘察合同与建设工程设计合同的主要内容,合同双方当事人的权利和义务及合同订立的相关规定。通过本章的学习,应达到以下目标:

(1) 掌握勘察、设计合同双方的主要权利、义务和违约责任;
(2) 熟悉勘察、设计合同文本的适用对象,熟悉工程建设合同的订立过程。

教学要求

知识要点	能力要求	相关知识
建设工程勘察、设计	(1) 了解勘察设计不同阶段的要求 (2) 掌握勘察设计合同的订立方式 (3) 熟悉勘察设计合同的主要内容	(1) 勘察设计合同的概念 (2) 勘察设计的发包方式 (3) 三阶段设计原则
建设工程勘察合同	(1) 了解勘察合同适用范围 (2) 掌握勘察合同主要内容 (3) 熟悉两种合同文本适用对象	(1) 勘察合同的概念 (2) 合同双方的权利和义务 (3) 合同文本适用范围
建设工程设计合同	(1) 了解设计合同适用范围 (2) 掌握设计合同主要内容 (3) 熟悉两种合同文本适用对象	(1) 设计合同的概念 (2) 合发双方的权利和义务 (3) 设计费用的计算方法

第4章 建设工程勘察设计合同

基本概念

勘察设计合同、建设工程勘察、建设工程设计

引例

设计失误和违约是否应赔偿损失

某市甲公司与乙勘察设计单位签订了一份勘察设计合同,合同约定:乙按照设计标准和技术规范进行测量和工程地质、水文地质等勘察工作,于2005年5月1日前向甲公司提交勘察成果和设计文件;甲公司按照国家颁布的收费标准支付勘察设计费。合同还约定了双方的违约责任、争议的解决方式。与此同时,甲公司与丙建筑公司签订了施工承包合同,在合同中约定了开工日期。但是乙单位迟迟不能提交设计文件导致丙公司未能如期进驻施工场地。在甲公司再三催促下,乙单位延迟36天提交了勘察设计文件,而此时丙公司已窝工18天。在施工期间,丙公司又发现设计图纸中的多处错误,不得不停工等候修改,丙公司由于窝工、停工等要求甲公司赔偿损失。甲公司遂将乙单位起诉至法院,要求乙单位赔偿损失并承担违约责任。法院经审核认定乙单位应按合同赔偿甲公司损失,同时承担违约责任。

4.1 概 述

4.1.1 建设工程勘察与设计

建设工程勘察,是指根据建设工程的要求,查明、分析和评价建设场地的地质地理环境特征和岩土工程条件,编制建设工程勘察文件的活动。建设工程勘察包括选址勘察、初步设计勘察、详细勘察和施工勘察四个阶段,主要工作有工程测量、水文地质勘察、工程物探和岩土工程勘察等。

建设工程设计,是指根据建设工程的要求,对建设工程所需的技术、经济、资源、环境等条件进行综合分析、论证,编制建设工程设计文件的活动。建设工程设计一般分为方案设计、初步设计和施工图设计三个阶段;对于技术要求简单的民用建筑工程,经有关主管部门同意,并且合同中有不做初步设计的约定,可在方案设计审批后直接进入施工图设计。

各阶段设计文件编制深度应按以下原则进行:

(1) 方案设计文件。应满足编制初步设计文件的需要(对于投标方案,设计文件深度应满足标书要求;若标书无明确要求,设计文件深度可参照本规定的有关条款)。

(2) 初步设计文件。应满足编制施工图设计文件的需要。

(3) 施工图设计文件。应满足设备材料采购、非标准设备制作和施工的需要。对于将项目分别发包给几个设计单位或实施设计分包的情况,设计文件相互关联处的深度应当满足各承包或分包单位设计的需要。

建设工程勘察、设计合同,就是建设工程的发包人和承包人为完成一定的工程勘察或设计任务,明确双方的权利义务关系而签订的书面协议。

合同的发包人应当是法人或自然人,是建设单位或项目管理部门。承包人必须具有法人资格,必须是持有建设行政主管部门颁发的工程勘察设计资质证书、工程勘察设计收费资格证书和工商行政管理部门核发的企业法人营业执照的工程勘察设计单位。

4.1.2 勘察、设计合同的订立

1. 勘察、设计合同发包方式

1) 招标发包

建设工程勘察、设计有招标发包和直接发包两种发包方式,《招标投标法》规定:在中华人民共和国境内进行下列工程建设项目,包括项目的勘察、设计、施工、监理以及与工程建设有关的重要设备、材料等的采购,必须进行招标。

(1) 大型基础设施、公用事业等关系社会公共利益、公众安全的项目。

(2) 全部或者部分使用国有资金投资或者国家融资的项目。

(3) 使用国际组织或者外国政府贷款、援助资金的项目。

采取招标方式选择建设工程勘察、设计承包人的,应以投标人的业绩、信誉和勘察、设计方案的优劣为依据,进行综合评定。

2) 直接发包

并非所有的工程项目都必须采用招标方式发包。《建设工程勘察设计管理条例》第十六条规定:下列建设工程的勘察、设计,经有关主管部门批准,可以直接发包。

(1) 采用特定的专利或者专有技术的。

(2) 建筑艺术造型有特殊要求的。

(3) 国务院规定的其他建设工程的勘察、设计。

2. 勘察、设计合同的承发包要求

在建设工程勘察、设计发包和承包过程中,发包人和承包人必须做到以下几点:

(1) 发包方不得将建设工程勘察、设计业务发包给不具备相应勘察、设计资质等级的建设工程勘察、设计单位。

(2) 发包方可以将整个建设工程的勘察、设计发包给一个勘察、设计单位;也可以将建设工程的勘察、设计分别发包给几个勘察、设计单位。

(3) 除建设工程主体部分的勘察、设计外,经发包方书面同意,承包方可以将建设工程其他部分的勘察、设计再分包给其他具有相应资质等级的建设工程勘察、设计单位。

(4) 建设工程勘察、设计单位不得将所承揽的建设工程勘察、设计转包。

(5) 承包方必须在建设工程勘察、设计资质证书规定的资质等级和业务范围内承揽建设工程的勘察、设计业务。

(6) 建设工程勘察、设计的发包方与承包方,应当执行国家规定的建设工程勘察、设计程序,双方应当签订建设工程勘察、设计合同。

4.1.3 勘察、设计合同的主要内容

除当事人双方、术语定义与解释等一般条款外,勘察、设计合同一般应包括以下内容:
(1) 建设工程名称、规模、投资额和建设地点。
(2) 委托方应提供的资料、技术要求与提供期限。
(3) 承包方勘察工作范围、工作进度及质量要求。
(4) 勘察、设计取费的标准及支付条款。
(5) 有关不可抗力事件的规定。
(6) 设计的修改和中止的有关规定。
(7) 适用法律。
(8) 违约责任。
(9) 合同争议的处理。
(10) 有关合同语言、合同保密范围及合同生效和失效等条款。

4.2 建设工程勘察合同文本

4.2.1 概述

1. 建设工程勘察合同

建设工程勘察合同是指根据建设工程的要求,委托人与承包人为查明、分析、评价建设场地的地质地理环境特征和岩土工程条件,明确双方的权利和义务关系而签订的书面协议。

订立建设工程勘察合同必须采取书面形式。双方当事人应依照《招标投标法》《合同法》《建筑法》,以及中华人民共和国住房和城乡建设部和国家工商行政管理局颁发的《建设工程勘察设计合同管理办法》和《建设工程勘察合同(示范文本)》签订建设工程勘察合同。

2. 建设工程勘察合同的适用范围

《建设工程勘察合同(示范文本)》按照勘察任务的不同分为两个版本:《建设工程勘察合同(一)(示范文本)》(GF—2000—0203),共10条27款,适用于岩土工程勘察、水文地质勘察(含凿井)、工程测量、工程物探。

《建设工程勘察合同(二)(示范文本)》(GF—2000—0204),共14条35款,适用于岩土工程设计、治理、监测。

4.2.2 《建设工程勘察合同(一)(示范文本)》(GF—2000—0203)

1. 工程概况

工程概况包括:工程名称;工程建设地点;工程规模、特征;工程勘察任务委托文号、日期;工程勘察任务(内容)与技术要求;工程勘察的承接方式;预计勘察工作量;等等。

2. 发包人应提供的资料

(1) 提供本工程批准文件(复印件), 以及用地(附红线范围)、施工、勘察许可证等批件(复印件)。

(2) 提供工程勘察任务委托书、技术要求和工作范围的地形图、建筑总平面布置图。

(3) 提供勘察工作范围已有的技术资料及工程所需的坐标与标高资料。

(4) 提供勘察工作范围地下已有埋藏物的资料(如电力、电信电缆、各种管道、人防设施、洞室等)及具体位置分布图。

(5) 其他相关文件资料。

发包人、业主不能提供上述资料, 由勘察人收集的, 发包人、业主需向勘察人支付这部分文件资料的相关费用。

3. 勘察成果的提交

合同双方应当详细约定勘察人向发包人、业主支付的勘察成果资料的名称、份数、内容要求以及提交的时间。勘察人应当对其提交的勘察成果资料的质量负责。勘察成果资料的制作成本较高, 勘察人尤其注意要约定好提交勘察成果的份数(一般为四份), 发包人、业主要求增加的份数另行收费。

4. 勘察费用的支付

1) 收费标准

工程勘察按国家物价局规定的现行收费标准计取费用; 或以"预算包干""中标价加签证""实际完成工作量结算"等方式计取收费。国家规定的收费标准中没有规定的收费项目, 由发包人和勘察人另行议定。

2) 付费方式

(1) 勘察合同生效后 3 天内, 发包人应向勘察人支付预算勘察费的 20%作为定金, 合同履行后, 定金抵作勘察费。

(2) 勘察规模大、工期长的大型工程, 发包人还应按实际完成工程进度情况, 按比例向勘察人支付勘察费和工程进度款。

(3) 勘察工作外业结束后, 发包人应按预算勘察费的一定比例向勘察人支付勘察费。

(4) 勘察人提交勘察成果资料后 10 天内, 发包人应一次性付清全部工程费用。

5. 发包人、勘察人的责任

1) 发包人的责任

(1) 发包人委托勘察任务时, 必须以书面形式向勘察人明确勘察任务及技术要求, 并提供双方约定应提供的文件资料。

(2) 在勘察工作范围内, 没有资料、图纸的地区(段), 发包人应负责查清地下埋藏物, 若因未提供上述资料、图纸, 或者提供的资料不可靠, 地下埋藏物不清, 致使勘察人在勘察工作过程中发生人身伤害或造成经济损失时, 由发包人承担民事责任。

(3) 发包人应及时为勘察人提供并解决勘察现场的工作条件和出现的问题(如落实土地征用、青苗树木赔偿、拆除地上地下障碍物、处理施工扰民及影响施工正常进行的有关问题、平整施工现场、修好通行道路、接通电源水源、挖好排水沟渠以及水上作业用船等),

并承担其费用。

(4) 若勘察现场需要看守，特别是在有毒、有害等危险现场作业时，发包人应派人负责安全保卫工作，按国家有关规定，对从事危险作业的现场人员进行保健防护，并承担费用。

(5) 工程勘察前，若发包人负责提供材料的，应根据勘察人提出的工程用料计划，按时提供各种材料及其产品合格证明，并承担费用和运到现场，派人与勘察人的人员一起验收。

(6) 勘察过程中的任何变更，经办理正式变更手续后，发包人应按实际发生的工作量支付勘察费。

(7) 为勘察人的工作人员提供必要的生产、生活条件，并承担费用；如不能提供时，应一次性付给勘察人临时设施费。

(8) 由于发包人原因造成勘察人停、窝工，除工期顺延外，发包人应支付停、窝工费；发包人若要求在合同规定时间内提前完工(或提前提交勘察成果资料)时，发包人应按每提前一天向勘察人支付加班费。

(9) 发包人应保护勘察人的投标书、勘察方案、报告书、文件、资料、图纸、数据、特殊工艺(方法)、专利技术和合理化建议，未经勘察人同意，发包人不得复制，不得泄露，不得擅自修改、传送或向第三人转让或用于本合同外的项目；如发生上述情况，发包人应负法律责任，勘察人有权索赔。

(10) 合同有关条款规定和补充协议中发包人应负的其他责任。

2) 勘察人的责任

(1) 勘察人应按国家技术规范、标准、规程和发包人的任务委托书及技术要求进行工程勘察，按合同规定的时间提交质量合格的勘察成果资料，并对其负责。

(2) 由于勘察人提供的勘察成果资料质量不合格，勘察人应负责无偿给予补充完善，使其达到质量合格；若勘察人无力补充完善，需另委托其他单位时，勘察人应承担全部勘察费用；或因勘察质量造成重大经济损失或工程事故时，勘察人除应负法律责任和免收直接受损失部分的勘察费外，并根据损失程度向发包人支付赔偿金。

(3) 在工程勘察前，提出勘察纲要或勘察组织设计，派人与发包人一起验收发包人提供的材料。

(4) 勘察过程中，根据工程的岩土工程条件(或工作现场地形地貌、地质和水文地质条件)及技术规范要求，向发包人提出增减工作量或修改勘察工作的意见，并办理正式变更手续。

(5) 在现场工作的勘察人员，应遵守发包人的安全保护及其他有关的规章制度，承担其有关资料的保密义务。

(6) 合同有关条款规定和补充协议中勘察人应负的其他责任。

6. 违约责任

(1) 由于发包人未给勘察人提供必要的工作生活条件而造成停、窝工或来回进出场地，发包人除应付勘察人停、窝工费(金额按预算的平均工日产值计算)，工期按实际工日顺延外，还应付勘察人来回进出场费和调遣费。

(2) 发包人未按合同规定时间拨付勘察费时，每超过一日，应偿付未支付勘察费的1‰

的逾期违约金。

(3) 合同签订后，发包人不履行合同时，无权要求返还定金；勘察人不履行合同时，应双倍返还定金。

(4) 由于勘察人原因造成勘察成果资料质量不合格，不能满足技术要求时，其返工勘察费用由勘察人承担。

(5) 合同履行期间，由于工程停建而终止合同或发包人要求解除合同时，勘察人未进行勘察工作的，不退还发包人已付的定金；已进行勘察工作的，完成的工作量在50%以内时，发包人应向承包人支付预算额的50%的勘察费；完成的工作量超过50%时，则应向勘察人支付预算额的100%的勘察费。

(6) 由于勘察人原因未按合同规定时间提交勘察成果资料，每超过一日，应减收勘察费的1‰。

4.2.3 《建设工程勘察合同(二)(示范文本)》(GF—2000—0204)

1. 工程概况

工程概况包括：工程名称；工程地点；工程立项批准文件号、日期；岩土工程任务委托文号、日期；工程规模、特征；岩土工程任务(内容)与技术要求；承接方式；预定的岩土工程工作量。

2. 发包人向承包人提供的有关资料文件

发包人应及时向承包人提供相关文件资料，并对其准确性、可靠性负责。

3. 承包人应向发包人交付的报告、成果、文件

合同双方应当详细约定勘察人向发包人支付的勘察成果资料的名称、份数、内容要求以及提交的时间。勘察人应当对其提交的勘察成果资料的质量负责。

4. 工期

规定岩土工程的工期天数。由于发包人或承包人的原因，未能按期开工、完工或交付成果资料，按合同有关违约责任的规定执行。

5. 收费标准及支付方式

岩土工程收费按国家规定的现行收费标准计取；或以"预算包干""中标价加签证""实际完成工作量结算"等方式计取收费。国家规定的收费标准中没有规定的收费项目，由发包人和勘察人另行议定。

规定工程费的总额，合同生效后3天内，发包人应向承包人支付预算工程费总额的20%作为定金，合同履行后，定金抵作工程费。

合同生效后，发包人约定分次数向承包人预付(或支付)工程费，发包人不按时向承包人拨付工程费的，从应拨付之日起承担应拨付工程费的滞纳金。

6. 工程变更及工程费的调整

1) 工程变更

岩土工程进行中，发包人对工程内容及技术要求提出变更，发包人应在变更之前向承

包人发出变更通知，否则承包人有权拒绝变更；承包人接到通知后，提出变更方案的文件资料，发包人收到该文件资料后予以确认，如不确认或不提出修改意见的，在合同中应规定变更文件资料自行生效的日期，由此延误的工期顺延外，因变更导致的承包人经济支出和损失，由发包人承担。

2) 工程费的调整

在合同中规定变更后调整工程费的方法(或标准)。

7. 发包人、承包人的责任

1) 发包人的责任

(1) 发包人按合同规定的内容，在规定的时间内向承包人提供资料文件，并对其完整性、正确性及时限性负责；发包人提供上述资料、文件超过规定期限15天以内，承包人按合同规定交付报告、成果、文件的时间顺延，规定期限超过15天以上，承包人有权重新确定交付报告、成果、文件的时间。

(2) 发包人要求承包人在合同规定时间内提前交付报告、成果、文件时，发包人应按每提前一天向承包人支付计算的加班费。

(3) 发包人为承包人的工作人员提供必要的生产、生活条件，并承担费用；如不能提供，应一次性付给勘察人临时设施费。

(4) 开工前，发包人应办理完毕开工许可、工作场地使用、青苗树木赔偿、坟地迁移、房屋构筑物拆迁、障碍物清除等工作，及解决扰民和影响正常工作进行的有关问题，并承担费用。

发包人应向承包人提供工作现场地下已有埋藏物(如电力、电讯电缆、各种管道、人防设施、洞室等)的资料及其具体位置分布图，若因地下埋藏物不清，致使承包人在现场工作中发生人身伤害或造成经济损失时，由发包人承担民事责任。在有毒、有害环境中作业时，发包人应按有关规定，提供相应的防护措施，并承担有关费用。

以书面形式向承包人提供水准点和坐标控制点。

发包人应解决承包人工作现场的平整，道路通行和用水用电，并承担费用。

(5) 发包人应对工作现场周围建筑物、构筑物、古树名木和地下管道、线路的保护负责，对承包人提出书面具体保护要求(措施)，并承担费用。

(6) 发包人应保护承包人的投标书、报告书、文件、设计成果、专利技术、特殊工艺和合理化建议，未经承包人同意，发包人不得复制，不得泄露，不得擅自修改、传送或向第三人转让或用于合同外的项目；如发生上述情况，发包人应负法律责任，承包人有权索赔。

(7) 合同有关条款规定和补充协议中发包人应负的其他责任。

2) 承包人的责任

(1) 承包人按合同规定的内容、时间、数量向发包人交付报告、成果、文件，并对其质量负责。

(2) 承包人对报告、成果、文件出现的遗漏或错误负责修改补充；由于承包人的遗漏、错误造成工程质量事故，承包人除了应负法律责任和负责采取补救措施外，应减收或免收直接受损失部分的岩土工程费，并根据受损失程度向发包人支付赔偿金，赔偿数额由发包人、承包人商定。

(3) 承包人不得向第三人扩散、转让第(2)条中发包人提供的技术资料、文件。发生上述情况，承包人应负法律责任，发包人有权索赔。

(4) 遵守国家及当地有关部门对工作现场的有关管理规定，做好工作现场保卫和环卫工作，并按发包人提出的保护要求(措施)，保护好工作现场周围的建、构筑物，古树、名木、地下管线(道)和文物等。

(5) 合同有关条款规定和补充协议中承包人应负的其他责任。

8. 违约责任

(1) 由于发包人提供的资料、文件错误、不准确，造成工期延误或返工时，除工期顺延外，发包人应向承包人支付停工费或返工费；造成质量、安全事故时，由发包人承担法律责任和经济责任。

(2) 在合同履行期间，发包人要求终止或解除合同，承包人未开始工作的，不退还发包人已付的定金；已进行工作的，完成的工作量在 50%以内时，发包人应向承包人支付工程费的 50%的费用；完成的工作量超过 50%时，则应向承包人支付工程费的 100%的费用。

(3) 发包人不按时支付工程费(进度款)，承包人在约定支付时间 10 天后，向发包人发出书面催款的通知；发包人收到通知后仍不按要求付款，承包人有权停工，工期顺延，发包人还应承担滞纳金。

(4) 由于承包人原因延误工期或未按规定时间交付报告、成果、文件，每延误一天应承担以工程费的 1‰计算的违约金。

(5) 交付的报告、成果、文件达不到合同约定条件的部分，发包人可要求承包人返工，承包人按发包人要求的时间返工，直到符合约定条件，因承包人原因达不到约定条件的，由承包人承担返工费，返工后仍不能达到约定条件，承包人承担违约责任，并根据因此造成的损失程度向发包人支付赔偿金，赔偿金额最高不得超过返工项目的收费。

9. 材料设备供应

发包人、承包人应对各自负责供应的材料设备负责，提供产品合格证明，并经发包人、承包人代表共同验收认可，如与设计和规范要求不符的产品，应重新采购符合要求的产品，并经发包人、承包人代表重新验收认定，各自承担发生的费用。若造成停、窝工的，原因是承包人的，责任自负；原因是发包人的，则应向承包人支付停、窝工费。

承包人需使用代用材料的，需经发包人代表批准方可使用，增减的费用由发包人、承包人商定。

10. 检查验收

由发包人负责组织对承包人交付的报告、成果、文件进行验收。

工程未经验收，发包人提前使用和擅自动用，由此发生的质量、安全问题，由发包人承担责任，并以发包人开始使用日期为完工日期。

11. 合同的生效与终止

合同自发包人、承包人签字盖章后生效；按规定到省级建设行政主管部门规定的审查部门备案；发包人、承包人认为必要时，到项目所在地工商行政管理部门申请鉴证。发包人、承包人履行完合同规定的义务后，合同终止。

【例 4-1】 2010 年 4 月 A 单位拟建办公楼一栋，工程地址位于已建成的某小区附近。A 单位就勘察任务与 B 单位签订了工程勘察合同。合同规定勘察费用 15 万元整。该工程经过勘察设计阶段后于 10 月 20 日开工，施工单位为 D 建筑公司。

问题：

(1) 委托方 A 单位应预付的勘察费金额为多少？

(2) 勘察合同签订几天后，委托方 A 单位通过其他渠道获得某小区业主 C 单位提供的该小区的勘察报告。A 单位认为可以借用该勘察报告，随即通知 B 单位不再履行合同。请问上述行为是否正确？A 单位是否有权要求 B 单位返还预付的定金？

(3) 若 A 单位和 B 单位都按期履行完合同，但在施工阶段发现有部分地段的地质状况与勘察报告不符，出现了报告中没有指出的软弱地基。此时 B 单位应承担什么责任？

案例分析

根据勘察合同文本规定，上述各问题解答如下。

(1) 预付的勘察费定金为 15 万元 × 20%=3 万元。

(2) A 单位和 C 单位的做法均是错误的。

A 单位借用某小区的勘察报告已构成违法；而通知 B 单位不再履行合同也属于违约行为。C 单位未经许可擅自将勘察报告提供给第三方，并用于合同外项目，这种做法也将承担法律责任。A 单位不履行勘察合同，不仅无权要求返还定金，反而需要双倍赔偿 B 单位。

(3) B 单位应继续完成勘察任务，同时对因勘察失真给 A 单位造成的损失，应视损失程度减收或免收勘察费。

【例 4-2】 甲建设单位与乙勘察设计公司签订了一份工程设计合同，乙为甲完成工程设计，约定设计期限为支付定金后 30 天，设计费按国家有关标准计算。另约定，如甲要求增加内容，其设计费用增加 10%，合同中未对基础资料的提供进行约定。乙在履行合同过程中自行收集了基础资料，于第 60 天交付设计文件。乙认为收集基础资料增加了工作内容，要求甲按增加后的数额支付设计费。甲则认为合同中没有约定自己提供资料，不同意乙的要求，并要求乙承担逾期交付设计图纸的违约责任，乙遂起诉至法院。

法院认为，合同中由于未对基础资料的提供予以约定，乙方逾期交付设计图纸，属乙方违约；另据国家规定，勘察、设计单位不能任意提高勘察设计费，合同中有关增加设计费的条款无效。因此，甲按照国家规定标准支付乙方设计费，乙应按合同约定向甲单位支付逾期违约金。

4.3 建设工程设计合同文本

4.3.1 概述

1. 建设工程设计合同

建设工程设计合同是指委托人与承包人为完成一定的设计任务，明确双方的权利和义务关系而签订的书面协议。

订立建设工程设计合同必须采取书面形式。双方当事人应依照《招标投标法》《合同法》《建筑法》，以及中华人民共和国原建设部和国家工商行政管理局颁发的《建设工程勘察设计合同管理办法》和《建设工程设计合同(示范文本)》签订建设工程设计合同。

2. 建设工程设计合同的适用范围

《建设工程设计合同(示范文本)》按照委托设计任务的不同分为两个版本：《建设工程设计合同(一)(示范文本)》(GF—2000—0209)，共 8 条 26 款，适用于民用建设工程设计合同。

《建设工程设计合同(二)(示范文本)》(GF—2000—0210)，共 12 条 32 款，适用于专用建设工程设计合同。

4.3.2 《建设工程设计合同(一)(示范文本)》(GF—2000—0209)

1. 合同签订依据

《合同法》《建筑法》《建筑工程勘察设计市场管理规定》；国家及地方有关建设工程勘察设计管理法规和规章；建设工程批准文件。

2. 发包人应提供的资料及文件

发包人应提供经批准的项目可行性研究报告或项目建议书；城市规划许可证；工程勘察所需资料。

3. 工程设计收费标准及付费方式

1) 收费标准

工程设计按国家物价局规定的现行最低收费标准计取费用。签订合同时，双方应按国家和地方的有关规定商定合同的设计费、收费依据和计算方法，不允许任意压低设计费。

合同中除写明双方约定的总设计费外，还需列明分阶段支付进度款的条件、占总设计费的百分比及金额。如果合同约定的费用为结算设计费，则双方应在初步设计审批后，按批准的初步设计概算核算设计费。工程建设期间如遇概算调整，则设计费也应作相应调整。

2) 付费方式

(1) 发包人应在合同生效后 3 天内，支付设计费总额的 20%作为定金。在合同履行过程中的中期支付中，定金不参与结算，双方的合同义务全部完成进行合同结算时，定金可以抵作设计费或收回。

(2) 设计人提交初步设计文件后 3 天内，发包人应支付设计费总额的 30%。

(3) 施工图设计阶段，当设计人按合同的约定提交阶段性设计成果后，发包人应依据约定的支付条件、所完成的施工图工程量的比例和时间，分期分批向设计人支付剩余总设计费的 50%。

(4) 实际设计费按初步设计概算核定，多退少补。

(5) 发包人委托设计人承担合同内容之外的工作服务，另行支付费用。

4. 双方责任

1) 发包人责任

(1) 发包人在规定时间内向设计人提交资料及文件，并对其完整性、正确性及时限负责，发包人不得要求设计人违反国家有关标准进行设计。

发包人提供上述资料及文件超过规定期限15天以内，设计人按合同规定交付设计文件时间顺延；规定期限超过15天以上，设计人员有权重新确定提交设计文件的时间。

(2) 发包人变更委托设计项目、规模、条件或因提交的资料错误，或提交资料作较大修改，以致造成设计人设计需返工时，双方除需另行协商签订补充协议(或另订合同)、重新明确有关条款外，发包人应按设计人所耗工作量向设计人增付设计费。

(3) 发包人要求设计人比合同规定时间提前交付设计资料及文件时，如果设计人能够做到，发包人应根据设计人提前投入的工作量，向设计人支付赶工费。

(4) 发包人应为派赴现场处理有关设计问题的工作人员，提供必要的工作、生活及交通等方便条件。

(5) 发包人应保护设计人的投标书、设计方案、文件、资料、图纸、数据、计算机软件和专利技术。未经设计人同意，发包人对设计人交付的设计资料及文件不得擅自修改、复制或向第三人转让或用于本合同外的项目，如发生以上情况，发包人应负法律责任，设计人有权向发包人提出索赔。

2) 设计人责任

(1) 设计人应按国家技术规范、标准、规程及发包人提出的设计要求，进行工程设计，按合同规定的进度要求提交质量合格的设计资料，并对其负责。

(2) 设计人设计的建筑物(或构筑物)必须注明设计的合理使用年限。设计文件选用的材料、构配件、设备等，应当注明规格、型号、性能等技术指标，其质量要求必须符合国家规定的标准。

(3) 设计人按合同规定的内容、进度及份数向发包人交付资料及文件。

(4) 设计人交付设计资料及文件后，按规定参加有关的设计审查，并根据审查结论负责对不超出原定范围的内容做必要的调整补充。设计人按合同规定时限交付设计资料及文件，一年内项目开始施工，负责向发包人及施工单位进行设计交底、处理有关设计问题和参加竣工验收。在一年内项目尚未开始施工，设计人仍负责上述工作，但应按所需工作量向发包人适当收取咨询服务费，收费额由双方商定。

(5) 设计人应当保护发包人的知识产权，不得向第三人泄露、转让发包人提交的产品图纸等技术、经济资料。如发生以上情况并给发包人造成经济损失的，发包人有权向设计人索赔。

5. 违约责任

1) 发包人违约

(1) 在合同履行期间，发包人要求终止或解除合同，设计人未开始设计工作的，不退还发包人已付的定金；已开始工作的，发包人应根据设计人已进行的实际工作量，不足50%时，按该阶段设计费的50%支付；超过50%时，按该阶段设计费的100%支付。

(2) 发包人应按合同规定的金额和时间向设计人支付设计费，每逾期一天，应承担支付金额的2‰的逾期违约金。逾期超过30天以上时，设计人有权暂停履行下阶段工作，并书面通知发包人。发包人的上级或设计审批部门对设计文件不审批或合同项目停、缓建，发包人均要求按规定支付设计费。

2) 设计人违约

(1) 设计人对设计资料及文件出现的遗漏或错误负责修改或补充。由于设计人员错误造成工程质量事故损失，设计人除负责采取补救措施外，应免收直接受损失部分的设计费。损失严重的根据损失的程度和设计人责任大小向发包人支付赔偿金，赔偿金由双方商定。

(2) 由于设计人自身原因，延误了按合同规定的设计资料及设计文件的交付时间，每延误一天，应减收该项目应收设计费的 2‰。

(3) 合同生效后，设计人要求终止或解除合同，设计人应双倍返还定金。

4.3.3 《建设工程设计合同(二)(示范文本)》(GF—2000—0210)

1. 合同签订依据

《合同法》《建筑法》《建筑工程勘察设计市场管理规定》；国家及地方有关建设工程勘察设计管理法规和规章；建设工程批准文件。

2. 设计依据

发包人给设计人的委托书或设计中标文件；发包人提交的基础资料(包括经批准的项目可行性研究报告或项目建议书、城市规划许可证、工程勘察所需资料等)；设计人采用的主要技术标准。

3. 合同文件的优先顺序

构成合同的文件可视为是能互相说明的，如果合同文件存在歧义或不一致，则根据如下优先次序来判断：合同书；中标函(文件)；发包人要求及委托书；投标书。

4. 费用及支付方式

1) 费用

(1) 双方商定合同的设计费。收费依据和计算方法按国家和地方有关规定执行，国家和地方没有规定的，由双方商定。

(2) 如果上述费用未估算设计费，则双方在初步设计审批后，按批准的初步设计概算核算设计费。工程建设期间如遇概算调整，则设计费也应做相应调整。

2) 支付方式

(1) 合同生效后 3 天内，支付设计费总额的 20%作为定金。双方的合同义务全部完成进行合同结算时，定金抵作设计费。

(2) 设计人提交设计文件后 3 天内，发包人支付设计费总额的 30%；之后发包人应按设计人所完成的施工图工程量的比例，分期分批向设计人支付总设计费的 50%。

(3) 双方委托银行代收代付有关费用。

5. 双方责任

1) 发包人责任

(1) 发包人在规定时间内向设计人提交资料及文件，并对其完整性、正确性及时限负责，发包人不得要求设计人违反国家有关标准进行设计。

发包人提供上述资料及文件超过规定期限 15 天以内，设计人按合同规定交付设计文件的时间顺延；规定期限超过 15 天以上，设计人员有权重新确定提交设计文件的时间。

(2) 发包人变更委托设计项目、规模、条件或因提交的资料错误，或提交资料作较大修改，以致造成设计人设计需返工时，双方除需另行协商签订补充协议(或另订合同)、重新明确有关条款外，发包人应按设计人所耗工作量向设计人支付设计费。

(3) 在合同履行期间，发包人要求终止或解除合同，设计人未开始设计工作的，不退还发包人已付的定金；已开始工作的，发包人应根据设计人已进行的实际工作量，不足 50%时，按该阶段设计费的 50%支付；超过 50%时，按该阶段设计费的 100%支付。

(4) 发包人必须按合同的规定支付定金，收到定金作为设计人设计开工的标志。未收到定金，设计人有权推迟设计工作的开工时间，且交付文件的时间顺延。

(5) 发包人应按合同规定的金额和日期向设计人支付设计费，每逾期一天，应承担支付金额的 2‰的逾期违约金，且设计人提交设计文件的时间顺延。逾期超过 30 天以上时，设计人有权暂停履行下阶段工作，并书面通知发包人。发包人的上级或设计审批部门对设计文件不审批或合同项目停、缓建，发包人均要求按规定支付设计费。

(6) 发包人要求设计人比合同规定时间提前交付设计文件时，需征得设计人同意，不得严重背离合理设计周期，且发包人应支付赶工费。

(7) 发包人应为设计人派驻现场的工作人员提供工作、生活及交通等方面的便利条件及必要的劳动保护装备。

(8) 设计文件中选用的国家标准图、部标准图及地方标准图由发包人负责解决。

(9) 承担本项目外国专家来设计人办公室工作的接待费(包括传真、电话、复印、办公等费用)。

2) 设计人责任

(1) 设计人应按国家规定和合同约定的技术规范、标准进行设计，按本合同规定的内容、时间及份数向发包人交付设计文件，并对提交的设计文件的质量负责。

(2) 设计合理使用年限。

(3) 负责对外商的设计资料进行审查，负责该合同项目的设计联络工作。

(4) 设计人对设计文件出现的遗漏或错误负责修改或补充。由于设计人设计错误造成工程质量事故损失的，设计人除负责采取补救措施外，应免收受损失部分的设计费，并根据损失程度向发包人支付赔偿金，赔偿金数额由双方商定。

(5) 由于设计人原因，延误了设计文件交付时间，每延误一天，应减收该项目应收设计费的 2‰。

(6) 合同生效后，设计人要求终止或解除合同，设计人应双倍返还发包人已付的定金。

(7) 设计人交付设计文件后，按规定参加有关上级的设计审查，并根据审查结论负责不超出原定范围的内容做必要的调整和补充。设计人按合同规定时限交付设计文件一年内项目开始施工，负责向发包人及施工单位进行设计交底、处理有关设计问题和参加竣工验收。在一年内项目尚未开始施工，设计人仍负责上述工作，可按所需工作量向发包人适当收取咨询服务费，收费额由双方商定。

6. 其他

(1) 双方认可的来往传真、电报、会议纪要等，均为合同组成部分，具有同等法律效力。

(2) 未尽事宜，经双方协商一致，签订补充协议。补充协议与合同具有同等效力。

(3) 在工程项目中，设计人不得指定建筑材料、设备的生产厂或供货商。
(4) 由于不可抗力因素致使合同无法履行时，双方应及时协商解决。

知识拓展

2008 年奥运会主体育场——"鸟巢"设计竞赛

2002 年 10 月 25 日，北京市规划委员会面向全球征集 2008 年奥运会主会场——中国国家体育场的建筑概念设计方案。设计竞赛分为两个阶段：第一阶段为资格预审；第二阶段为方案竞赛。截止到 11 月 20 日，共有 44 家著名设计公司提交了有效资格预审文件，最终确定了 14 家设计单位进入正式的方案竞赛，它们分别来自中国、美国、法国、意大利、德国等 10 个国家。

在随后的方案评审中，委员会对参赛作品进行了严格评审，经过两轮无记名投票，选举出 3 个优秀方案，分别是由瑞士赫尔佐格和德梅隆设计公司与中国建筑设计研究院组成的联合体设计完成的"鸟巢"方案、由北京市建筑设计院设计的"浮空开启屋面"方案、由日本株式会社佐藤综合计画与中国清华大学建筑设计研究院合作设计的"天空体育场"方案。

在此基础上，评审委员会又以压倒多数票推选"鸟巢"方案为重点推荐实施方案。

同时，为征求公众意见，竞赛组织单位又将全部 13 个设计方案在北京国际会议中心公开展出，历时 6 天，征得观众投票 6000 余张。其中"鸟巢"方案独得 3506 张。

经决策部门认真研究，"鸟巢"最终被确定为 2008 年北京奥运会主体育场——中国国家体育场的最终实施方案。

4.3.4 合同双方对勘察设计合同的管理

勘察、设计合同双方对于合同签订和履行的管理工作做得是否好，直接影响到双方的利益。

1. 委托方对勘察设计合同的管理

工程勘察设计活动从业单位应具备相应资质是法定条件，因此委托人应首先对勘察设计人的资质进行验证。这是保证合同生效的前提条件之一。

勘察设计合同明确规定发包方应按期为承包人提供各种依据资料、文件，并对其质量和准确性负责。现实中，发包方应注意不要由于身处相对有利的合同地位从而忽视应当承担的义务。

如果发包方因故要求修改设计，一般来说，设计文件的提交时间应由双方另行商定，发包方还应按承包方实际返工修改的工作量增付设计费。

当承包方不能按期、按质、按量完成勘察设计任务时，发包方都有权向其提出索赔。

随着工程咨询业的发展，工程咨询服务的专业化水平越来越高。委托方也可以委托具有相应资质等级的建设监理公司对勘察设计合同进行专业化的监督和管理。

2. 承包方对勘察设计合同的管理

由于勘察设计活动主要是由承包人具体实施完成,承包方对勘察设计合同的管理更应充分重视。

1) 在乙方项目组织中设立专门的合同管理机构

该机构甚至可以是乙方项目组织中最早设立的部门。它早在勘察设计项目的投标阶段就介入工作,从事勘察设计项目的投标工作。中标后,起草、分析合同条款以及签署合同的工作主要就是由这个机构负责具体实施的。签约后,研究、分析、分解合同条款也是由该机构来完成的。

2) 随时随地跟踪、控制合同的履行

将合同履行的实际情况与合同条款进行比对,如勘察设计活动是否符合法定规范、勘察设计活动进度是否符合合同规定的进度、发生的费用是否在合同价款之内等。如果实际情况与合同或计划存在差异,则要找出产生差异的原因,提出解决的办法,以采取措施纠正偏差。

3) 合同资料的文档管理

勘察设计活动的每一环节,从投标开始到勘察设计成果的提交,都要有完整的文档资料。这些文档资料是勘察设计人履行合同规定义务的数量和质量的证明,因此要十分注意对文档资料的管理。

4) 勘察设计合同的索赔

索赔是法律赋予合同当事人的合法权利。充分利用索赔权利,能够有效维护承包人的经济利益。承包方在下列情况下可以按合同的规定向发包人提出相应索赔要求。

(1) 发包人不按合同要求按时、按质、按量提供资料,致使承包人无法正常开展工作。
(2) 发包人在合同履行中途提出变更要求。
(3) 发包人不按合同规定支付合同价款。
(4) 因其他发包人责任给承包人造成利益损害的情况。

本 章 小 结

本章介绍了建设工程勘察合同和设计合同两大类合同示范文本的适用范围和订立的程序,重点介绍了合同文本的主要内容。教学中应重点掌握勘察、设计合同文本的主要内容。

阅读材料指引

(1)《建设工程勘察合同(一)(示范文本)》(GF—2000—0203)。
(2)《建设工程勘察合同(二)(示范文本)》(GF—2000—0204)。
(3)《建设工程设计合同(一)(示范文本)》(GF—2000—0209)。
(4)《建设工程设计合同(二)(示范文本)》(GF—2000—0210)。

习 题

一、选择题

1. 建设工程设计合同履行时，( )是设计人的责任或义务。
   A. 提供与设计有关的资料 B. 修改预算
   C. 办理设计文件的审批工作 D. 确定设计深度与范围

2. 设计合同规定，设计人承担合同义务的期限至( )日止。
   A. 交付设计文件 B. 设计文件审查通过
   C. 完成设计变更 D. 工程竣工验收合格

3. 勘察设计合同中，承包人的义务有( )。
   A. 负责现场水、电、气的供应 B. 支付定金
   C. 承担因勘察漏项多支出的费用 D. 支付设计费

4. 设计合同生效后，委托方应向设计方支付实际设计费( )的定金。
   A. 20% B. 30% C. 40% D. 50%

5. 设计合同规定，各设计阶段设计文件审批工作由( )负责。
   A. 业主 B. 设计单位 C. 监理单位 D. 施工单位

6. 设计单位和施工单位进行的设计交底工作应由( )负责组织。
   A. 业主 B. 设计单位 C. 监理单位 D. 施工单位

7. 勘察方履行全部义务，委托方按约定支付全部勘察费后，合同预付的定金应( )。
   A. 返还委托方 B. 双倍返还委托方
   C. 不需返还 D. 上缴上级主管部门

8. 勘察合同示范文本按照委托勘察任务的不同分为(一)、(二)两个版本，这两个版本分别适用于( )的委托任务。
   A. 岩土工程勘察、水文地质勘察
   B. 民用建设工程勘察、其他专业工程勘察
   C. 为设计提供勘察工作、仅限于岩土工程勘察
   D. 要求简单的勘察、要求复杂的勘察

9. 发包人根据工程的实际确需修改建设工程设计文件的，应当报( )进行批准。
   A. 原设计单位 B. 原审批机关
   C. 原备案部门 D. 建设行政管理部门

10. 某工程项目的设计合同，设计人提交了初步设计文件并完成了部分施工图设计任务。由于环境影响评价未获得批准，该项目被迫暂停，此时设计合同履行的时间接近合同约定期限的一半，设计工作已完成全部任务的 60%。若合同终止，发包人应向设计人支付( )。
    A. 合同约定设计费的 60% B. 双倍定金作为赔偿
    C. 合同约定设计费的 50% D. 合同约定的全部设计费

二、简答题

1. 简述工程勘察设计合同的概念及其特征。

2. 简述勘察、设计合同示范文本的适用范围。
3. 简述《建设工程勘察合同(一)(示范文本)》(GF—2000—0203)的主要内容。
4. 简述《建设工程勘察合同(二)(示范文本)》(GF—2000—0204)的主要内容。
5. 简述《建设工程设计合同(一)(示范文本)》(GF—2000—0209)的主要内容。
6. 简述《建设工程设计合同(二)(示范文本)》(GF—2000—0210)的主要内容。
7. 发包人与承包人应如何做好对勘察设计合同的管理工作？

第 5 章 建设工程施工合同

教学目标

建设工程施工合同是建设工程领域所有合同中最重要、影响最大的合同。本章介绍了施工合同的特点、示范文本的基本内容，并从合同条款的角度出发，对工程建设施工管理中双方的权利和义务作出解释；重点介绍了施工合同文本与合同文件的组成及解释顺序，施工合同中双方的工作，进度控制、质量控制、投资控制的条款，不可抗力、施工索赔、争议解决等管理性内容。通过本章的学习，应达到以下目标：

(1) 重点掌握《建设工程施工合同(示范文本)》的组成；
(2) 熟悉构成建设工程施工合同的文件及优先解释顺序；
(3) 掌握建设工程施工合同通用条款的主要内容。

教学要求

知识要点	能力要求	相关知识
建设工程施工合同	(1) 了解施工合同类型 (2) 掌握施工合同的特点 (3) 熟悉施工合同的订立方式	(1) 什么是施工合同 (2) 施工合同的承包方式 (3) 施工合同的特殊性
建设工程施工合同示范文本	(1) 了解合同文本的适用范围 (2) 掌握合同文本的主要内容 (3) 熟悉合同解释的先后顺序	(1) 施工合同的概念 (2) 合同文本的结构和组成 (3) 合同文本的适用范围

第5章 建设工程施工合同

续表

知识要点	能力要求	相关知识
建设工程施工合同主要内容	(1) 了解施工合同主要结构 (2) 掌握涉及质量、工期、投资的主要条款内容 (3) 熟悉工程款的支付流程和计算	(1) 涉及质量控制的条款 (2) 涉及进度控制的条款 (3) 涉及投资控制的条款 (4) 涉及风险控制的条款

基本概念

建设工程施工合同、发包人、承包人、双方的权利和义务、不可抗力、违约责任、仲裁、诉讼、协议书、通用条款、专用条款、分包、转包

引例

原告：天津市某房地产开发有限公司

被告：江苏省某建筑工程总公司

原、被告双方于 2008 年 2 月 8 日按照《建设工程施工合同(示范文本)》签订了施工合同，由被告完成原告开发的某房地产项目，该项目包括还建楼和商品楼共计 3 栋。合同规定工程建筑面积 31677m²，工程造价 32807820 元(暂定)，付款方式为按工程进度付款，2008 年 3 月 1 日开工，竣工日期为 2009 年 10 月 25 日。原、被告在合同履行过程中，于 2008 年 9 月 19 日签订会议纪要(以下简称《纪要》)，对施工合同内容作出了部分变更。《纪要》约定，被告在 2008 年内确保主体结构完工，原告确保落实工程资金 1700 万元(含前期已付工程款)。结果双方因资金和工程进度问题产生矛盾，被告于 2008 年国庆节前基本停工。为此原告起诉至市中级人民法院，要求解除合同。原告还认为工程质量存在问题，被告未按设计图施工，擅自将地下室的混凝土墙体厚度由 24mm 改为 12mm。被告则提出反诉，认为原告拖欠巨额工程款，经多次催要仍拒不支付才被迫停工，要求原告支付工程款；而工程并无质量问题，地下室的混凝土墙体厚度由 24mm 改为 12mm 是原告要求的。被告认为：该项目从 2008 年 3 月 1 日开工到 2008 年 9 月，原告从未按合同要求按时支付工程款，到 9 月被告已完成工程量 1300 万元，而原告仅仅支付工程款 507 万元，拖欠近 800 万元。法院审理后查明：原告确实拖欠了巨额工程款；地下室的墙体厚度由 24mm 改为 12mm，工程师下达过变更指令，原告也予以承认。遂判决原告继续履行合同，并按合同内容赔偿被告的工期及费用损失，并承担相应的违约责任。

5.1 概　　述

5.1.1 建设工程施工合同的概念

建设工程施工合同是发包人与承包人之间为完成商定的建设工程项目，确定双方权利和义务的协议。

建设工程施工合同是建设工程的主要合同，是工程建设质量控制、进度控制、投资控

制的主要依据。在市场经济条件下，建设市场主体之间相互的权利和义务关系主要是通过合同确立的，因此，在建设领域加强对施工合同的管理，具有十分重要的意义。

施工合同的当事人是发包人和承包人，双方是平等的民事主体。承发包双方签订施工合同，必须具备相应资质条件和履行施工合同的能力。对合同范围内的工程实施建设时，发包人必须具备组织协调能力；承包人必须具备有关部门核定的资质等级并持有营业执照等证明文件。依照施工合同，承包方应完成一定的建筑、安装工程任务，发包人应提供必要的施工条件并支付工程价款。

5.1.2 建设工程施工合同的特点

1. 合同标的的特殊性

施工合同的标的是各类建筑产品，建筑产品是不动产。这就决定了每个施工合同的标的都是特殊的，相互间具有不可替代性。另外，建筑产品的类别庞杂，每一个建筑产品都需单独设计和施工(即使可重复利用的标准设计或重复使用图纸，也应采取必要的修改设计才能施工)，即建筑产品是单体性生产，这也决定了施工合同标的的特殊性。所有这些特点，都使得施工合同在明确标的物时，需要将建筑产品的幢数、面积、层数或高度、结构特征、内外装饰标准和设备安装要求等一一规定清楚。

2. 合同履行期限的长期性

建筑物的施工由于结构复杂、体积大、建筑材料类型多、工作量大，使得工期都较长，而合同履行期限肯定要长于施工工期，因为工程建设的施工应当在合同签订后才开始，且需加上合同签订后到正式开工前的一个较长的施工准备时间和工程全部竣工验收后，办理竣工结算及保修期的时间，在工程的施工过程中，还可能因为不可抗力、工程变更、材料供应不及时等原因而导致工期顺延。所有这些情况，决定了施工合同的履行期限具有长期性。同时由于变更较频繁，合同争议和纠纷也比较多。

3. 合同内容的多样性和复杂性

虽然施工合同的当事人只有两方，但其涉及的主体却有许多种。与大多数合同相比较，施工合同的履行期限长、标的额大，涉及的法律关系则包括了劳动关系、保险关系、运输关系等，具有多样性和复杂性。这就要求施工合同的内容尽量详尽、具体、明确和完整。

4. 合同监督的严格性

由于施工合同的履行对国家的经济发展、公民的工作和生活都有重大的影响，因此，国家对施工合同的监督是十分严格的，具体体现在以下几个方面：

(1) 监督机构的多重性。负责监督建设工程施工合同履行的部门繁多，涉及工商行政管理部门、建设主管部门、合同双方的上级主管部门，以及负责工程款支付的银行、解决纠纷的仲裁机构或法院，还有税务、审计部门及合同公证机关等多个机构和部门。多重机构的监管从合同履行的不同方面分别实施自己的职权，保证施工合同履行过程的合法性与合理性。

(2) 监督内容的多样性。建设工程施工合同的内容涉及国家的法律、法规、地方行政管理办法、地区定额、企业定额及相应的预算价格、取费标准、调价办法等，还涉及监理单位、分包商、材料设备供应商、保险公司等多个履行单位，因此，合同条款所涉及的内容相当繁杂。如我国的《建设工程施工合同(示范文本)》(GF—2013—0201)通用条款就有20条共117个条款。

(3) 履行过程的严格性。在施工合同的履行过程中，所有的工程计量、合同变更、现场签证和工程款的支付等都有其严格的申报和审核程序，必须要以书面形式进行，并依照合同的相关规定执行。

5.1.3 建设工程施工合同的作用

在市场经济条件下，施工合同的作用日益明显和重要，主要体现在以下三个方面：
(1) 施工合同明确了在施工阶段承包人和发包人的权利和义务。
(2) 施工合同是施工阶段实行监理的依据。
(3) 保护建设工程施工过程中发包人和承包人权益的依据。

5.1.4 建设工程施工合同的类型

1. 根据合同所包括的工程或工作范围

建设工程施工合同按合同所包括的工程或工作范围可以划分为以下几类：
1) 施工总承包
即承包商承担一个工程的全部施工任务，包括土建、水电安装、设备安装等。
2) 专业承包
即单位工程施工承包和特殊专业工程施工承包。单位工程施工承包是最常见的工程承包合同，包括土木工程施工合同、电气与机械工程承包合同等。在工程中，业主可以将专业性很强的单位工程分别委托给不同的承包商。这些承包商之间为平行关系，管道工程、土方工程、桩基础工程等。但在我国不允许将一个单位工程肢解成分项工程分别承包。
3) 分包合同
分包合同是施工承包合同的分合同。承包商将施工承包合同范围内的一些工程或工作委托给另外的承包商来完成。他们之间签订分包合同。

2. 根据合同的计价方式

建设工程施工合同按合同的计价方式可以划分为单价合同和总价合同两种方式。
1) 单价合同
单价合同是指合同当事人约定以工程量清单及其综合单价进行合同价格计算、调整和确认的建设工程施工合同，在约定的范围内合同单价不作调整。合同当事人应在专用合同条款中约定综合单价包含的风险范围和风险费用的计算方法，并约定风险范围以外的合同价格的调整方法，其中因市场价格波动引起的调整按第11.1款"市场价格波动引起的调整"约定执行。
2) 总价合同
总价合同是指合同当事人约定以施工图、已标价工程量清单或预算书及有关条件进行合同价格计算、调整和确认的建设工程施工合同，在约定的范围内合同总价不作调整。合

同当事人应在专用合同条款中约定总价包含的风险范围和风险费用的计算方法,并约定风险范围以外的合同价格的调整方法,其中因市场价格波动引起的调整按第 11.1 款 "市场价格波动引起的调整"、因法律变化引起的调整按第 11.2 款 "法律变化引起的调整" 约定执行。

3) 其他价格形式

合同当事人可在专用合同条款中约定其他合同价格形式。

3. 根据合同的标的物性质划分

根据合同标的性质,建设工程合同有以下几种类型:
(1) 建筑安装工程施工承包合同。
(2) 建筑装饰工程施工承包合同。
(3) 劳务合同和技术服务合同。
(4) 材料或设备供应合同。

5.1.5 建设工程施工合同的订立

1. 订立施工合同应具备的条件

(1) 初步设计已经批准。
(2) 工程项目已经列入年度建设计划。
(3) 有能够满足施工需要的设计文件和有关技术资料。
(4) 建设资金和主要建筑材料设备来源已经落实。
(5) 对于招投标工程,中标通知书已经下达。

2. 订立施工合同应遵守的原则

1) 遵守国家法律法规和国家计划的原则

国家立法机关、国务院、国家建设行政管理部门都十分重视施工合同的规范工作,也有许多涉及建设工程施工合同的强制性管理规定,这些法律、法规、规定是我国建设工程施工合同订立和管理的依据。

建设工程施工对经济发展、生活环境产生多方面的影响。订立施工合同的当事人,必须遵守国家法律、法规,必须遵守国家强制性规定,也应遵守国家的建设计划和其他计划(如贷款计划)。

2) 平等、自愿、公平的原则

签订施工合同当事人双方都具有平等的法律地位,任何一方都不得强迫对方接受不平等的合同条件。合同内容应当是双方当事人真实意思的体现,合同内容还应当是公平的,不能单纯损害一方的利益。对于显失公平的施工合同,当事人一方有权决定是否订立合同和合同内容,有权申请人民法院或仲裁机构予以变更或撤销。

3) 诚实信用的原则

当事人订立施工合同应该诚实信用,不得有欺诈行为,双方应当如实将自身和工程的情况介绍给对方。在施工合同履行过程中,当事人也应恪守信用,严格履行合同。

3. 订立施工合同的程序

施工合同的订立同样包括要约和承诺两个阶段。其订立方式有直接发包和招标发包两种。对于必须进行招标的建设项目,工程建设的施工都应通过招标投标确定承包人。中标通知书发出后,中标人应当与招标人及时签订合同。《招标投标法》规定:招标人和中标人应当自中标通知书发出之日起 30 天内,按照招标文件和中标人的投标文件订立书面合同。招标人和中标人不得另行订立背离合同实质性内容的其他协议。

5.2 《建设工程施工合同(示范文本)》简介

知识链接

《建设工程施工合同(示范文本)》(GF—2013—0201)协议书格式

合同协议书

发包人(全称):_____

承包人(全称):_____

根据《中华人民共和国合同法》《中华人民共和国建筑法》及有关法律规定,遵循平等、自愿、公平和诚实信用的原则,双方就_____工程施工及有关事项协商一致,共同达成如下协议。

一、工程概况

1. 工程名称:_____。
2. 工程地点:_____。
3. 工程立项批准文号:_____。
4. 资金来源:_____。
5. 工程内容:_____。
群体工程应附《承包人承揽工程项目一览表》(附件 1)。
6. 工程承包范围:
_____
_____。

二、合同工期

计划开工日期:_____年_____月_____日。
计划竣工日期:_____年_____月_____日。
工期总日历天数:_____天。工期总日历天数与根据前述计划开、竣工日期计算的工期天数不一致的,以工期总日历天数为准。

三、质量标准

工程质量符合_____标准。

四、签约合同价与合同价格形式

1. 签约合同价为:人民币(大写)_____(¥_____元)。
其中:
(1) 安全文明施工费:人民币(大写)_____(¥_____元);
(2) 材料和工程设备暂估价金额:人民币(大写)_____(¥_____元);

(3) 专业工程暂估价金额：人民币(大写)＿＿＿＿＿＿＿(¥＿＿＿＿＿元)；
(4) 暂列金额：人民币(大写)＿＿＿＿＿＿＿(¥＿＿＿＿＿元)。
2. 合同价格形式：＿＿＿＿＿＿＿＿＿＿＿＿＿＿。

五、项目经理
承包人项目经理：＿＿＿＿＿＿＿＿＿＿＿＿＿＿。

六、合同文件构成
本协议书与下列文件一起构成合同文件：
(1) 中标通知书(如果有)；
(2) 投标函及其附录(如果有)；
(3) 专用合同条款及其附件；
(4) 通用合同条款；
(5) 技术标准和要求；
(6) 图纸；
(7) 已标价工程量清单或预算书；
(8) 其他合同文件。
在合同订立及履行过程中形成的与合同有关的文件均构成合同文件组成部分。
上述各项合同文件包括合同当事人就该项合同文件所作出的补充和修改，属于同一类内容的文件，应以最新签署的为准。专用合同条款及其附件须经合同当事人签字或盖章。

七、承诺
1. 发包人承诺按照法律规定履行项目审批手续、筹集工程建设资金并按照合同约定的期限和方式支付合同价款。
2. 承包人承诺按照法律规定及合同约定组织完成工程施工，确保工程质量和安全，不进行转包及违法分包，并在缺陷责任期及保修期内承担相应的工程维修责任。
3. 发包人和承包人通过招投标形式签订合同的，双方理解并承诺不再就同一工程另行签订与合同实质性内容相背离的协议。

八、词语含义
本协议书中词语含义与第二部分通用合同条款中赋予的含义相同。

九、签订时间
本合同于＿＿＿＿年＿＿月＿＿日签订。

十、签订地点
本合同在＿＿＿＿＿＿＿＿＿＿＿＿＿＿＿＿＿签订。

十一、补充协议
合同未尽事宜，合同当事人另行签订补充协议，补充协议是合同的组成部分。

十二、合同生效
本合同自＿＿＿＿＿＿＿＿＿＿＿＿＿＿＿＿＿生效。

十三、合同份数
本合同一式＿＿＿份，均具有同等法律效力，发包人执＿＿＿份，承包人执＿＿＿份。

发包人： (公章)　　　　承包人： (公章)

法定代表人或其委托代理人:	法定代表人或其委托代理人:
(签字)	(签字)
组织机构代码:_____	组织机构代码:_____
地　　址:_____	地　　址:_____
邮政编码:_____	邮政编码:_____
法定代表人:_____	法定代表人:_____
委托代理人:_____	委托代理人:_____
电　　话:_____	电　　话:_____
传　　真:_____	传　　真:_____
电子信箱:_____	电子信箱:_____
开户银行:_____	开户银行:_____
账　　号:_____	账　　号:_____

5.2.1 《建设工程施工合同(示范文本)》文件的组成

除专用条款另有约定外,《建设工程施工合同(示范文本)》由下列文件组成:
(1) 中标通知书(如果有)。
(2) 投标函及其附录(如果有)。
(3) 专用合同条款及其附件。
(4) 通用合同条款。
(5) 技术标准和要求。在专用条款中约定:
① 适用的我国国家标准、规范的名称。
② 没有国家标准、规范但有行业标准、规范的,则约定适用行业标准、规范的名称。
③ 没有国家和行业标准、规范的,则约定适用工程所在地的地方标准、规范的名称。发包人应按专用条款约定的时间向承包人提供一式两份约定的标准、规范。
④ 国内没有相应标准、规范的,由发包人按专用条款约定的时间向承包人提出施工技术要求,承包人按约定的时间和要求提出施工工艺,经发包人认可后执行。
⑤ 若发包人要求使用国外标准、规范的,应负责提供中文译本。所发生的购买和翻译标准、规范或制定施工工艺的费用,由发包人承担。
(6) 图纸。指由发包人提供或由承包人提供并经发包人批准,满足承包人施工需要的所有图纸(包括配套说明和有关资料)。发包人应按专用条款约定的日期和套数,向承包人提供图纸。承包人需要增加图纸套数的,发包人应代为复制,复制费用由承包人承担。若发包人对工程有保密要求的,应在专用条款中提出,保密措施费用由发包人承担,承包人在约定保密期限内履行保密义务。承包人未经发包人同意,不得将本工程图纸转给第三人。工程质量保修期满后,除承包人存档需要的图纸外,应将全部图纸退还给发包人。承包人应在施工现场保留一套完整图纸,供工程师及有关人员进行工程检查时使用。
(7) 已标价工程量清单或预算书。
(8) 其他合同文件。

合同履行中，双方有关工程的洽商、变更等书面协议或文件视为本合同的组成部分，在不违反法律和行政法规的前提下，当事人可以通过协商变更合同的内容，这些变更的协议或文件的效力高于其他合同文件，且后签署的协议或文件效力高于先签署的协议或文件。

当合同文件内容含糊不清或不相一致时，在不影响工程正常进行的情况下，由发包人、承包人协商解决，双方也可以提请负责监理的工程师作出解释。双方协商不成或不同意负责监理的工程师的解释时，按有关争议的约定处理。

合同正本一式两份，具有同等效力，由合同双方分别保存一份。副本份数，由双方根据需要在专用条款内约定。

5.2.2 词语定义

《建设工程施工合同(示范文本)》中的词语定义如下：

(1) 图纸。是指构成合同的图纸，包括由发包人按照合同约定提供或经发包人批准的设计文件、施工图、鸟瞰图及模型等，以及在合同履行过程中形成的图纸文件。图纸应当按照法律规定审查合格。

(2) 已标价工程量清单。是指构成合同的由承包人按照规定的格式和要求填写并标明价格的工程量清单，包括说明和表格。

(3) 预算书。是指构成合同的由承包人按照发包人规定的格式和要求编制的工程预算文件。

(4) 其他合同文件。是指经合同当事人约定的与工程施工有关的具有合同约束力的文件或书面协议。合同当事人可以在专用合同条款中进行约定。

(5) 合同当事人。是指发包人和(或)承包人。

(6) 发包人。是指与承包人签订合同协议书的当事人及取得该当事人资格的合法继承人。

(7) 承包人。是指与发包人签订合同协议书的，具有相应工程施工承包资质的当事人及取得该当事人资格的合法继承人。

(8) 监理人。是指在专用合同条款中指明的，受发包人委托按照法律规定进行工程监督管理的法人或其他组织。

(9) 设计人。是指在专用合同条款中指明的，受发包人委托负责工程设计并具备相应工程设计资质的法人或其他组织。

(10) 分包人。是指按照法律规定和合同约定，分包部分工程或工作，并与承包人签订分包合同的具有相应资质的法人。

(11) 发包人代表。是指由发包人任命并派驻施工现场在发包人授权范围内行使发包人权利的人。

(12) 项目经理。是指由承包人任命并派驻施工现场，在承包人授权范围内负责合同履行，且按照法律规定具有相应资格的项目负责人。

(13) 总监理工程师。是指由监理人任命并派驻施工现场进行工程监理的总负责人。

(14) 工程。是指与合同协议书中工程承包范围对应的永久工程和(或)临时工程。

(15) 永久工程。是指按合同约定建造并移交给发包人的工程，包括工程设备。

(16) 临时工程。是指为完成合同约定的永久工程所修建的各类临时性工程，不包括施工设备。

(17) 单位工程。是指在合同协议书中指明的，具备独立施工条件并能形成独立使用功能的永久工程。

(18) 工程设备。是指构成永久工程的机电设备、金属结构设备、仪器及其他类似的设备和装置。

(19) 施工设备。是指为完成合同约定的各项工作所需的设备、器具和其他物品，但不包括工程设备、临时工程和材料。

(20) 施工现场。是指用于工程施工的场所，以及在专用合同条款中指明作为施工场所组成部分的其他场所，包括永久占地和临时占地。

(21) 临时设施。是指为完成合同约定的各项工作所服务的临时性生产和生活设施。

(22) 永久占地。是指专用合同条款中指明为实施工程需要永久占用的土地。

(23) 临时占地。是指专用合同条款中指明为实施工程需要临时占用的土地。

(24) 开工日期。包括计划开工日期和实际开工日期。计划开工日期是指合同协议书约定的开工日期；实际开工日期是指监理人按照第 7.3.2 项［开工通知］约定发出的符合法律规定的开工通知中载明的开工日期。

(25) 竣工日期。包括计划竣工日期和实际竣工日期。计划竣工日期是指合同协议书约定的竣工日期；实际竣工日期按照第 13.2.3 项［竣工日期］的约定确定。

(26) 工期。是指在合同协议书中约定的承包人完成工程所需的期限，包括按照合同约定所作的期限变更。

(27) 缺陷责任期。是指承包人按照合同约定承担缺陷修复义务，且发包人预留质量保证金的期限，自工程实际竣工日期起计算。

(28) 保修期。是指承包人按照合同约定对工程承担保修责任的期限，从工程竣工验收合格之日起计算。

(29) 基准日期。招标发包的工程以投标截止日前 28 天的日期为基准日期，直接发包的工程以合同签订日前 28 天的日期为基准日期。

(30) 天。除特别指明外，均指日历天。合同中按天计算时间的，开始当天不计入，从次日开始计算，期限最后一天的截止时间为当天 24 时。

(31) 签约合同价。是指发包人和承包人在合同协议书中确定的总金额，包括安全文明施工费、暂估价及暂列金额等。

(32) 合同价格。是指发包人用于支付承包人按照合同约定完成承包范围内全部工作的金额，包括合同履行过程中按合同约定发生的价格变化。

(33) 费用。是指为履行合同所发生的或将要发生的所有必需的开支，包括管理费和应分摊的其他费用，但不包括利润。

(34) 暂估价。是指发包人在工程量清单或预算书中提供的用于支付必然发生但暂时不能确定价格的材料、工程设备的单价、专业工程以及服务工作的金额。

(35) 暂列金额。是指发包人在工程量清单或预算书中暂定并包括在合同价格中的一笔款项，用于工程合同签订时尚未确定或者不可预见的所需材料、工程设备、服务的采购，施工中可能发生的工程变更、合同约定调整因素出现时的合同价格调整以及发生的索赔、现场签证确认等的费用。

(36) 计日工。是指合同履行过程中，承包人完成发包人提出的零星工作或需要采用计日工计价的变更工作时，按合同中约定的单价计价的一种方式。

5.2.3 《建设工程施工合同(示范文本)》(GF—2013—0201)的组成及解释顺序

为了指导建设工程施工合同当事人的签约行为，维护合同当事人的合法权益，依据《中华人民共和国合同法》《中华人民共和国建筑法》《中华人民共和国招标投标法》以及相关法律法规，住房和城乡建设部、国家工商行政管理总局对《建设工程施工合同(示范文本)》(GF—1999—0201)进行了修订，制定了《建设工程施工合同(示范文本)》(GF—2013—0201)(以下简称《示范文本》)。《示范文本》为非强制性使用文本。《示范文本》适用于房屋建筑工程、土木工程、线路管道和设备安装工程、装修工程等建设工程的施工承发包活动，合同当事人可结合建设工程具体情况，根据《示范文本》订立合同，并按照法律法规规定和合同约定承担相应的法律责任及合同权利义务。

1. 《示范文本》的组成

《示范文本》由《合同协议书》《通用合同条款》《专用合同条款》三部分组成，并附有11个附件供合同双方选用。

1) 《协议书》

《协议书》是《施工合同文本》中总纲性的文件，是发包人与承包人依照《合同法》《建筑法》及其他有关法律、行政法规，遵循平等、自愿、公平和诚实信用的原则，就建设工程施工中最重要的事项协商一致而订立的协议。

《协议书》主要包括以下13个方面的内容：

(1) 工程概况。主要包括工程名称、工程地点、工程内容、工程立项批准文号、资金来源、工程承包范围等。

(2) 合同工期。包括开工日期、竣工日期、合同工期总日历天数。

(3) 质量标准。

(4) 签约合同价与合同价格形式。

(5) 项目经理。

(6) 合同文件构成。

(7) 承诺。其具体内容如下：

① 发包人承诺按照法律规定履行项目审批手续、筹集工程建设资金并按照合同约定的期限和方式支付合同价款。

② 承包人承诺按照法律规定及合同约定组织完成工程施工，确保工程质量和安全，不进行转包及违法分包，并在缺陷责任期及保修期内承担相应的工程维修责任。

③ 发包人和承包人通过招投标形式签订合同的，双方理解并承诺不再就同一工程另行签订与合同实质性内容相背离的协议。

(8) 词语含义。协议书中词语含义与第二部分通用合同条款中赋予的含义相同。

(9) 签订时间。

(10) 签订地点。

(11) 补充协议。

(12) 合同生效。包括合同订立时间(年、月、日)、合同订立地点、本合同双方约定的生效的时间。

(13) 合同份数。由双方协商决定。

2) 《通用合同条款》

《通用合同条款》是根据《合同法》《建筑法》《建设工程施工合同管理办法》等法律、法规,对承发包双方的权利义务作出的规定,除双方协商一致对其中的某些条款作出修改、补充或取消外,其余条款双方都必须履行。它是将建设工程施工合同中共性的一些内容抽出来编写的一份完整的合同文件。《通用合同条款》具有很强的通用性,基本适用于各类建设工程。

《通用合同条款》共计20条,包括:

(1) 一般约定。

(2) 发包人。

(3) 承包人。

(4) 监理人。

(5) 工程质量。

(6) 安全文明施工与环境保护。

(7) 工期和进度。

(8) 材料与设备。

(9) 试验与检验。

(10) 变更。

(11) 价格调整。

(12) 合同价格。

(13) 计量与支付。

(14) 验收和工程试车。

(15) 竣工结算。

(16) 缺陷责任与保修。

(17) 违约。

(18) 不可抗力。

(19) 保险。

(20) 索赔和争议解决。

条款安排既考虑了现行法律法规对工程建设的有关要求,也考虑了建设工程施工管理的特殊需要。

3) 《专用合同条款》

考虑到建设工程的内容各不相同,工期、造价也随之变动,承包人、发包人各自的能力、施工现场的环境也不相同,《通用合同条款》不能完全适用于各个具体工程,因此配之以《专用合同条款》对其作必要的修改和补充,使《通用合同条款》和《专用合同条款》共同成为双方统一意愿的体现。专用合同条款是对通用合同条款原则性约定的细化、完善、补充、修改或另行约定的条款。合同当事人可以根据不同建设工程的特点及具体情况,通过双方的谈判、协商对相应的专用合同条款进行修改补充。在使用专用合同条款时,应注意以下事项。

(1) 专用合同条款的编号应与相应的通用合同条款的编号一致。

(2) 合同当事人可以通过对专用合同条款的修改，满足具体建设工程的特殊要求，避免直接修改通用合同条款。

(3) 在专用合同条款中有横道线的地方，合同当事人可针对相应的通用合同条款进行细化、完善、补充、修改或另行约定；如无细化、完善、补充、修改或另行约定，则填写"无"或画"/"。

4) 附件

《建设工程施工合同(示范文本)》的附件则是对施工合同当事人的权利、义务的进一步明确，并且使得施工合同当事人的有关工作一目了然，便于执行和管理。

2. 施工合同文件的组成及解释顺序

《建设工程施工合同(示范文本)》规定了施工合同文件的组成及解释顺序，包括：

(1) 中标通知书(如果有)。

(2) 投标函及其附录(如果有)。

(3) 专用合同条款及其附件。

(4) 通用合同条款。

(5) 技术标准和要求。

(6) 图纸。

(7) 已标价工程量清单或预算书。

(8) 其他合同文件。

合同履行中，双方有关工程的洽商、变更等书面协议或文件视为本合同的组成部分，在不违反法律和行政法规的前提下，当事人可以通过协商变更合同的内容，这些变更的协议或文件的效力高于其他合同文件，且后签署的协议或文件效力高于先签署的协议或文件。

当合同文件内容含糊不清或不相一致时，在不影响工程正常进行的情况下，由发包人、承包人协商解决，双方也可以提请负责监理的工程师作出解释。双方协商不成或不同意负责监理的工程师的解释时，按有关争议的约定处理。

5.3 《建设工程施工合同(示范文本)》主要内容

导读案例

A公司修建综合楼一栋，经过招投标确定了B公司作为承包商，并于2013年8月10日签订了施工合同，约定开工日期为10月10日，开工前一个月，发包人提供技术资料和设计图纸，并解决用水用电等前期问题；工程造价800万元，A公司预付200万元，余款验收合格后一次性付清。承包方B公司在2014年12月20前交付工程，保修期5年。合同签订后，A公司依约将技术资料和设计图纸交给了B公司，但水电问题延迟至2013年11月20日才解决，致使B公司比原定开工日期延迟一个月才开工，直接经济损失5万元。

5.3.1 施工准备阶段主要内容

1. 进度控制条款内容

1) 合同双方约定合同工期

工期指约定的内容包括开工日期、竣工日期和合同工期的总日历天数。合同工期是按总日历天数计算的,包括法定节假日在内的承包天数。合同当事人应当在开工日期前做好一切开工准备工作,承包人则应当按约定的开工日期开工。工程竣工验收通过,以承包人送交竣工验收报告的日期为实际竣工日期。当事人对建设工程实际竣工日期有争议的,按照以下情形分别处理:

(1) 建设工程经竣工验收合格的,以竣工验收合格之日为竣工日期。

(2) 承包人已经提交竣工验收报告,发包人拖延验收的,以承包人提交验收报告之日为竣工日期。

(3) 建设工程未经竣工验收,发包人擅自使用的,以转移占有建设工程之日为竣工日期。

对于群体工程,双方应在合同附件中具体约定不同单位工程的开工日期和竣工日期。对于大型、复杂的工程项目,除了约定整个工程的开、竣工日期和合同工期的总日历天数外,还应约定重要里程碑事件的开、竣工日期,以确保工期总目标的顺利实现。

2) 发包人许可或批准

发包人应遵守法律,并办理法律规定由其办理的许可、批准或备案,包括但不限于建设用地规划许可证、建设工程规划许可证、建设工程施工许可证、施工所需临时用水、临时用电、中断道路交通、临时占用土地等许可和批准。发包人应协助承包人办理法律规定的有关施工证件和批件。

除专用合同条款另有约定外,发包人应最迟于开工日期 7 天前向承包人移交施工现场。

因发包人原因未能及时办理完毕前述许可、批准或备案,由发包人承担由此增加的费用和(或)延误的工期,并支付承包人合理的利润。

3) 承包人提交进度计划

除专用合同条款另有约定外,承包人应在合同签订后 14 天内,但最迟不得晚于合同第 7.3.2 项[开工通知]载明的开工日期前 7 天,向监理人提交详细的施工组织设计,并由监理人报送发包人。

4) 监理人对进度计划予以确认或者提出修改意见

发包人和监理人接到承包人提交的进度计划后,应当予以确认或者提出修改意见。除专用合同条款另有约定外,发包人和监理人应在监理人收到施工组织设计后 7 天内确认或提出修改意见。如果逾期不确认也不提出书面意见,则视为已经同意。

5) 其他准备工作

在开工前,合同双方还应当做好其他各项准备工作。如发包人应当按照专用条款的规定使施工现场具备施工条件、开通施工现场与公共道路,承包人应当做好施工人员和设备的调配工作。工程师需要做好水准点与坐标控制点的交验。为了能够按时向承包人提供图纸,工程师需要做好协调工作,组织图纸会审和设计交底等。

6) 开工通知

发包人应按照法律规定获得工程施工所需的许可。经发包人同意后,监理人发出的开工通知应符合法律规定。监理人应在计划开工日期 7 天前向承包人发出开工通知,工期自开工通知中载明的开工日期起算。

除专用合同条款另有约定外,因发包人原因造成监理人未能在计划开工日期之日起 90 天内发出开工通知的,承包人有权提出价格调整要求,或者解除合同;发包人未能在计划开工日期之日起 7 天内同意下达开工通知的,发包人应当承担由此增加的费用和(或)延误的工期,并向承包人支付合理利润。

导读案例回放

按照《示范文本》通用合同条款 2.4 条和《合同法》第二百八十三条规定:发包人未按约定时间和要求提供原材料、设备、场地、技术资料等的,承包人可顺延工期,并有权要求赔偿停工、窝工等损失及合理的利润。本案中,A 公司未按合同约定在开工前一个月解决水电问题,致使 B 公司停工,延误工期一个月并损失 5 万元,应当承担赔偿责任。

2. 质量控制条款内容

施工准备阶段合同的质量控制涉及许多方面的内容,任何一个方面的缺陷和疏漏都会使工程质量无法达到预期的标准。

1) 工程质量标准

施工中所采用的施工和验收标准,都必须在签订施工合同时予以确定,不同的标准,对应不同的施工质量,当然也对应不同的工程造价。工程质量应当达到协议书约定的质量标准,质量标准以国家或者专业的质量验收标准为依据。因承包人原因工程质量达不到约定的质量标准,由承包人承担违约责任。有关工程质量的特殊标准或要求由合同当事人在专用合同条款中约定,对工期有影响的应相应顺延工期。

2) 标准、规范和图纸

(1) 合同适用标准、规范。其具体内容如下:

建设工程施工的技术要求和方法即为强制性标准,施工合同当事人必须执行。双方应当在专用条款中约定适用标准、规范的名称。发包人应当按照专用条款约定的时间向承包人提供一式两份约定的标准、规范。国内没有相应的标准、规范时,可以由合同当事人约定工程适用的标准。

(2) 图纸。其具体内容如下:

建设工程施工应当按照图纸进行。发包人应按照专用合同条款约定的期限、数量和内容向承包人免费提供图纸,并组织承包人、监理人和设计人进行图纸会审和设计交底。发包人至迟不得晚于第 7.3.2 项[开工通知]载明的开工日期前 14 天向承包人提供图纸。

因发包人未按合同约定提供图纸导致承包人费用增加和(或)工期延误的,按照第 7.5.1 项[因发包人原因导致工期延误]约定办理。

承包人在收到发包人提供的图纸后,发现图纸存在差错、遗漏或缺陷的,应及时通知监理人。监理人接到该通知后,应附具相关意见并立即报送发包人,发包人应在收到监理人报送的通知后的合理时间内作出决定。合理时间是指发包人在收到监理人的报送通知后,尽其努力且不懈怠地完成图纸修改补充所需的时间。

图纸需要修改和补充的,应经图纸原设计人及审批部门同意,并由监理人在工程或工程相应部位施工前将修改后的图纸或补充图纸提交给承包人,承包人应按修改或补充后的图纸施工。

承包人应按照专用合同条款的约定提供应当由其编制的与工程施工有关的文件,并按照专用合同条款约定的期限、数量和形式提交监理人,并由监理人报送发包人。

除专用合同条款另有约定外,监理人应在收到承包人文件后7天内审查完毕,监理人对承包人文件有异议的,承包人应予以修改,并重新报送监理人。监理人的审查并不减轻或免除承包人根据合同约定应当承担的责任。

目前建设工程管理体制中,施工中所需的图纸主要由发包人提供。在对图纸的管理中,发包人应当完成以下工作:

① 发包人应当按照专用条款约定的日期和套数,向承包人提供图纸。

② 承包人如果需要增加图纸套数,发包人应当代为复制。

③ 如果对图纸有保密要求的,应当承担保密措施费用。

对于发包人提供的图纸,承包人应当完成以下工作:

① 在施工现场保留一套完整图纸,供工程师及其有关人员进行工程检查时使用。

② 如果专用条款对图纸提出保密要求的,承包人应当在约定的保密期限内承担保密义务。

③ 承包人如果需要增加图纸套数,复制费用由承包人承担。

使用国外或者境外图纸,不能满足施工需要时,双方在专用条款内约定复制、重新绘制、翻译、购买标准图纸等责任及费用承担。

有些工程,施工图纸的设计或者与工程配套的设计有可能由承包人完成。如果合同中有这样的约定,则承包人应当在其设计资质允许的范围内,按工程师的要求完成设计,经工程师确认后使用,发生的费用由发包人承担。

3) 材料设备

(1) 材料设备的质量及其他要求。其具体内容如下:

① 材料生产和设备供应单位应具备法定条件。供应单位必须具备相应的生产条件、技术装备和质量保证体系。

② 材料设备质量应符合要求。

③ 材料设备或者其包装上的标识应符合的要求。有产品质量检验合格证明;有中文标明的产品名称、生产厂家厂名和厂址;产品包装和商标样式符合国家有关规定和标准要求;设备应有产品详细的使用说明书,电气设备还应附有线路图;实施生产许可证或使用产品质量认证标志的产品,应有许可证或质量认证的编号、批准日期和有效期限。

(2) 发包人供应材料设备时的质量控制。其具体内容如下:

① 双方约定发包人供应材料设备的一览表。一览表作为合同附件,内容包括材料设备种类、规格、型号、数量、单价、质量等级、提供的时间和地点。

② 发包人供应材料设备的验收。发包人应当向承包人提供其供应材料设备的产品合格证明,并对这些材料设备的质量负责。发包人应在其所供应的材料设备到货前24小时,以书面形式通知承包人,由承包人派人与发包人共同清点。

③ 材料设备验收后的保管。发包人供应的材料设备经双方共同验收后由承包人妥善保

管,发包人支付相应的保管费用。因承包人的原因发生损坏丢失,由承包人负责赔偿。发包人不按规定通知承包人验收,发生的损坏丢失由发包人负责。

④ 发包人供应的材料设备与约定不符时的处理。发包人供应的材料设备与约定不符时,应当由发包人承担有关责任,具体按照下列情况进行处理:

a. 材料设备单价与合同约定不符时,由发包人承担所有差价。

b. 材料设备种类、规格、型号、数量、质量等级与合同约定不符时,承包人可以拒绝接收保管,由发包人运出施工场地并重新采购。

c. 发包人供应材料的规格、型号与合同约定不符时,承包人可以代为调剂串换,由发包方承担相应的费用。

d. 到货地点与合同约定不符时,发包人负责运至合同约定的地点。

e. 供应数量少于合同约定的数量时,发包人将数量补齐;多于合同约定的数量时,发包人负责将多出部分运出施工场地。

f. 到货时间早于合同约定时间,发包人承担因此发生的保管费用;到货时间迟于合同约定的供应时间,由发包人承担相应的追加合同价款。发生延误,相应顺延工期,发包人赔偿由此给承包人造成的损失。

⑤ 发包人供应材料设备使用前的检验或试验。发包人供应的材料设备进入施工现场后需要在使用前检验或者试验的,由承包人负责,费用由发包人负责。即使在承包人检验通过之后,如果又发现材料设备有质量问题的,发包人仍应承担重新采购及拆除重建的追加合同价款,并相应顺延由此延误的工期。

(3) 承包人采购材料设备的质量控制。其具体内容如下:

对于合同约定由承包人采购的材料设备,应当由承包人选择生产厂家或者供应商,发包人不得指定生产厂家或者供应商。

① 承包人采购材料设备的验收。承包人根据专用合同条款的约定及设计和有关标准要求采购工程需要的材料设备,并提供产品合格证明。承包人在材料设备到货前 24 小时通知工程师验收。

② 承包人采购的材料设备与要求不符时的处理。承包人采购的材料设备与设计或者标准要求不符时,工程师可以拒绝验收,由承包人按照工程师要求的时间运出施工场地,重新采购符合要求的产品,并承担由此发生的费用,由此延误的工期不予顺延。

③ 承包人使用代用材料。承包人需要使用代用材料时,需经工程师认可后方可使用,由此增减的合同价款由双方以书面形式议定。

④ 承包方采购材料设备在使用前检验或试验。承包人采购的材料设备在使用前,承包人应按工程师的要求进行检验或试验,不合格的不得使用,检验或试验费用由承包人承担。

4) 联络

(1) 与合同有关的通知、批准、证明、证书、指示、指令、要求、请求、同意、意见、确定和决定等,均应采用书面形式,并应在合同约定的期限内送达接收人和送达地点。

(2) 发包人和承包人应在专用合同条款中约定各自的送达接收人和送达地点。任何一方合同当事人指定的接收人或送达地点发生变动的,应提前 3 天以书面形式通知对方。

(3) 发包人和承包人应当及时签收另一方送达至送达地点和指定接收人的来往信函。拒不签收的,由此增加的费用和(或)延误的工期由拒绝接收一方承担。

3. 造价控制条款内容

1) 合同价款及调整的合同规定

合同价款指合同当事人在协议书中约定，发包人用以支付承包人按照合同约定完成承包范围内全部工程并承担质量保修责任的款项。在合同中约定的合同价款对双方均有约束力，任何一方不得擅自改变，但它通常并不是最终的结算价格。最终的结算价格还包括施工过程中发生、经工程师确认后追加的合同价款，以及发包人按照合同规定对承包商的扣减款项。

发包人和承包人应在合同协议书中选择下列一种合同价格形式。

(1) 单价合同。其具体内容如下：

单价合同是指合同当事人约定以工程量清单及其综合单价进行合同价格计算、调整和确认的建设工程施工合同，在约定的范围内合同单价不作调整。合同当事人应在专用合同条款中约定综合单价包含的风险范围和风险费用的计算方法，并约定风险范围以外的合同价格的调整方法，其中因市场价格波动引起的调整按第 11.1 款［市场价格波动引起的调整］约定执行。

(2) 总价合同。其具体内容如下：

总价合同是指合同当事人约定以施工图、已标价工程量清单或预算书及有关条件进行合同价格计算、调整和确认的建设工程施工合同，在约定的范围内合同总价不作调整。合同当事人应在专用合同条款中约定总价包含的风险范围和风险费用的计算方法，并约定风险范围以外的合同价格的调整方法，其中因市场价格波动引起的调整按第 11.1 款［市场价格波动引起的调整］、因法律变化引起的调整按第 11.2 款［法律变化引起的调整］约定执行。

(3) 其他价格形式。其具体内容如下：

合同当事人可在专用合同条款中约定其他合同价格形式。

【例 5-1】2014 年年初，某房地产开发公司欲开发一个大型住宅小区。同年 8 月，该房地产公司在当地一个主要媒体发出招标公告，就该工程向社会公开招标。此招标公告发出之后，在当地引起不小的反响，先后有二十余家施工企业参加投标。

甲建筑公司和乙建筑公司均在投标人之列，甲基于市场竞争激烈等因素，经充分核算，在标书中作出全部工程造价不超过 1000 万元的承诺，并自认为依此数额，该工程利润已不明显。某房地产开发公司组织开标后，乙的投标数额为 800 万元，甲和乙的投标报价均低于 1035 万元的标底，乙因价格更低而中标。该工程竣工后，某房地产开发公司与乙实际结算的款额为 1025 万元。甲得知此事后，认为开发公司未依照既定标价履约，实际上侵害了自己的权益，遂向法院起诉要求该房地产开发公司赔偿在投标过程中的支出等损失。人民法院经过审理，判决原告败诉。

案例分析

本案例争议的焦点是：经过招标投标程序而确定的合同总价能否再行变更的问题，这样做是否违反公开、公平、公正的原则。

《招标投标法》规定，招标人与中标人应当自中标通知书发出之日起 30 日内，按照招标文件和中标人的投标文件订立书面合同。招标人不得再行订立背离合同实质性内容的其他协议。合同价款是合同的实质性内容之一，因此，合同价款应当与中标价相等。但这并不意味着最后只能按该金额进行结算，竣工结算的价款与合同最初订立时的价款通常会有一定差距。《建设工程施工合同(示范文本)》(GF—2013—0201)第11.1款规定，不管签订的是单价合同还是总价合同，合同价款都是可以在一定情况下进行调整的。

(1) 法律、行政法规和国家有关政策变化影响合同价款。
(2) 工程造价管理部门公布的价格调整。
(3) 双方约定的其他因素。

即使是总价合同，当设计变更或工程量变更超出双方约定的范围时，也是可以调整的。

当然，如果是招标人和中标人串通损害其他投标人的利益，自应根据《招标投标法》的有关规定对其他投标人的损失作出赔偿。本案中无串通的证据，就只能认定调整合同总价是当事人签约后的意思变更，是一种合同变更行为。

2) 预付款

预付款的支付按照专用合同条款约定执行，但最迟应在开工通知载明的开工日期前7天支付。预付款应当用于材料、工程设备、施工设备的采购及修建临时工程、组织施工队伍进场等。

除专用合同条款另有约定外，预付款在进度付款中同比例扣回。在颁发工程接收证书前，提前解除合同的，尚未扣完的预付款应与合同价款一并结算。

发包人逾期支付预付款超过7天的，承包人有权向发包人发出要求预付的催告通知，发包人收到通知后7天内仍未支付的，承包人有权暂停施工。

4. 风险控制条款内容

风险是指一种客观存在的、损失的发生具有不确定性的状态。可将之归类为：建筑风险、市场风险、信用风险、环境风险、政治风险和法律风险。所谓的风险管理，就是人们对潜在的意外损失进行辨识、评估，并根据具体情况采取相应的措施进行处理，尽量减少损失，及时处理善后事宜的举措。

在合同条款的订立过程中，必须要对工程进行当中可能发生的风险进行相关界定，作为发生风险之后的依据。

1) 不可抗力

不可抗力是指合同当事人不能预见、不能避免并且不能克服的客观情况。在合同订立是应当明确不可抗力的范围，在专用条款中双方应当根据工程所在地的地理气候和工程项目的特点，对有可能给工程实施带来破坏的不可抗力界定标准。例如，可以采取以下形式：×级以上地震；×年一遇的洪水；××毫米以上持续×天的特大暴雨；×天以上的持续高温天气；等等。

合同规定的不可抗力的后果承担如下：

(1) 永久工程、已运至施工现场的材料和工程设备的损坏，以及因工程损坏造成的第三人人员伤亡和财产损失由发包人承担。
(2) 承包人施工设备的损坏由承包人承担。
(3) 发包人和承包人承担各自人员伤亡和财产的损失。
(4) 因不可抗力影响承包人履行合同约定的义务，已经引起或将引起工期延误的，应当顺延工期,由此导致承包人停工的费用损失由发包人和承包人合理分担,停工期间必须支付的工人工资由发包人承担。

(5) 因不可抗力引起或将引起工期延误,发包人要求赶工的,由此增加的赶工费用由发包人承担。

(6) 承包人在停工期间按照发包人要求照管、清理和修复工程的费用由发包人承担。

不可抗力发生后,合同当事人均应采取措施尽量避免和减少损失的扩大,任何一方当事人没有采取有效措施导致损失扩大的,应对扩大的损失承担责任。

因合同一方迟延履行合同义务,在迟延履行期间遭遇不可抗力的,不免除其违约责任。

2) 保险

工程保险主要是指工程业主、承包商、设计、监理等将工程建设中可能遇到的风险向保险公司进行投保,同时享受保险公司提供的风险管理服务,以便在保险事故发生时可以获得技术经济赔偿,从而保证工程建设顺利进行。工程保险一般包括建筑工程一切险、安装工程一切险和意外伤害险等。

发包人应依照法律规定参加工伤保险,并为在施工现场的全部员工办理工伤保险,缴纳工伤保险费,并要求监理人及由发包人为履行合同聘请的第三方依法参加工伤保险。

承包人应依照法律规定参加工伤保险,并为其履行合同的全部员工办理工伤保险,缴纳工伤保险费,并要求分包人及由承包人为履行合同聘请的第三方依法参加工伤保险。

发包人和承包人可以为其施工现场的全部人员办理意外伤害保险并支付保险费,包括其员工及为履行合同聘请的第三方的人员,具体事项由合同当事人在专用合同条款中约定。

5.3.2 施工阶段主要内容

导读案例

某施工单位与建设单位签订了总价合同,在施工过程中发生了如下事件。

事件1:基础施工时,建设单位负责供应的混凝土预制桩供应不及时,使该工作延误4天。

事件2:建设单位因资金周转问题,未按时支付月进度款,承包商停工10天。

事件3:在主体施工期间,某施工单位与某材料供应商签订了室内隔墙板供应合同,在合同内约定,如供方不能按约定时间供货,每天赔偿订购方合同价0.05%的违约金。供货方因原材料问题未能按时供货,拖延8天。

事件4:施工单位根据合同工期要求,冬季继续施工。为保证施工质量采取了多项技术措施,由此造成额外费用开支共计20万元。

事件5:施工单位在安装设备时,因业主选定的设备供应商接线错误导致设备损坏,使施工单位安装调试工作延误5天,损失10万元。

以上各个事件中,根据合同条款应如何认定各方责任?

1. 进度控制条款内容

1) 暂停施工

(1) 发包人原因引起的暂停施工。其具体内容如下:

因发包人原因引起暂停施工的,监理人经发包人同意后,应及时下达暂停施工指示。

情况紧急且监理人未及时下达暂停施工指示的,按照"紧急情况下的暂停施工"执行。

因发包人原因引起的暂停施工,发包人应承担由此增加的费用和(或)延误的工期,并支付承包人合理的利润。

(2) 承包人原因引起的暂停施工。其具体内容如下:

因承包人原因引起的暂停施工,承包人应承担由此增加的费用和(或)延误的工期,且承包人在收到监理人复工指示后84天内仍未复工的,视为第16.2.1项[承包人违约的情形]第(7)目约定的承包人无法继续履行合同的情形。

(3) 指示暂停施工。其具体内容如下:

监理人认为有必要时,并经发包人批准后,可向承包人作出暂停施工的指示,承包人应按监理人指示暂停施工。

(4) 紧急情况下的暂停施工。其具体内容如下:

因紧急情况需暂停施工,且监理人未及时下达暂停施工指示的,承包人可先暂停施工,并及时通知监理人。监理人应在接到通知后24小时内发出指示,逾期未发出指示,视为同意承包人暂停施工。监理人不同意承包人暂停施工的,应说明理由,承包人对监理人的答复有异议的,按照第20条[争议解决]的约定处理。

(5) 暂停施工后的复工。其具体内容如下:

暂停施工后,发包人和承包人应采取有效措施积极消除暂停施工的影响。在工程复工前,监理人会同发包人和承包人确定因暂停施工造成的损失,并确定工程复工条件。当工程具备复工条件时,监理人应经发包人批准后向承包人发出复工通知,承包人应按照复工通知要求复工。

承包人无故拖延和拒绝复工的,承包人承担由此增加的费用和(或)延误的工期;因发包人原因无法按时复工的,按照第7.5.1项[因发包人原因导致工期延误]的约定办理。

(6) 暂停施工持续56天以上。其具体内容如下:

监理人发出暂停施工指示后56天内未向承包人发出复工通知,除该项停工属于第7.8.2项[承包人原因引起的暂停施工]及合同第17条[不可抗力]约定的情形外,承包人可向发包人提交书面通知,要求发包人在收到书面通知后28天内准许已暂停施工的部分或全部工程继续施工。发包人逾期不予批准的,则承包人可以通知发包人,将工程受影响的部分视为按第10.1款[变更的范围]第(2)项的可取消工作。

暂停施工持续84天以上不复工的,且不属于第7.8.2项[承包人原因引起的暂停施工]及第17条[不可抗力]约定的情形,并影响到整个工程以及合同目的实现的,承包人有权提出价格调整要求,或者解除合同。解除合同的,按照第16.1.3项[因发包人违约解除合同]执行。

2) 变更

除专用合同条款另有约定外,合同履行过程中发生以下情形的,应按照本条约定进行变更:

(1) 增加或减少合同中任何工作,或追加额外的工作。

(2) 取消合同中任何工作,但转由他人实施的工作除外。

(3) 改变合同中任何工作的质量标准或其他特性。

(4) 改变工程的基线、标高、位置和尺寸。

(5) 改变工程的时间安排或实施顺序。

发包人和监理人均可以提出变更。变更指示均通过监理人发出,监理人发出变更指示前应征得发包人同意。承包人收到经发包人签认的变更指示后,方可实施变更。未经许可,承包人不得擅自对工程的任何部分进行变更。

发包人提出变更的,应通过监理人向承包人发出变更指示,变更指示应说明计划变更的工程范围和变更的内容;监理人提出变更建议的,需要向发包人以书面形式提出变更计划,说明计划变更工程范围和变更的内容、理由,以及实施该变更对合同价格和工期的影响。发包人同意变更的,由监理人向承包人发出变更指示。发包人不同意变更的,监理人无权擅自发出变更指示。

承包人收到监理人下达的变更指示后,认为不能执行的,应立即提出不能执行该变更指示的理由。承包人认为可以执行变更的,应当书面说明实施该变更指示对合同价格和工期的影响。因变更引起工期变化的,合同当事人均可要求调整合同工期,由合同当事人按照合同条款并参考工程所在地的工期定额标准确定增减工期天数。

3) 工期延误

(1) 因发包人原因导致工期延误。在合同履行过程中,因下列情况导致工期延误和(或)费用增加的,由发包人承担由此延误的工期和(或)增加的费用,且发包人应支付承包人合理的利润。

① 发包人未能按合同约定提供图纸或所提供图纸不符合合同约定的。

② 发包人未能按合同约定提供施工现场、施工条件、基础资料、许可、批准等开工条件的。

③ 发包人提供的测量基准点、基准线和水准点及其书面资料存在错误或疏漏的。

④ 发包人未能在计划开工日期之日起 7 天内同意下达开工通知的。

⑤ 发包人未能按合同约定日期支付工程预付款、进度款或竣工结算款的。

⑥ 监理人未按合同约定发出指示、批准等文件的。

⑦ 专用合同条款中约定的其他情形。

因发包人原因未按计划开工日期开工的,发包人应按实际开工日期顺延竣工日期,确保实际工期不低于合同约定的工期总日历天数。因发包人原因导致工期延误需要修订施工进度计划的,按照合同第 7.2.2 项[施工进度计划的修订]执行。

(2) 因承包人原因导致工期延误。具体内容如下:

因承包人原因造成工期延误的,可以在专用合同条款中约定逾期竣工违约金的计算方法和逾期竣工违约金的上限。承包人支付逾期竣工违约金后,不免除承包人继续完成工程及修补缺陷的义务。

2. 质量控制主要内容

1) 测量放线

(1) 除专用合同条款另有约定外,发包人应在至迟不得晚于第 7.3.2 项[开工通知]载明的开工日期前 7 天通过监理人向承包人提供测量基准点、基准线和水准点及其书面资料。发包人应对其提供的测量基准点、基准线和水准点及其书面资料的真实性、准确性和完整性负责。

承包人发现发包人提供的测量基准点、基准线和水准点及其书面资料存在错误或疏漏的，应及时通知监理人。监理人应及时报告发包人，并会同发包人和承包人予以核实。发包人应就如何处理和是否继续施工作出决定，并通知监理人和承包人。

(2) 承包人负责施工过程中的全部施工测量放线工作，并配置具有相应资质的人员、合格的仪器、设备和其他物品。承包人应矫正工程的位置、标高、尺寸或准线中出现的任何差错，并对工程各部分的定位负责。

施工过程中对施工现场内水准点等测量标志物的保护工作由承包人负责。

2) 质量要求

(1) 工程质量标准必须符合现行国家有关工程施工质量验收规范和标准的要求。有关工程质量的特殊标准或要求由合同当事人在专用合同条款中约定。

(2) 因发包人原因造成工程质量未达到合同约定标准的，由发包人承担由此增加的费用和(或)延误的工期，并支付承包人合理的利润。

(3) 因承包人原因造成工程质量未达到合同约定标准的，发包人有权要求承包人返工直至工程质量达到合同约定的标准为止，并由承包人承担由此增加的费用和(或)延误的工期。

3) 施工过程中的检查和返工

承包人应按照法律规定和发包人的要求，对材料、工程设备以及工程的所有部位及其施工工艺进行全过程的质量检查和检验，并做详细记录，编制工程质量报表，报送监理人审查。此外，承包人还应按照法律规定和发包人的要求，进行施工现场取样试验、工程复核测量和设备性能检测，提供试验样品、提交试验报告和测量成果以及其他工作。

监理人按照法律规定和发包人授权对工程的所有部位及其施工工艺、材料和工程设备进行检查和检验。承包人应为监理人的检查和检验提供方便，包括监理人到施工现场，或制造、加工地点，或合同约定的其他地方进行察看和查阅施工原始记录。监理人为此进行的检查和检验，不免除或减轻承包人按照合同约定应当承担的责任。

监理人的检查和检验不应影响施工正常进行。监理人的检查和检验影响施工正常进行的，且经检查检验不合格的，影响正常施工的费用由承包人承担，工期不予顺延；经检查检验合格的，由此增加的费用和(或)延误的工期由发包人承担。

4) 隐蔽工程和中间验收

除专用合同条款另有约定外，工程隐蔽部位经承包人自检确认具备覆盖条件的，承包人应在共同检查前48小时书面通知监理人检查，通知中应载明隐蔽检查的内容、时间和地点，并应附有自检记录和必要的检查资料。

除专用合同条款另有约定外，监理人不能按时进行检查的，应在检查前24小时向承包人提交书面延期要求，但延期不能超过48小时，由此导致工期延误的，工期应予以顺延。监理人未按时进行检查，也未提出延期要求的，视为隐蔽工程检查合格，承包人可自行完成覆盖工作，并做相应记录报送监理人，监理人应签字确认。

5) 重新检验

无论监理人是否参加验收，当其提出对已经隐蔽的工程重新检验的要求时，承包人应按要求进行剥露或开孔，并在检验后重新覆盖或者修复。检验合格，发包人承担由此发生的全部追加合同价款，赔偿承包人损失，并相应顺延工期，支付承包人合理的利润。检验不合格，承包人承担发生的全部费用，工期不予顺延。

3. 施工阶段的造价控制

1) 计算工程量

工程量计量按照合同约定的工程量计算规则、图纸及变更指示等进行计量。工程量计算规则应以相关的国家标准、行业标准等为依据，由合同当事人在专用合同条款中约定。

2) 计量周期

除专用合同条款另有约定外，工程量的计量按月进行。监理人应在收到承包人提交的工程量报告后 7 天内完成对承包人提交的工程量报表的审核并报送发包人，以确定当月实际完成的工程量。

监理人未在收到承包人提交的工程量报表后的 7 天内完成审核的，承包人报送的工程量报告中的工程量视为承包人实际完成的工程量，据此计算工程价款。

3) 工程款支付

工程款支付包括 4 种形式：工程预付款、工程进度款、竣工结算款和保修金。其中工程预付款已在 5.3.1 节中说明。

工程进度款是在工程施工过程中分期支付的合同价款，一般按工程形象进度即实际完成工程量确定支付款额。

除专用合同条款另有约定外，监理人应在收到承包人进度付款申请单以及相关资料后 7 天内完成审查并报送发包人，发包人应在收到后 7 天内完成审批并签发进度款支付证书。发包人逾期未完成审批且未提出异议的，视为已签发进度款支付证书。

发包人应在进度款支付证书或临时进度款支付证书签发后 14 天内完成支付，发包人逾期支付进度款的，应按照中国人民银行发布的同期同类贷款基准利率支付违约金。

发包人签发进度款支付证书或临时进度款支付证书，不表明发包人已同意、批准或接受了承包人完成的相应部分的工作。

在对已签发的进度款支付证书进行阶段汇总和复核中发现错误、遗漏或重复的，发包人和承包人均有权提出修正申请。经发包人和承包人同意的修正，应在下期进度付款中支付或扣除。

4) 调价与变更价款

除专用合同条款另有约定外，变更估价按照本款约定处理。

① 已标价工程量清单或预算书有相同项目的，按照相同项目单价认定。

② 已标价工程量清单或预算书中无相同项目，但有类似项目的，参照类似项目的单价认定。

③ 变更导致实际完成的变更工程量与已标价工程量清单或预算书中列明的该项目工程量的变化幅度超过 15% 的，或已标价工程量清单或预算书中无相同项目及类似项目单价的，按照合理的成本与利润构成的原则，由合同当事人确定变更工作的单价。例如，如果估计工程量为 A，实际工程量为 B，合同约定相差范围为 S，调整系数为 d，原合同单价为 V。则，当实际工程量都在 $A\pm S$ 范围内，都是用原单价 V 计算。当实际工程量超出 $A\pm S$ 范围时，就要将工程量分为两个部分，使用两种单价：在 $A\pm S$ 范围内的用原价；用 Q 表示超出部分工程量的价格，并另行计算。

(1) 市场价格波动引起的调整。除专用合同条款另有约定外，市场价格波动超过合同当事人约定的范围，合同价格应当调整。合同当事人可以在专用合同条款中约定选择以下一种方式对合同价格进行调整。

第1种方式：采用价格指数进行价格调整。

因人工、材料和设备等价格波动影响合同价格时，根据专用合同条款中约定的数据，按式(5-1)计算差额并调整合同价格：

$$\Delta P = P_0 \left[A + \left(B_1 \times \frac{F_{t1}}{F_{01}} + B_2 \times \frac{F_{t2}}{F_{02}} + B_3 \times \frac{F_{t3}}{F_{03}} + \cdots + B_n \times \frac{F_{tn}}{F_{0n}} \right) - 1 \right] \tag{5-1}$$

式中：　　ΔP——需调整的价格差额。

P_0——约定的付款证书中承包人应得到的已完成工程量的金额。此项金额应不包括价格调整、不计质量保证金的扣留和支付、预付款的支付和扣回。约定的变更及其他金额已按现行价格计价的，也不计在内。

A——定值权重(即不调部分的权重)。

B_1、B_2、$B_3 \cdots B_n$——各可调因子的变值权重(即可调部分的权重)，为各可调因子在签约合同价中所占的比例。

F_{t1}、F_{t2}、$F_{t3} \cdots F_{tn}$——各可调因子的现行价格指数，指约定的付款证书相关周期最后一天的前42天的各可调因子的价格指数。

F_{01}、F_{02}、$F_{03} \cdots F_{0n}$——各可调因子的基本价格指数，指基准日期的各可调因子的价格指数。

以上价格调整公式中的各可调因子、定值和变值权重，以及基本价格指数及其来源在投标函附录价格指数和权重表中约定，非招标订立的合同，由合同当事人在专用合同条款中约定。价格指数应首先采用工程造价管理机构发布的价格指数，无前述价格指数时，可采用工程造价管理机构发布的价格代替。

因承包人原因未按期竣工的，对合同约定的竣工日期后继续施工的工程，在使用价格调整公式时，应采用计划竣工日期与实际竣工日期这两个价格指数中较低的一个作为现行价格指数。

第2种方式：采用造价信息进行价格调整。

合同履行期间，因人工、材料、工程设备和机械台班价格波动影响合同价格时，人工、机械使用费按照国家或省、自治区、直辖市建设行政管理部门、行业建设管理部门或其授权的工程造价管理机构发布的人工、机械使用费系数进行调整；需要进行价格调整的材料，其单价和采购数量应由发包人审批，发包人确认需调整的材料单价及数量，作为调整合同价格的依据。

① 人工单价发生变化且符合省级或行业建设主管部门发布的人工费调整规定的，合同当事人应按省级或行业建设主管部门或其授权的工程造价管理机构发布的人工费等文件调整合同价格，但承包人对人工费或人工单价的报价高于发布价格的除外。

② 材料、工程设备价格变化的价款调整按照发包人提供的基准价格，按以下风险范围规定执行。

a. 承包人在已标价工程量清单或预算书中载明材料单价低于基准价格的：除专用合同条款另有约定外，合同履行期间材料单价涨幅以基准价格为基础超过5%时，或材料单价跌幅以在已标价工程量清单或预算书中载明材料单价为基础超过5%时，其超过部分据实调整。

b. 承包人在已标价工程量清单或预算书中载明材料单价高于基准价格的：除专用合同

条款另有约定外，合同履行期间材料单价跌幅以基准价格为基础超过 5%时，材料单价涨幅以在已标价工程量清单或预算书中载明材料单价为基础超过 5%时，其超过部分据实调整。

c. 承包人在已标价工程量清单或预算书中载明材料单价等于基准价格的：除专用合同条款另有约定外，合同履行期间材料单价涨跌幅以基准价格为基础超过±5%时，其超过部分据实调整。

d. 承包人应在采购材料前将采购数量和新的材料单价报发包人核对，发包人确认用于工程时，发包人应确认采购材料的数量和单价。发包人在收到承包人报送的确认资料后 5 天内不予答复的视为认可，作为调整合同价格的依据。未经发包人事先核对，承包人自行采购材料的，发包人有权不予调整合同价格。发包人同意的，可以调整合同价格。

前述基准价格是指由发包人在招标文件或专用合同条款中给定的材料、工程设备的价格，该价格原则上应当按照省级或行业建设主管部门或其授权的工程造价管理机构发布的信息价编制。

③ 施工机械台班单价或施工机械使用费发生变化超过省级或行业建设主管部门或其授权的工程造价管理机构规定的范围时，按规定调整合同价格。

第 3 种方式：专用合同条款约定的其他方式。

(2) 法律变化引起的调整。基准日期后，法律变化导致承包人在合同履行过程中所需要的费用发生除上述"市场价格波动引起的调整"约定以外的增加时，由发包人承担由此增加的费用；减少时，应从合同价格中予以扣减。基准日期后，因法律变化造成工期延误时，工期应予以顺延。

因法律变化引起的合同价格和工期调整，合同当事人无法达成一致的，由总监理工程师按合同约定处理。

因承包人原因造成工期延误，在工期延误期间出现法律变化的，由此增加的费用和(或)延误的工期由承包人承担。

【例 5-2】某建安工程施工合同，合同总价 600 万元，其中 78 万元的主材由业主直接供应，合同工期 7 个月。合同规定如下：

(1) 业主向承包商支付合同价 25%的预付工程款。

(2) 预付工程款应从未施工工程尚需的主材价值相当于预付工程款时起扣，每月以抵冲工程款的方式陆续扣回，主材费比重按 62.5%考虑。

(3) 业主每月从给承包人的工程进度款中按 2.5%的金额比例扣留保修金，通过竣工验收后结算。

(4) 由业主直接供应的主材款在发生当月的工程款中扣回。

(5) 每月付款证书签发的最低限额为 50 万元。

第 1 个月主要是完成土石方工程的施工，由于施工条件复杂，土方工程量较预期发生了较大的变化，合同规定实际工程量超过或少于估计工程量15%以上时，单价乘以系数 0.9 或 1.05。

经工程师确认如下：

(1) 承包人在第一个月完成土方工程量 3300m^3，而投标时给出的工程量为 2800m^3，单价 80 元/m^3。

(2) 其他各月实际完成的工程量及业主提供的主材价值见表 5-1。

表 5-1 各月实际完成的工程量及业主提供的主材价值

月　份	1	2	3	4	5	6	7
实际完成产值/万元	?	90	110	100	100	80	70
业主供应的主材价值/万元	/	18	20	/	/	30	/

问题：

(1) 第一个月土方工程实际工程进度款为多少万元？
(2) 该工程预付工程款是多少万元？预付工程款从第几个月开始起扣？
(3) 1~7 月工程师应签发的工程款为多少？应签发付款证书金额是多少？
(4) 竣工结算时，工程师应签发付款证书为多少万元？

案例分析

问题(1)：

超过估计工程量的 15% 为 $2800m^3 \times (1+15\%) = 3220m^3$

则第一个月工程进度款 $= [3220 \times 80+(3300-3220) \times 80 \times 0.9]$万元 $= 26.34$ 万元

问题(2)：

① 预付工程款金额 $= 600$ 万元 $\times 25\% = 150$ 万元

② 预付工程款起扣点 $= (600-150 \div 62.5\%)$万元 $= 360$ 万元

③ 开始起扣的时间为第 5 个月：

$(26.34+90+110+100+100)$万元 $= 426.34$ 万元 > 360 万元

问题(3)：

每个月的付款数额如下。

1 月应签证的工程款：26.34 万元 $\times (1-2.5\%) = 25.68$ 万元

应签发的付款凭证金额：25.68 万元 < 50 万元，不签发。

2 月应签证工程款：90 万元 $\times (1-2.5\%) = 87.75$ 万元

应签发的付款凭证金额：$(87.75-18+25.68)$万元 $= 95.43$ 万元

3 月应签证工程款：110 万元 $\times (1-2.5\%) = 107.25$ 万元

应签发的付款凭证金额：$(107.25-20)$万元 $= 87.25$ 万元

4 月应签证工程款：100 万元 $\times (1-2.5\%) = 97.5$ 万元

应签发的付款凭证金额：97.5 万元

5 月应签证工程款：100 万元 $\times (1-2.5\%) = 97.5$ 万元

本月应扣预付款：$(426.34-360)$万元 $\times 62.5\% = 41.46$ 万元

应签发的付款凭证金额：$(97.5-41.46)$万元 $= 56.04$ 万元

6 月应签证的工程款：80 万元 $\times (1-2.5\%) = 78$ 万元

本月应扣预付款：80 万元 $\times 62.5\% = 50$ 万元

应签发的付款凭证金额：$(78-50-30)$万元 $= -2$ 万元，不签发

7 月应签证的工程款：70 万元 $\times (1-2.5\%) = 68.25$ 万元

本月应扣预付款：$(150-41.46-50)$万元 $= 58.54$ 万元

应签发的付款凭证金额：(68.25−58.54−2)万元 = 7.71 万元，不签发

问题(4)：

竣工结算时，应签发付款凭证金额为[7.71+(26.34+550)×2.5%]万元 = 22.12 万元

导读案例回放

事件 1：由于建设单位单位材料供应不及时造成的工期延误，应给予施工单位工期补偿 4 天并承担相应费用。

事件 2：业主未能支付工程款造成的停工，必须给予施工单位 10 天的工期补偿和费用损失补偿，拖欠的工程款按合同约定支付并支付利息。

事件 3：应由材料供应商支付违约金，而延误的工期和增加的费用由施工单位自己承担。

事件 4：施工单位应自行承担责任。冬季施工措施费用已包含在合同价款内。

事件 5：应由业主承担工期延误和 10 万元费用损失的责任。业主分别与施工单位和设备供应商签订了合同，但是施工单位与设备供应商之间不存在合同关系，无权向设备供应商提出索赔，而应向业主提出此项索赔。

5.3.3 竣工阶段主要内容

导读案例

某建筑公司与某医院签订一施工合同，明确承包人保质、保量、保工期完成发包人的门诊楼施工任务。工程竣工后，承包人向发包人提交了竣工报告，发包人认为工程质量好，双方合作愉快，为了不影响病人就医，没有组织验收即直接投入使用。但在使用过程中发现门诊楼卫生间漏水，遂要求承包人维修。承包人则认为工程未经验收便提前使用，出现质量问题，承包商不再承担责任。依据合同条款及法律法规，该质量问题的责任应由谁来承担？工程未经验收，发包人提前使用，可否视为工程已交付，承包人不再承担责任？

在竣工验收阶段，承包人要完成工程扫尾工作，监理人协调竣工验收中的各方关系，组织好竣工验收工作。

1. 进度控制主要内容

1) 竣工验收的程序

除专用合同条款另有约定外，承包人申请竣工验收的，应当按照以下程序进行。

(1) 承包人向监理人报送竣工验收申请报告，监理人应在收到竣工验收申请报告后 14 天内完成审查并报送发包人。监理人审查后认为尚不具备验收条件的，应通知承包人在竣工验收前承包人还需完成的工作内容，承包人应在完成监理人通知的全部工作内容后，再次提交竣工验收申请报告。

(2) 监理人审查后认为已具备竣工验收条件的，应将竣工验收申请报告提交发包人，发包人应在收到经监理人审核的竣工验收申请报告后 28 天内审批完毕并组织监理人、承包人、设计人等相关单位完成竣工验收。

(3) 竣工验收合格的，发包人应在验收合格后 14 天内向承包人签发工程接收证书。发包人无正当理由逾期不颁发工程接收证书的，自验收合格后第 15 天起视为已颁发工程接收证书。

(4) 竣工验收不合格的，监理人应按照验收意见发出指示，要求承包人对不合格工程返工、修复或采取其他补救措施，由此增加的费用和(或)延误的工期由承包人承担。承包人在完成不合格工程的返工、修复或采取其他补救措施后，应重新提交竣工验收申请报告，并按本项约定的程序重新进行验收。

(5) 工程未经验收或验收不合格，发包人擅自使用的，应在转移占有工程后 7 天内向承包人颁发工程接收证书；发包人无正当理由逾期不颁发工程接收证书的，自转移占有后第 15 天起视为已颁发工程接收证书。

除专用合同条款另有约定外，发包人不按照本项约定组织竣工验收、颁发工程接收证书的，每逾期一天，应以签约合同价为基数，按照中国人民银行发布的同期同类贷款基准利率支付违约金。

2) 竣工日期

工程经竣工验收合格的，以承包人提交竣工验收申请报告之日为实际竣工日期，并在工程接收证书中载明；因发包人原因，未在监理人收到承包人提交的竣工验收申请报告 42 天内完成竣工验收，或完成竣工验收不予签发工程接收证书的，以提交竣工验收申请报告的日期为实际竣工日期；工程未经竣工验收，发包人擅自使用的，以转移占有工程之日为实际竣工日期。

3) 拒绝接收全部或部分工程

对于竣工验收不合格的工程，承包人完成整改后，应当重新进行竣工验收，经重新组织验收仍不合格的且无法采取措施补救的，则发包人可以拒绝接收不合格工程。因不合格工程导致其他工程不能正常使用的，承包人应采取措施确保相关工程的正常使用，由此增加的费用和(或)延误的工期由承包人承担。

除专用合同条款另有约定外，合同当事人应当在颁发工程接收证书后 7 天内完成工程的移交。

发包人无正当理由不接收工程的，发包人自应当接收工程之日起，承担工程照管、成品保护、保管等与工程有关的各项费用，合同当事人可以在专用合同条款中另行约定发包人逾期接收工程的违约责任。

4) 发包人要求提前竣工

发包人需要在工程竣工前使用单位工程的，或承包人提出提前交付已经竣工的单位工程且经发包人同意的，可进行单位工程验收，验收的程序按照上述"竣工验收"的约定进行。

验收合格后，由监理人向承包人出具经发包人签认的单位工程接收证书。已签发单位工程接收证书的单位工程由发包人负责照管。单位工程的验收成果和结论作为整体工程竣工验收申请报告的附件。

发包人要求在工程竣工前交付单位工程，由此导致承包人费用增加和(或)工期延误的，由发包人承担由此增加的费用和(或)延误的工期，并支付承包人合理的利润。

2. 质量控制主要内容

1) 竣工工程必须符合的基本要求

工程具备以下条件的，承包人可以申请竣工验收。

(1) 除发包人同意的甩项工作和缺陷修补工作外，合同范围内的全部工程以及有关工作，包括合同要求的试验、试运行以及检验均已完成，并符合合同要求。

(2) 已按合同约定编制了甩项工作和缺陷修补工作清单以及相应的施工计划。

(3) 已按合同约定的内容和份数备齐竣工资料。

2) 保修责任

在工程移交发包人后，因承包人原因产生的质量缺陷，承包人应承担质量缺陷责任和保修义务。缺陷责任期届满，承包人仍应按合同约定的工程各部位保修年限承担保修义务。

工程保修期从工程竣工验收合格之日起算，具体分部分项工程的保修期由合同当事人在专用合同条款中约定，但不得低于法定最低保修年限。在工程保修期内，承包人应当根据有关法律规定以及合同约定承担保修责任。

发包人未经竣工验收擅自使用工程的，保修期自转移占有之日起算。

(1) 缺陷责任期。其具体内容如下：

① 缺陷责任期自实际竣工日期起计算，合同当事人应在专用合同条款约定缺陷责任期的具体期限，但该期限最长不超过 24 个月。

单位工程先于全部工程进行验收，经验收合格并交付使用的，该单位工程缺陷责任期自单位工程验收合格之日起算。因发包人原因导致工程无法按合同约定期限进行竣工验收的，缺陷责任期自承包人提交竣工验收申请报告之日起开始计算；发包人未经竣工验收擅自使用工程的，缺陷责任期自工程转移占有之日起开始计算。

② 工程竣工验收合格后，因承包人原因导致的缺陷或损坏致使工程、单位工程或某项主要设备不能按原定目的使用的，则发包人有权要求承包人延长缺陷责任期，并应在原缺陷责任期届满前发出延长通知，但缺陷责任期最长不能超过 24 个月。

③ 任何一项缺陷或损坏修复后，经检查证明其影响了工程或工程设备的使用性能，承包人应重新进行合同约定的试验和试运行，试验和试运行的全部费用应由责任方承担。

④ 除专用合同条款另有约定外，承包人应于缺陷责任期届满后 7 天内向发包人发出缺陷责任期届满通知，发包人应在收到缺陷责任期届满通知后 14 天内核实承包人是否履行缺陷修复义务，承包人未能履行缺陷修复义务的，发包人有权扣除相应金额的维修费用。发包人应在收到缺陷责任期届满通知后 14 天内，向承包人颁发缺陷责任期终止证书。

(2) 工程质量保修范围和内容。质量保修范围包括地基基础工程、主体结构工程、屋面防水工程和双方约定的其他土建工程，以及电气管线、上下水管线的安装工程，供热、供冷系统工程项目。工程质量保修的内容由当事人在合同中约定。

(3) 质量保修期。质量保修期从工程竣工验收合格之日算起。分单项竣工验收的工程，按单项工程分别计算质量保修期。

合同双方可以根据国家有关规定，结合具体工程约定质量保修期，但双方的约定不得低于国家规定的最低质量保修期。国务院颁布的《建设工程质量管理条例》第四十条明确规定，在正常使用条件下，建设工程的最低保修期限如下：

① 基础设施工程、房屋建筑的地基基础工程和主体结构工程，为设计文件规定的该工程的合理使用年限。

② 屋面防水工程、有防水要求的卫生间、房间和外墙面的防渗漏，为 5 年。

③ 供热与供冷系统，为 2 个采暖期、供冷期。

④ 电气管线、给排水管道、设备安装和装修工程，为 2 年。

其他项目的保修期限由发包方与承包方约定。建设工程的保修期，自竣工验收合格之日起计算。

3. 造价控制主要内容

在建设工程施工中，由于设计图纸变更或现场签订变更通知单，而造成施工图预算变化和调整，工程竣工时，最后一次的施工图调整预算，便是建设工程的竣工结算。工程竣工结算一般由施工单位编制，建设单位审核同意后，按合同规定签章认可。

1) 竣工结算申请

除专用合同条款另有约定外，承包人应在工程竣工验收合格后 28 天内向发包人和监理人提交竣工结算申请单，并提交完整的结算资料，有关竣工结算申请单的资料清单和份数等要求由合同当事人在专用合同条款中约定。竣工结算申请单应包括以下内容：

(1) 竣工结算合同价格。

(2) 发包人已支付承包人的款项。

(3) 应扣留的质量保证金。

(4) 发包人应支付承包人的合同价款。

2) 竣工结算审核

(1) 除专用合同条款另有约定外，监理人应在收到竣工结算申请单后 14 天内完成核查并报送发包人。发包人应在收到监理人提交的经审核的竣工结算申请单后 14 天内完成审批，并由监理人向承包人签发经发包人签认的竣工付款证书。监理人或发包人对竣工结算申请单有异议的，有权要求承包人进行修正和提供补充资料，承包人应提交修正后的竣工结算申请单。

发包人在收到承包人提交的竣工结算申请书后 28 天内未完成审批且未提出异议的，视为发包人认可承包人提交的竣工结算申请单，并自发包人收到承包人提交的竣工结算申请单后第 29 天起视为已签发竣工付款证书。

(2) 除专用合同条款另有约定外，发包人应在签发竣工付款证书后的 14 天内，完成对承包人的竣工付款。发包人逾期支付的，按照中国人民银行发布的同期同类贷款基准利率支付违约金；逾期支付超过 56 天的，按照中国人民银行发布的同期同类贷款基准利率的两倍支付违约金。

(3) 承包人对发包人签认的竣工付款证书有异议的，对于有异议部分应在收到发包人签认的竣工付款证书后 7 天内提出异议，并由合同当事人按照专用合同条款约定的方式和程序进行复核，或按照合同的"争议解决"约定处理。对于无异议部分，发包人应签发临时竣工付款证书，并按本款第(2)项完成付款。承包人逾期未提出异议的，视为认可发包人的审批结果。

3) 甩项竣工协议

发包人要求甩项竣工的，合同当事人应签订甩项竣工协议。在甩项竣工协议中应明确，合同当事人按照上述竣工结算申请竣工结算审核的约定，对已完合格工程进行结算，并支付相应合同价款。

4) 最终结清

(1) 最终结清申请单。其具体内容如下：

① 除专用合同条款另有约定外，承包人应在缺陷责任期终止证书颁发后 7 天内，按专用合同条款约定的份数向发包人提交最终结清申请单，并提供相关证明材料。

除专用合同条款另有约定外，最终结清申请单应列明质量保证金、应扣除的质量保证金、缺陷责任期内发生的增减费用。

② 发包人对最终结清申请单内容有异议的，有权要求承包人进行修正和提供补充资料，承包人应向发包人提交修正后的最终结清申请单。

(2) 最终结清证书和支付。其具体内容如下：

① 除专用合同条款另有约定外，发包人应在收到承包人提交的最终结清申请单后 14 天内完成审批并向承包人颁发最终结清证书。发包人逾期未完成审批，又未提出修改意见的，视为发包人同意承包人提交的最终结清申请单，且自发包人收到承包人提交的最终结清申请单后 15 天起视为已颁发最终结清证书。

② 除专用合同条款另有约定外，发包人应在颁发最终结清证书后 7 天内完成支付。发包人逾期支付的，按照中国人民银行发布的同期同类贷款基准利率支付违约金；逾期支付超过 56 天的，按照中国人民银行发布的同期同类贷款基准利率的两倍支付违约金。

③ 承包人对发包人颁发的最终结清证书有异议的，按第 20 条 [争议解决] 的约定办理。

5) 质量保证金

经合同当事人协商一致扣留质量保证金的，应在专用合同条款中予以明确。

(1) 承包人提供质量保证金的方式。承包人提供质量保证金有以下三种方式：

① 质量保证金保函。

② 相应比例的工程款。

③ 双方约定的其他方式。

除专用合同条款另有约定外，质量保证金原则上采用上述第①种方式。

(2) 质量保证金的扣留。质量保证金的扣留有以下三种方式：

① 在支付工程进度款时逐次扣留，在此情形下，质量保证金的计算基数不包括预付款的支付、扣回以及价格调整的金额。

② 工程竣工结算时一次性扣留质量保证金。

③ 双方约定的其他扣留方式。

除专用合同条款另有约定外，质量保证金的扣留原则上采用上述第①种方式。

发包人累计扣留的质量保证金不得超过结算合同价格的 5%，如承包人在发包人签发竣工付款证书后 28 天内提交质量保证金保函，发包人应同时退还扣留的质量保证金。

(3) 质量保证金的退还。发包人应按合同中"最终结清"的约定退还质量保证金。

导读案例回放

(1) 由于发包人没有验收即使用该工程，基础、主体工程之外的质量问题的责任由发包人承担。

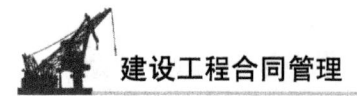

(2) 工程未经验收发包人提前使用，可视为发包人已接收该项工程，根据最高人民法院的司法解释，承包人对基础工程、主体工程承担民事责任。

5.4 建设工程施工合同管理

在市场经济条件下，建设市场主体之间相互的权利义务关系主要是通过合同确立的，因此，在建设领域加强对施工合同的管理具有十分重要的意义。

建设工程施工合同的监督管理，是指各级工商行政管理部门、建设行政主管部门和金融机构依据法律和行政法规、规章制度，采取法律的、行政的手段，对施工合同关系进行组织、指导、协调及监督，保护施工合同当事人的合法权益，调解施工合同纠纷，防止和制裁违法行为，保证施工合同法规的贯彻实施。各级工商行政管理部门、建设行政主管部门和金融机构对合同的监督侧重于宏观的依法监督。此外，合同双方的上级主管部门、仲裁机构或人民法院、税务部门、审计部门及合同公证鉴证机关等也从不同角度对施工合同进行监督管理。

5.4.1 工程分包与转包

合同示范文本第 3.5 条规定：承包人不得将其承包的全部工程转包给第三人，或将其承包的全部工程肢解后以分包的名义转包给第三人。承包人不得将工程主体结构、关键性工作及专用合同条款中禁止分包的专业工程分包给第三人，主体结构、关键性工作的范围由合同当事人按照法律规定在专用合同条款中予以明确。

承包人不得以劳务分包的名义转包或违法分包工程。

《建筑法》第二十八条规定：禁止承包单位将其承包的全部建筑工程转包给他人，禁止承包单位将其承包的全部建筑工程肢解以后以分包的名义分别转包给他人。《建筑法》第二十九条规定：建筑工程总承包单位可以将承包工程中的部分工程发包给具有相应资质条件的分包单位；但是，除总承包合同中约定的分包外，必须经建设单位认可。实行施工总承包的，建筑工程主体结构的施工必须由总承包单位自行完成。建筑工程总承包单位按照总承包合同的约定对建设单位负责；分包单位按照分包合同的约定对总承包单位负责。总承包单位和分包单位就分包工程对建设单位承担连带责任。禁止总承包单位将工程分包给不具备相应资质条件的单位。禁止分包单位将其承包的工程再次分包。

5.4.2 不可抗力

不可抗力是指合同当事人在签订合同时不可预见，在合同履行过程中不可避免且不能克服的自然灾害和社会性突发事件，如地震、海啸、瘟疫、骚乱、戒严、暴动、战争和专用合同条款中约定的其他情形。

不可抗力发生后，发包人和承包人应收集证明不可抗力发生及不可抗力造成损失的证据，并及时认真统计所造成的损失。合同当事人对是否属于不可抗力或其损失的意见不一致的，由监理人按第 4.4 款［商定或确定］的约定处理。发生争议时，按第二十条［争议解决］的约定处理。

不可抗力持续发生的，合同一方当事人应及时向合同另一方当事人和监理人提交中间报告，说明不可抗力和履行合同受阻的情况，并于不可抗力事件结束后 28 天内提交最终报告及有关资料。

不可抗力引起的后果及造成的损失由合同当事人按照法律规定及合同约定各自承担。不可抗力发生前已完成的工程应当按照合同约定进行计量支付。

1) 不可抗力导致的人员伤亡、财产损失、费用增加和(或)工期延误等后果，由合同当事人按以下原则承担

(1) 永久工程、已运至施工现场的材料和工程设备的损坏，以及因工程损坏造成的第三人人员伤亡和财产损失由发包人承担。

(2) 承包人施工设备的损坏由承包人承担。

(3) 发包人和承包人承担各自人员伤亡和财产的损失。

(4) 因不可抗力影响承包人履行合同约定的义务，已经引起或将引起工期延误的，应当顺延工期，由此导致承包人停工的费用损失由发包人和承包人合理分担，停工期间必须支付的工人工资由发包人承担。

(5) 因不可抗力引起或将引起工期延误，发包人要求赶工的，由此增加的赶工费用由发包人承担。

(6) 承包人在停工期间按照发包人要求照管、清理和修复工程的费用由发包人承担。

不可抗力发生后，合同当事人均应采取措施尽量避免和减少损失的扩大，任何一方当事人没有采取有效措施导致损失扩大的，应对扩大的损失承担责任。

因合同一方迟延履行合同义务，在迟延履行期间遭遇不可抗力的，不免除其违约责任。

2) 因不可抗力解除合同

因不可抗力导致合同无法履行连续超过 84 天或累计超过 140 天的，发包人和承包人均有权解除合同。合同解除后，由双方当事人按照第 4.4 款［商定或确定］商定或确定发包人应支付的款项，该款项包括以下内容：

(1) 合同解除前承包人已完成工作的价款。

(2) 承包人为工程订购的并已交付给承包人，或承包人有责任接受交付的材料、工程设备和其他物品的价款。

(3) 发包人要求承包人退货或解除订货合同而产生的费用，或因不能退货或解除合同而产生的损失。

(4) 承包人撤离施工现场以及遣散承包人人员的费用。

(5) 按照合同约定在合同解除前应支付给承包人的其他款项。

(6) 扣减承包人按照合同约定应向发包人支付的款项。

(7) 双方商定或确定的其他款项。

除专用合同条款另有约定外，合同解除后，发包人应在商定或确定上述款项后 28 天内完成上述款项的支付。

5.4.3 索赔

1. 承包人的索赔

1) 索赔程序

根据合同约定，承包人认为有权得到追加付款和(或)延长工期的，应按以下程序向发

包人提出索赔。

(1) 承包人应在知道或应当知道索赔事件发生后 28 天内，向监理人递交索赔意向通知书，并说明发生索赔事件的事由；承包人未在前述 28 天内发出索赔意向通知书的，丧失要求追加付款和(或)延长工期的权利。

(2) 承包人应在发出索赔意向通知书后 28 天内，向监理人正式递交索赔报告；索赔报告应详细说明索赔理由以及要求追加的付款金额和(或)延长的工期，并附必要的记录和证明材料。

(3) 索赔事件具有持续影响的，承包人应按合理时间间隔继续递交延续索赔通知，说明持续影响的实际情况和记录，列出累计的追加付款金额和(或)工期延长天数。

(4) 在索赔事件影响结束后 28 天内，承包人应向监理人递交最终索赔报告，说明最终要求索赔的追加付款金额和(或)延长的工期，并附必要的记录和证明材料。

2) 对承包人索赔的处理

对承包人索赔的处理如下：

(1) 监理人应在收到索赔报告后 14 天内完成审查并报送发包人。监理人对索赔报告存在异议的，有权要求承包人提交全部原始记录的副本。

(2) 发包人应在监理人收到索赔报告或有关索赔的进一步证明材料后的 28 天内，由监理人向承包人出具经发包人签认的索赔处理结果。发包人逾期答复的，则视为认可承包人的索赔要求。

(3) 承包人接受索赔处理结果的，索赔款项在当期进度款中进行支付；承包人不接受索赔处理结果的，按照第二十条［争议解决］约定处理。

2. 发包人的索赔

1) 索赔程序

根据合同约定，发包人认为有权得到赔付金额和(或)延长缺陷责任期的，监理人应向承包人发出通知并附有详细的证明。

发包人应在知道或应当知道索赔事件发生后 28 天内通过监理人向承包人提出索赔意向通知书，发包人未在前述 28 天内发出索赔意向通知书的，丧失要求赔付金额和(或)延长缺陷责任期的权利。发包人应在发出索赔意向通知书后 28 天内，通过监理人向承包人正式递交索赔报告。

2) 对发包人索赔的处理

对发包人索赔的处理如下：

(1) 承包人收到发包人提交的索赔报告后，应及时审查索赔报告的内容、查验发包人证明材料。

(2) 承包人应在收到索赔报告或有关索赔的进一步证明材料后 28 天内，将索赔处理结果答复发包人。如果承包人未在上述期限内作出答复，则视为对发包人索赔要求的认可。

(3) 承包人接受索赔处理结果的，发包人可从应支付给承包人的合同价款中扣除赔付的金额或延长缺陷责任期；发包人不接受索赔处理结果的，按第二十条［争议解决］的约定处理。

5.4.4 合同争议解决

合同当事人可以就争议自行和解,自行和解达成协议的经双方签字并盖章后作为合同补充文件,双方均应遵照执行。

1) 调解

合同当事人可以就争议请求建设行政主管部门、行业协会或其他第三方进行调解,调解达成协议的,经双方签字并盖章后作为合同补充文件,双方均应遵照执行。

2) 争议评审

合同当事人在专用合同条款中约定采取争议评审方式解决争议以及评审规则,并按下列约定执行。

合同当事人可以共同选择一名或三名争议评审员,组成争议评审小组。除专用合同条款另有约定外,合同当事人应当自合同签订后28天内,或者争议发生后14天内,选定争议评审员。

选择一名争议评审员的,由合同当事人共同确定;选择三名争议评审员的,各自选定一名,第三名成员为首席争议评审员,由合同当事人共同确定或由合同当事人委托已选定的争议评审员共同确定,或由专用合同条款约定的评审机构指定第三名首席争议评审员。

除专用合同条款另有约定外,评审员报酬由发包人和承包人各承担一半。

合同当事人可在任何时间将与合同有关的任何争议共同提请争议评审小组进行评审。争议评审小组应秉持客观、公正原则,充分听取合同当事人的意见,依据相关法律、规范、标准、案例经验及商业惯例等,自收到争议评审申请报告后14天内作出书面决定,并说明理由。合同当事人可以在专用合同条款中对本项事项另行约定。

争议评审小组作出的书面决定经合同当事人签字确认后,对双方具有约束力,双方应遵照执行。

任何一方当事人不接受争议评审小组决定或不履行争议评审小组决定的,双方可选择采用其他争议解决方式。

3) 仲裁或诉讼

因合同及合同有关事项产生的争议,合同当事人可以在专用合同条款中约定以下一种方式解决争议。

(1) 向约定的仲裁委员会申请仲裁。
(2) 向有管辖权的人民法院提起诉讼。

【例5-3】房屋开发公司与某建筑公司于2013年5月5日签订了一份建设工程承包合同。合同规定:工程项目为5层公寓楼,建筑面积为$4247.4m^2$,总造价300万元;2013年5月20日开工,同年12月25日竣工;合同生效后10日内预付30万元的材料款,工程竣工后办理竣工结算;工程按施工图及国家施工、验收规范施工,执行国家质量强制性标准。房屋开发公司按进度先后支付工程款共计200万元,在工程竣工验收时又付款22万元,尚欠48万元。房屋开发公司在2014年4月6日与建筑公司签订补充付款协议,表示分期给付工程欠款。2014年7月房屋开发公司被某集团公司兼并。同年9月,集团公司在报纸上刊登启事,通知与原房屋开发公司有业务联系者,见报后一个月内来集团公司办理有关手续,过期不予办理。同年12月建筑公司持欠条向集团公司要款,集团公司以原房屋开发公司的账上无此款反映,要款已超过报上规定的时间为由拒付此款。建筑公司遂向法院起诉，请求集团公司支付欠款和银行利息。法院判决集团公司偿还建筑公司工程欠款 48 万元及利息。

案例分析

《合同法》第二百八十六条规定："发包人未按照约定支付价款的，承包人可以催告发包人在合理期限内支付价款。发包人逾期不支付的，除按照建设工程的性质不宜折价、拍卖的以外，承包人可以与发包人协议将该工程折价，也可以申请人民法院将该工程依法拍卖。建设工程的价款就该工程折价或者拍卖的价款优先受偿。"

建设工程竣工后，支付工程价款是发包人的主要义务。承包人履行了合同条款规定的义务后，就有权按工程进度并凭施工过程中发包人代表的签证收取工程价款。发包人应根据合同约定支付工程价款。

工程价款的支付一般分为预付款、中间结算(或工程进度款)和竣工决算三部分。按中国人民建设银行颁布的《基本建设工程造价结算办法》的规定，工程开工前，发包人应按施工工作量的一定比例预付工程备料款；工程开工后，凭"工程价款结算账单"和"已完工程月报表"并经中国人民建设银行审查后支付，但连同备料款和工程款在内不得超过工程造价的95%，其余5%的尾款，待工程竣工验收后，按竣工结算一次结算。

如果在建设工程竣工后，发包人没有按照合同约定的时间、期限、数额支付工程价款，根据的《合同法》第二百八十六条的规定，首先，承包人可以催告发包人在合理期限内支付。其次，如果发包人在承包人催告的"合理期限"内未支付，此时，承包人可以选择两种救济方法：一是与发包人协议将竣工工程折价，二是请人民法院将竣工工程依法拍卖。承包人可就该工程折价款或者拍卖所得优先受偿，这是《合同法》为保护承包人合法权益，而专门设定的法定抵押权。

在本案例中，房屋开发公司与建筑公司签订建设工程承包合同，双方均具有签约主体资格，且内容合法，意思表示真实，依法应确认为有效合同。工程竣工后，双方验收结算，明确了工程价款，房屋开发公司扣除预付款 30 万元，工程进度款 200 万元，竣工后支付工程款 22 万元，还应向建筑公司支付余款 48 万元。2014 年 4 月 6 日，房屋开发公司又书面表示分期给付欠款。房屋开发公司拖欠建筑公司的工程款本应由房屋开发公司承担法律责任，但该公司已被集团公司兼并，其债权债务应由集团公司承担，集团公司拒绝付款无法律依据，建筑公司可与集团公司协议将该工程折价以支付工程价款，也可以直接申请人民法院将该工程依法拍卖，建筑公司可就该工程折价或者拍卖的价款优先受偿。

本 章 小 结

> 本章主要介绍了施工合同的概念、作用、类别，并按照施工准备阶段、施工阶段和竣工验收阶段顺序详细介绍了《建设工程施工合同(示范文本)》(GF—2013—0201)中涉及质量、进度和造价管理条款的主要内容，并对分包、不可抗力、索赔、争议解决等管理性内容做了详细介绍。结合本章内容列举了相关案例并进行分析，为教与学提供了丰富资料。

阅读材料指引

(1)《建设工程施工合同(示范文本)》(GF—2013—0201)。
(2)《最高人民法院关于审理建设工程施工合同纠纷案件适用法律问题的解释》(法释[2004]14号)。
(3)《建设工程质量保证金管理暂行办法》(建质[2005]7号)。

习　　题

一、单选题

1. 作为施工单位，采用(　　)形式，可最大限度地减少风险。
   A. 固定总价合同　　　　　　　B. 计量单价合同
   C. 单价合同　　　　　　　　　D. 成本加酬金合同

2.《建设工程施工合同(示范文本)》的附件不包括(　　)。
   A. 协议书　　　　　　　　　　B. 承包人承揽工程项目一览表
   C. 工程质量保修书　　　　　　D. 发包人供应材料设备一览表

3. 某混凝土浇筑工程，估算工程量 12000m³，合同规定综合单价 350 元/m³，实际工程量超过估计工程量的 10%时将单价调整为 320 元/m³。该工程完成时的实际混凝土浇筑量为 15000m³，则实际结算的工程价款为(　　)万元。
   A. 525　　　　B. 519.6　　　　C. 516　　　　D. 480

4. 在施工过程中，工程师发现经检验合格的工程仍存在质量问题，则修复该部分工程质量缺陷的责任应由(　　)。
   A. 发包人承担费用和顺延工期
   B. 承包人承担费用，工期予以顺延
   C. 承包人承担费用，工期不予顺延
   D. 工程师承担费用，工期予以顺延

5. 某工程合同总额 600 万元，主要材料及构件价值占合同总额的 60%，预付备料款限额 25%，则预付备料款应为(　　)万元。
   A. 150　　　　B. 360　　　　C. 250　　　　D. 90

6. 由于不可抗力的发生，造成(　　)，由发包人承担费用。
   A. 承包人员伤亡　　　　　　　B. 承包人机械设备及仓库的材料损失
   C. 承包人停工损失　　　　　　D. 以上均不对

7. 按照承包工程计价方式分类不包括(　　)。
   A. 总价合同　　　　　　　　　B. 单价合同
   C. 成本加酬金合同　　　　　　D. 预算合同

8. 以下不是建设工程合同的最基本要素的是(　　)。
   A. 标的　　　　　　　　　　　B. 主体
   C. 时间和地点　　　　　　　　D. 发包人和承包人的权利和义务

9. 下列不属于《建设工程施工合同(示范文本)》的是( )。
A.《协议书》 B.《通用合同条款》
C.《专用合同条款》 D.《建设工程质量管理条例》
10. 工程分包是针对( )而言的。
A. 总承包 B. 专业工程分包
C. 劳务作业分包 D. 转包

二、多选题

1. 工程合同的付款阶段包括( )。
A. 预付款 B. 进度款 C. 工程尾款 D. 竣工结算
2. 按承包工程计价方式可以把建设工程合同分为( )。
A. 总价包干合同 B. 总价合同
C. 单价合同 D. 成本加酬金合同
3. 《建设工程施工合同(示范文本)》由( )组成。
A.《专用合同条款》 B.《协议条款》
C.《通用合同条款》 D.《协议书》
4. 建设工程总承包合同工程保修应按国家规定写明( )。
A. 保修金支付办法 B. 保修项目
C. 保修内容、范围、期限 D. 保修金额
5. 建设工程总承包合同中,工程质量与验收应明确规定( )。
A. 设计方参与验收 B. 质量验收方法
C. 质量验收时间 D. 质量确认方式
6. 建设工程总承包合同中,对合同价款这一部分内容应规定( )。
A. 合同价款的计算方法 B. 价款的支付期限
C. 结算方式 D. 各阶段的付款时间
7. 施工合同文件组成包括( )。
A. 中标通知书 B. 图纸
C. 合同协议书 D. 工程报价单或预算书
8. 支付担保的形式包括( )。
A. 银行保函 B. 履约保证金
C. 抵押或者质押 D. 担保公司担保
9. 根据工程实施的具体情况,( )可提出设计变更。
A. 发包方 B. 承包方 C. 设计方 D. 监理方
10. 根据《建设工程施工合同(示范文本)》,承包人的主要义务是( )。
A. 接受发包人、工程师或其代表的指令
B. 按合同专用条款约定的数量和要求,向发包人提供施工场地办公和生活的房屋及设施
C. 负责工地安全,看管进场材料、设备和未交工程
D. 按专用合同条款约定做好施工场地地下管线和邻近建筑物、构筑物(包括文物保护建筑)、古树名木的保护工作

三、简答题

1. 简述《建设工程施工合同(示范文本)》(GF—2013—0201)的基本组成。
2. 简述《建设工程施工合同(示范文本)》(GF—2013—0201)中约定的隐蔽工程检验程序。
3. 根据《建设工程施工合同(示范文本)》(GF—2013—0201)的约定，可以调整合同价款的因素有哪些？

四、案例题

某项工程业主与承包商签订了施工合同，合同中包含有两个子项工程，估算工程量 A 项为 2300m^3，B 项为 3200m^3。经协商合同价 A 项为 180 元/m^3，B 项为 160 元/m^3。合同规定：

(1) 开工前业主应向承包商支付合同价 20%的预付备料款；
(2) 业主自开工第一个月起，从承包商的工程款中，按 5%的比例扣留保修金；
(3) 当子项工程实际工程量超过估算工程量 10%时，可进行调价，调整系数为 0.9；
(4) 根据市场情况规定综合价格调整系数平均按 1.2 计算；
(5) 工程师签发月度付款最低金额为 25 万元；
(6) 预付款在最后两个月扣除，每月扣 50%。

每月实际完成并经工程师签证确认的工程量见表 5-2。

表 5-2 每月实际完成并经工程师签证确认的工程量 单位：m^3

月 份	1	2	3	4
A 项	500	800	800	600
B 项	700	900	800	600

第一个月，工程量价款为(500×180+700×160)万元＝20.2 万元，应签证的工程款为 20.2 万元×1.2×(1－5%)＝23.028 万元。

由于合同规定工程师签发的最低付款金额为 25 万元，故本月工程师不予签发付款凭证。求预付款。从第二个月起每月工程量价款、工程师应签证的工程款和实际签发的付款凭证金额各是多少？

第 6 章 建设工程监理合同

教学目标

本章主要介绍了建设工程监理合同的相关概念及其特点,并结合《建设工程监理合同(示范文本)》(GF—2012—0202)介绍了监理合同的主要内容。通过本章的学习,应达到以下目标:

(1) 掌握监理合同示范文本的内容;
(2) 熟悉监理合同示范文本的基本结构和适用范围。

教学要求

知识要点	能力要求	相关知识
建设工程监理	(1) 了解监理合同的法律基础 (2) 掌握监理合同的特点 (3) 熟悉监理合同的概念	(1) 监理合同的概念 (2) 监理合同的法律基础 (3) 监理合同的特点
建设工程监理合同示范文本	(1) 了解合同文本适用范围 (2) 掌握合同文本主要内容 (3) 熟悉合同解释先后顺序	(1) 监理合同的词语定义 (2) 合同文本的结构和组成 (3) 合同文本的适用范围
建设工程监理合同主要内容	(1) 了解双方一般权利和义务 (2) 掌握涉及变更、暂停、解除或终止的主要条款内容 (3) 熟悉监理合同的支付流程和计算	(1) 涉及双方义务的条款 (2) 监理合同的支付 (3) 监理合同的变更 (4) 争议的解决等条款

第 6 章 建设工程监理合同

基本概念

建设工程监理合同、监理人、委托人、总监理工程师、正常工作、附加工作、违约责任、不可抗力、解除、争议

引例

某工程项目业主与施工单位已签订了施工合同。监理单位在执行合同中陆续遇到一些问题需要进行处理，若作为一名现场的监理工程师，对遇到的下列问题，应提出怎样的处理意见？

(1) 在施工招标文件中，按工期定额计算，工期为 550 天。但在施工合同中，开工日期为 2012 年 12 月 15 日，竣工日期为 2014 年 7 月 20 日，日历天数为 581 天，请问监理的工期监理目标应为多少天？为什么？

(2) 基坑开挖土方完成后，施工单位未对基坑四周进行围栏防护，业主代表进入施工现场时不慎跌入基坑受伤，由此发生的医疗费用应由谁来支付？监理工程师应如何认定责任？

(3) 在混凝土结构施工中，由于业主供电线路事故原因，造成施工现场连续停电 3 天，造成两套混凝土生产设备、一台塔式起重机停止工作。施工单位按合同约定要求索赔工期和费用，监理工程师应如何批复？

6.1 建设工程监理合同概述

6.1.1 建设工程监理合同的概念

建设工程监理，是指具有相应资质的监理单位受工程项目业主的委托，依据国家有关法律、法规，经建设主管部门批准的工程项目建设文件，建设工程合同和建设工程监理合同，对工程的建设实施的专业化监督和管理。

建设工程监理合同简称监理合同，是指工程建设单位与监理单位就委托的工程项目管理内容签订的明确双方权利、义务的协议。其中，工程建设单位称为"委托人"，承担直接投资责任和委托监理业务；监理单位称为"监理人"，承担监理业务和监理责任。

我国原建设部于 1988 年 7 月 25 日发出《关于开展建设监理工作的通知》，标志着我国建设监理制度的起步。

《建筑法》第三十条规定：国家推行建筑工程监理制度。国务院可以规定实行强制监理的建筑工程的范围。第三十一条规定：实行监理的建筑工程，由建设单位委托具有相应资质条件的工程监理单位监理。建设单位与其委托的工程监理单位应当订立书面委托监理合同。《合同法》第二百七十六条规定：建设工程实行监理的，发包人应当与监理人采用书面形式订立委托监理合同。发包人与监理人的权利和义务以及法律责任，应当依照本法委托合同以及其他有关法律、行政法规的规定。

由此可见，建设项目的业主(建设监理的委托人)与建设监理单位(建设监理的受托人)

之间是由委托合同所确立的权利义务关系；这个委托监理合同又是监理单位开展监理工作的最主要的直接依据之一。监理合同的适当订立和履行不仅关系到建设项目监理工作的成败和建设项目控制目标的实现与否，而且还关系到合同双方的直接利益。正因为如此，业主和监理单位都应当十分重视监理合同的订立和履行。

由于建设项目本身具有复杂性的特点，监理合同的内容不仅复杂而且十分专业化，因而有必要制定标准示范合同指导双方签订合同。原建设部和国家工商行政管理局于2000年2月联合发布了《建设工程委托监理合同(示范文本)》(GF—2000—0202)。2012年3月，针对示范文本在使用过程中的一些问题和形势的变化，住房和城乡建设部、国家工商行政管理总局对《建设工程委托监理合同(示范文本)》(GF—2000—2002)进行了修订，制定了《建设工程监理合同(示范文本)》(GF—2012—0202)。

6.1.2　建设工程监理合同的特点

监理合同是委托合同的一种，除具有委托合同的共同特点以外，还具有以下特点：

(1) 监理合同的主体是委托人与监理人。委托人必须是具有国家批准的工程项目建设文件，落实投资计划的企事业单位、其他社会组织和个人。监理人必须是依法成立的具有法人资格的监理单位，监理单位所承担的工程监理业务应与其资质等级相适应。

(2) 监理合同的标的是服务。与其他建设工程合同不同，监理合同的标的是服务，这种服务表现为监理工程师凭借自己的知识、经验、技能受业主委托为其所签订的其他合同的履行实施监督和管理。因此，《合同法》将监理合同划入委托合同的范畴。

(3) 工程监理的工作包括监理的正常工作、监理的附加工作。"正常工作"指合同订立时通用条件和专用条件中约定的监理人的工作。"附加工作"是指合同约定的正常工作以外监理人的工作。

(4) 监理合同适用的法律。建设工程委托监理合同适用的法律是指国家的法律、行政法规，以及专用条件中议定的部门规章或工程所在地的地方法规、地方规章。

6.2　《建设工程监理合同(示范文本)》简介

知识链接

《建设工程监理合同(示范文本)》(GF—2012—0202)协议书部分

第一部分　协议书

委托人(全称)：_____
监理人(全称)：_____

根据《中华人民共和国合同法》《中华人民共和国建筑法》及其他有关法律、法规，遵循平等、自愿、公平和诚信的原则，双方就下述工程委托监理与相关服务事项协商一致，订立本合同。

一、工程概况

1. 工程名称：_____；

2. 工程地点：_____；
3. 工程规模：_____；
4. 工程概算投资额或建筑安装工程费：_____。

二、词语限定

协议书中相关词语的含义与通用条件中的定义与解释相同。

三、组成本合同的文件

1. 协议书；
2. 中标通知书(适用于招标工程)或委托书(适用于非招标工程)；
3. 投标文件(适用于招标工程)或监理与相关服务建议书(适用于非招标工程)；
4. 专用条件；
5. 通用条件；
6. 附录，包括：

附录 A　相关服务的范围和内容
附录 B　委托人派遣的人员和提供的房屋、资料、设备

本合同签订后，双方依法签订的补充协议也是本合同文件的组成部分。

四、总监理工程师

总监理工程师姓名：_____，身份证号码：_____，注册号：_____。

五、签约酬金

签约酬金(大写)：_____ (¥_____)。

包括：

1. 监理酬金：_____。
2. 相关服务酬金：_____。

其中：

(1) 勘察阶段服务酬金：_____。
(2) 设计阶段服务酬金：_____。
(3) 保修阶段服务酬金：_____。
(4) 其他相关服务酬金：_____。

六、期限

1. 监理期限：自____年____月____日始，至____年____月____日止。
2. 相关服务期限：
(1) 勘察阶段服务期限自____年____月____日始，至____年____月____日止。
(2) 设计阶段服务期限自____年____月____日始，至____年____月____日止。
(3) 保修阶段服务期限自____年____月____日始，至____年____月____日止。
(4) 其他相关服务期限自____年____月____日始，至____年____月____日止。

七、双方承诺

1. 监理人向委托人承诺，按照本合同约定提供监理与相关服务。
2. 委托人向监理人承诺，按照本合同约定派遣相应的人员，提供房屋、资料、设备，并按本合同约定支付酬金。

八、合同订立

1. 订立时间：____年____月____日。
2. 订立地点：_____。
3. 本合同一式____份，具有同等法律效力，双方各执____份。

委托人：_____(盖章)　　　　监理人：_____(盖章)
住　所：_____　　　　住　所：_____
邮政编码：_____　　　　邮政编码：_____
法定代表人或其授权　　　　　　法定代表人或其授权
的代理人：____(签字)　　　　　的代理人：____(签字)
开户银行：_____　　　　开户银行：_____
账　号：_____　　　　账　号：_____
电　话：_____　　　　电　话：_____
传　真：_____　　　　传　真：_____
电子邮箱：_____　　　　电子邮箱：_____

6.2.1 《建设工程监理合同(示范文本)》的组成

目前，在我国签订建设工程委托监理合同一般采用《建设工程监理合同(示范文本)》(GF—2012—0202)，它是根据《建筑法》《合同法》，在对2000年原建设部、国家工商行政管理局联合颁布的《工程建设委托监理合同(示范文本)》(GF—2000—0202)进行修订的基础上，由住房和城乡建设部、国家工商行政管理局于2012年3月联合颁布的。《建设工程监理合同(示范文本)》(GF—2012—0202)由"协议书""通用条件"和"专用条件"以及两个附录组成。

1) 协议书

"建设工程监理合同协议书"是一个总的协议，是纲领性文件。其主要内容是当事人双方确认的委托监理工程的概况(工程名称、工程地点、工程规模及总投资)；总监姓名、合同酬金和监理期限；双方愿意履行约定的各项义务的承诺，以及合同文件的组成。

2) 通用条件

标准条件是监理合同的通用文本，适用于各类建设工程监理委托，是所有监理工程都应遵守的基本条件。内容包括合同中所有定义、监理人义务、委托人义务、违约责任、支付、合同生效、变更、暂停、解除与终止、争议解决和其他等内容。

3) 专用条件

专用条件是在签订具体工程项目的委托监理合同时，就地域特点、专业特点和委托监理项目的特点，对标准条件中的某些条款进行补充、修改。

6.2.2 词语定义

《建设工程监理合同(示范文本)》(GF—2012—0202)的词语定义和解释如下：
(1) 工程。是指按照本合同约定实施监理与相关服务的建设工程。
(2) 委托人。是指本合同中委托监理与相关服务的一方，及其合法的继承人或受让人。

(3) 监理人。是指本合同中提供监理与相关服务的一方,及其合法的继承人。

(4) 承包人。是指在工程范围内与委托人签订勘察、设计、施工等有关合同的当事人,及其合法的继承人。

(5) 监理。是指监理人受委托人的委托,依照法律法规、工程建设标准、勘察设计文件及合同,在施工阶段对建设工程质量、进度、造价进行控制,对合同、信息进行管理,对工程建设相关方的关系进行协调,并履行建设工程安全生产管理法定职责的服务活动。

(6) 相关服务。是指监理人受委托人的委托,按照本合同约定,在勘察、设计、保修等阶段提供的服务活动。

(7) 正常工作。是指本合同订立时通用条件和专用条件中约定的监理人的工作。

(8) 附加工作。是指本合同约定的正常工作以外监理人的工作。

(9) 项目监理机构。是指监理人派驻工程负责履行本合同的组织机构。

(10) 总监理工程师。是指由监理人的法定代表人书面授权,全面负责履行本合同、主持项目监理机构工作的注册监理工程师。

(11) 酬金。是指监理人履行本合同义务,委托人按照本合同约定给付监理人的金额。

(12) 正常工作酬金。是指监理人完成正常工作,委托人应给付监理人并在协议书中载明的签约酬金额。

(13) 附加工作酬金。是指监理人完成附加工作,委托人应给付监理人的金额。

(14) 一方。是指委托人或监理人;"双方"是指委托人和监理人;"第三方"是指除委托人和监理人以外的有关方。

(15) 书面形式。是指合同书、信件和数据电文(包括电报、电传、传真、电子数据交换和电子邮件)等可以有形地表现所载内容的形式。

(16) 天。是指第一天零时至第二天零时的时间。

(17) 月。是指按公历从一个月中任何一天开始的一个公历月时间。

(18) 不可抗力。是指委托人和监理人在订立本合同时不可预见,在工程施工过程中不可避免发生并不能克服的自然灾害和社会性突发事件,如地震、海啸、瘟疫、水灾、骚乱、暴动、战争和专用条件约定的其他情形。

6.2.3 合同文件解释顺序

组成本合同的下列文件彼此应能相互解释、互为说明。除专用条件另有约定外,本合同文件的解释顺序如下。

(1) 协议书。

(2) 中标通知书(适用于招标工程)或委托书(适用于非招标工程)。

(3) 专用条件及附录 A、附录 B。

(4) 通用条件。

(5) 投标文件(适用于招标工程)或监理与相关服务建议书(适用于非招标工程)。

双方签订的补充协议与其他文件发生矛盾或歧义时,属于同一类内容的文件,应以最新签署的为准。

6.3 《建设工程监理合同(示范文本)》主要内容

6.3.1 双方的义务与责任

1. 监理人的义务

监理人应组建满足工作需要的项目监理机构，配备必要的检测设备。项目监理机构的主要人员应具有相应的资格条件。本合同履行过程中，总监理工程师及重要岗位监理人员应保持相对稳定，以保证监理工作正常进行。监理人可根据工程进展和工作需要调整项目监理机构人员。监理人更换总监理工程师时，应提前7天向委托人书面报告，经委托人同意后方可更换；监理人更换项目监理机构其他监理人员，应以相当资格与能力的人员替换，并通知委托人。委托人可要求监理人更换不能胜任本职工作的项目监理机构人员。

当委托人与承包人之间发生合同争议时，监理人应协助委托人、承包人协商解决。当委托人与承包人之间的合同争议提交仲裁机构仲裁或人民法院审理时，监理人应提供必要的证明资料。监理人应在专用条件约定的授权范围内，处理委托人与承包人所签订合同的变更事宜。如果变更超过授权范围，应以书面形式报委托人批准。在紧急情况下，为了保护财产和人身安全，监理人所发出的指令未能事先报委托人批准时，应在发出指令后的24小时内以书面形式报委托人。

除专用条件另有约定外，监理人发现承包人的人员不能胜任本职工作的，有权要求承包人予以调换。

监理人无偿使用附录B中由委托人派遣的人员和提供的房屋、资料、设备。除专用条件另有约定外，委托人提供的房屋、设备属于委托人的财产，监理人应妥善使用和保管，在本合同终止时将这些房屋、设备的清单提交委托人，并按专用条件约定的时间和方式移交。

监理人的工作包括如下内容：

(1) 收到工程设计文件后编制监理规划，并在第一次工地会议7天前报委托人。根据有关规定和监理工作需要，编制监理实施细则。

(2) 熟悉工程设计文件，并参加由委托人主持的图纸会审和设计交底会议。

(3) 参加由委托人主持的第一次工地会议；主持监理例会并根据工程需要主持或参加专题会议。

(4) 审查施工承包人提交的施工组织设计，重点审查其中的质量安全技术措施、专项施工方案与工程建设强制性标准的符合性。

(5) 检查施工承包人工程质量、安全生产管理制度及组织机构和人员资格。

(6) 检查施工承包人专职安全生产管理人员的配备情况。

(7) 审查施工承包人提交的施工进度计划，核查承包人对施工进度计划的调整。

(8) 检查施工承包人的试验室。

(9) 审核施工分包人资质条件。

(10) 查验施工承包人的施工测量放线成果。

(11) 审查工程开工条件，对条件具备的签发开工令。

(12) 审查施工承包人报送的工程材料、构配件、设备质量证明文件的有效性和符合性,并按规定对用于工程的材料采取平行检验或见证取样方式进行抽检。

(13) 审核施工承包人提交的工程款支付申请,签发或出具工程款支付证书,并报委托人审核、批准。

(14) 在巡视、旁站和检验过程中,发现工程质量、施工安全存在事故隐患的,要求施工承包人整改并报委托人。

(15) 经委托人同意,签发工程暂停令和复工令。

(16) 审查施工承包人提交的采用新材料、新工艺、新技术、新设备的论证材料及相关验收标准。

(17) 验收隐蔽工程、分部分项工程。

(18) 审查施工承包人提交的工程变更申请,协调处理施工进度调整、费用索赔、合同争议等事项。

(19) 审查施工承包人提交的竣工验收申请,编写工程质量评估报告。

(20) 参加工程竣工验收,签署竣工验收意见。

(21) 审查施工承包人提交的竣工结算申请并报委托人。

(22) 编制、整理工程监理归档文件并报委托人。

2. 委托人的义务

委托人应按照附录 B 约定,无偿向监理人提供工程有关的资料。在本合同履行过程中,委托人应及时向监理人提供最新的与工程有关的资料。

委托人应授权一名熟悉工程情况的代表,负责与监理人联系。委托人应在双方签订本合同后 7 天内,将委托人代表的姓名和职责书面告知监理人。当委托人更换委托人代表时,应提前 7 天通知监理人。按照附录 B 约定,派遣相应的人员,提供房屋、设备,供监理人无偿使用。委托人应负责协调工程建设中所有外部关系,为监理人履行本合同提供必要的外部条件。

在本合同约定的监理与相关服务工作范围内,委托人对承包人的任何意见或要求应通知监理人,由监理人向承包人发出相应指令。

委托人应在专用条件约定的时间内,对监理人以书面形式提交并要求作出决定的事宜,给予书面答复。逾期未答复的,视为委托人认可。

3. 双方的违约责任

1) 监理人的违约责任

监理人未履行本合同义务的,应承担相应的责任。

因监理人违反本合同约定给委托人造成损失的,监理人应当赔偿委托人损失。赔偿金额的确定方法在专用条件中约定。监理人承担部分赔偿责任的,其承担赔偿金额由双方协商确定。监理人向委托人的索赔不成立时,监理人应赔偿委托人由此发生的费用。

2) 委托人的违约责任

委托人未履行本合同义务的,应承担相应的责任。

委托人违反本合同约定造成监理人损失的,委托人应予以赔偿。委托人向监理人的索赔不成立时,应赔偿监理人由此引起的费用。委托人未能按期支付酬金超过 28 天的,应按专用条件约定支付逾期付款利息。

【例6-1】某建设单位与一家监理公司签订了施工阶段的监理合同,在监理工作中,建设单位向监理公司提出如下意见和要求。

(1) 每天对监理人员上下班进行考勤,按缺勤多少扣罚监理费,每缺勤一天扣发两天监理费,以此类推;监理人员因故不能到现场,必须向建设单位业主代表请假。

(2) 要求监理工程师对设计图纸进行审查,并在图纸上签名,加盖监理单位公章,否则施工单位不得进行施工。

总监根据监理合同及有关规定,对建设单位的上述意见明确表示不予接受。业主代表则解释说:监理人员是我们花钱雇来的,应该服从我们的安排。双方为此发生争议。

案例分析

(1) 建设单位要求监理人员上下班进行考勤,并提出请假要求是不妥的。监理单位是具有法人资格的单位,是独立、公正的一方,不是隶属于建设单位的下属单位。建设单位与监理单位是合同关系,是平等的民事主体。建设单位对监理单位提出的要求、管理和监督,应严格按合同内容执行,监理公司同样应按监理合同做好监理工作。

(2) 监理公司与建设单位签订的是施工阶段的监理合同,显然审查设计图纸并签章不是监理合同的服务范围,总监不接受建设单位的要求是正确的。

6.3.2 监理合同的支付

监理人应在本合同约定的每次应付款时间的 7 天前,向委托人提交支付申请书。支付申请书应当说明当期应付款总额,并列出当期应支付的款项及其金额。

支付的酬金包括正常工作酬金、附加工作酬金、合理化建议奖励金额及费用。正常工作酬金首付款于本合同签订后 7 天内付清,其余按专用条件按期支付,监理与相关服务期届满 14 天内付清最后付款;附加工作酬金=本合同期限延长时间(天)×正常工作酬金÷协议书约定的监理与相关服务期限(天);合理化建议的奖励金额=工程投资节省额×奖励金额的比率;奖励金额的比率为在专用条件中约定。

委托人未能按期支付酬金超过 28 天,应按专用条件约定支付逾期付款利息。监理人赔偿金额按下列方法确定:

赔偿金=直接经济损失×正常工作酬金÷工程概算投资额(或建筑安装工程费)

委托人逾期付款利息按下列方法确定:

逾期付款利息=当期应付款总额×银行同期贷款利率×拖延支付天数

【例6-2】某建设单位委托一家监理公司对一单层工业厂房施工全过程进行监理。在签订合同的谈判时,按国家有关监理取费文件规定:本工程的监理费用应为 30 万元。建设单位提出只要求监理单位进行工程质量控制,而工程造价和进度控制等工作由建设单位自行监督管理,故监理费要打六折,即为 18 万元,监理单位不认可。如何确定该工程的监理费?

案例分析

(1) 监理单位应在合同谈判中说明国家有关规定,说明建设单位应委托监理单位进行工程质量、造价和进度的三控制，即"三控"。这是我国监理制度的基本要求。

(2) 监理费用的计取应严格按照合同专用条件的相关内容来取费，只委托监理质量并采取监理费打折的做法是不妥当的。

6.3.3 监理合同的生效、变更、暂停、解除与终止

1. 生效

除法律另有规定或者专用条件另有约定外，委托人和监理人的法定代表人或其授权代理人在协议书上签字并盖单位章后本合同生效。

2. 变更

(1) 任何一方提出变更请求时，双方经协商一致后可进行变更。

(2) 除不可抗力外，因非监理人原因导致监理人履行合同期限延长、内容增加时，监理人应当将此情况与可能产生的影响及时通知委托人。增加的监理工作时间、工作内容应视为附加工作。附加工作酬金的确定方法在专用条件中约定。

(3) 合同生效后，如果实际情况发生变化使得监理人不能完成全部或部分工作时，监理人应立即通知委托人。除不可抗力外，其善后工作以及恢复服务的准备工作应为附加工作，附加工作酬金的确定方法在专用条件中约定。监理人用于恢复服务的准备时间不应超过 28 天。

(4) 合同签订后，遇有与工程相关的法律法规、标准颁布或修订的，双方应遵照执行。由此引起监理与相关服务的范围、时间、酬金变化的，双方应通过协商进行相应调整。

(5) 因非监理人原因造成工程概算投资额或建筑安装工程费增加时，正常工作酬金应作相应调整。调整方法在专用条件中约定。

(6) 因工程规模、监理范围的变化导致监理人的正常工作量减少时，正常工作酬金应作相应调整。调整方法在专用条件中约定。

3. 暂停与解除

除双方协商一致可以解除本合同外，当一方无正当理由未履行本合同约定的义务时，另一方可以根据本合同约定暂停履行本合同直至解除本合同。

(1) 在本合同有效期内，由于双方无法预见和控制的原因导致本合同全部或部分无法继续履行或继续履行已无意义，经双方协商一致，可以解除本合同或监理人的部分义务。在解除之前，监理人应作出合理安排，使开支减至最小。因解除本合同或解除监理人的部分义务导致监理人遭受的损失，除依法可以免除责任的情况外，应由委托人予以补偿，补偿金额由双方协商确定。

解除本合同的协议必须采取书面形式，协议未达成之前，本合同仍然有效。

(2) 在本合同有效期内，因非监理人的原因导致工程施工全部或部分暂停，委托人可通知监理人要求暂停全部或部分工作。监理人应立即安排停止工作，并将开支减至最小。除不可抗力外，由此导致监理人遭受的损失应由委托人予以补偿。

暂停部分监理与相关服务时间超过 182 天，监理人可发出解除本合同约定的该部分义务的通知；暂停全部工作时间超过 182 天，监理人可发出解除本合同的通知，本合同自通

知到达委托人时解除。委托人应将监理与相关服务的酬金支付至本合同解除日,且应承担违约责任。

(3) 当监理人无正当理由未履行本合同约定的义务时,委托人应通知监理人限期改正。若委托人在监理人接到通知后的 7 天内未收到监理人书面形式的合理解释,则可在 7 天内发出解除本合同的通知,自通知到达监理人时本合同解除。委托人应将监理与相关服务的酬金支付至限期改正通知到达监理人之日,但监理人应承担违约责任。

(4) 监理人在专用条件 5.3 中约定的支付之日起 28 天后仍未收到委托人按本合同约定应付的款项,可向委托人发出催付通知。委托人接到通知 14 天后仍未支付或未提出监理人可以接受的延期支付安排,监理人可向委托人发出暂停工作的通知并可自行暂停全部或部分工作。暂停工作后 14 天内监理人仍未获得委托人应付酬金或委托人的合理答复,监理人可向委托人发出解除本合同的通知,自通知到达委托人时本合同解除。委托人应承担第 4.2.3 款约定的责任。

(5) 因不可抗力致使本合同部分或全部不能履行时,一方应立即通知另一方,可暂停或解除本合同。

(6) 本合同解除后,本合同约定的有关结算、清理、争议解决方式的条件仍然有效。

4. 终止

以下条件全部满足时,本合同即告终止。
(1) 监理人完成本合同约定的全部工作。
(2) 委托人与监理人结清并支付全部酬金。

【例 6-3】某办公楼监理合同有如下约定:监理公司负责工程设计阶段和施工阶段的监理业务。建设单位应于监理业务结束之日起 5 日内支付最后 20%的监理费。工程竣工 1 周后,监理公司要求建设单位支付剩余 20%的监理费,建设单位以双方有口头约定,监理单位的监理职责延至保修期满为由拒绝支付。监理单位索款未果,诉至法院。法院判决双方口头商定的监理职责延至保修期满的内容不构成监理合同的内容,建设单位到期未支付剩余监理费用,已构成违约,应承担违约责任,同时支付监理公司 20%的监理费和延期付款利息。

案例分析

本案争论焦点在于双方的口头约定能否作为监理合同的内容。依据规定,监理合同只能以书面形式订立,变更和解除合同也都必须以书面形式,口头形式的监理合同不成立。因此,监理公司实际已完全履行完合同义务,建设单位逾期支付监理费用属违约行为,故判决其承担违约责任,支付监理费及逾期利息。

6.3.4 监理合同的争议解决

1. 协商

双方应本着诚信原则协商解决彼此间的争议。

2. 调解

如果双方不能在 14 天内或双方商定的其他时间内解决本合同争议,可以将其提交给专用条件约定的或事后达成协议的调解人进行调解。

3. 仲裁或诉讼

双方均有权不经调解直接向专用条件约定的仲裁机构申请仲裁或向有管辖权的人民法院提起诉讼。

引例回放

根据监理合同和现场实际情况,监理工程师批复如下:

(1) 按合同文件解释顺序,以最新签订的文件为准,即工期应以 581 天为监理目标。

(2) 在基坑四周设置围栏是施工单位的责任。因此医疗费用应由施工单位支付。

(3) 非施工方原因造成的工期延误,监理工程师应批复工期顺延,同时合理审核施工机械的窝工费用。

本 章 小 结

本章介绍了监理合同的概念、特点;详细介绍了《建设工程监理合同(示范文本)》(GF—2012—0202)的组成和相关内容。2012 年版监理合同强调了总监工程师的职责,细化了酬金计取及支付方式,取消了监理人过失责任的赔偿限额,考虑了服务内容、时间及酬金的动态调整。在教学时可以对比分析,加深对合同文本的理解。

阅读材料指引

(1) 《建设工程委托监理合同(示范文本)》(GF—2000—0202)。

(2) 《建设工程监理合同(示范文本)》(GF—2012—0202)。

习 题

一、单选题

1. 当委托人将工程设计阶段的合同管理委托给监理人时,该项工作的具体约定和要求应写在合同文件的( )中。

A. 专用条件 B. 通用条件 C. 附录 A D. 附录 B

2. 以下关于监理人承担安全责任的说法中,正确的是( )。

A. 对工程项目的施工进行投资、进度、质量、安全的全面控制

B. 只要施工中出现质量安全事故，监理人必须承担监理失职责任

C. 监理人对工程施工的安全生产承担监督管理的管理法定职责

D. 如果专用条件中只约定对工程进度、质量进行控制和协调，监理人可以不负责安全管理

3. 按照《建设工程监理合同(示范文本)》的规定，委托人与违约承包人解除合同后，监理人完成的善后工作属于( )。

　　A. 正常工作　　　　B. 本职工作　　　　C. 额外工作　　　　D. 附加工作

4. 《建设工程监理合同(示范文本)》规定组成合同的文件出现矛盾或歧义时，优先解释次序是( )。

　　A. 协议书→通用条件→专用条件　　　　B. 协议书→投标文件→专用条件
　　C. 投标文件→通用条件→附录B　　　　D. 中标通知书→专用条件→投标文件

5. 监理人根据多个同时实施工程项目的需要调整项目监理机构的土建专业监理工程师，按照《建设工程监理合同(示范文本)》的规定，以下说法中正确的是( )。

　　A. 自行更换后通知委托人

　　B. 自行更换，无需通知委托人

　　C. 需报告委托人，未经同意不得更换

　　D. 项目监理机构的主要人员应保持稳定，监理业务完成前不得更换

6. 监理人发现承包人的现场施工的人员有不能胜任本职工作的情况时，( )。

　　A. 应对该人予以警告

　　B. 应对承包人予以警告

　　C. 通知承包人撤换该人员

　　D. 请示委托人同意后要求承包人更换该人员

7. 按照《建设工程监理合同(示范文本)》对委托人授权的规定，下列表述中不正确的是( )。

　　A. 委托人的授权范围应通知承包商

　　B. 委托人的授权一经在专用条件中注明不得更改

　　C. 监理人在授权范围内处理变更事宜，不需经委托人同意

　　D. 监理人处理的变更事宜超过授权范围，需经委托人同意

8. 下列监理人违约给委托人造成经济损失的赔偿说法中，正确的是( )。

　　A. 最高赔偿额为合同约定的正常服务酬金

　　B. 最高赔偿额不超过扣除税金后约定的监理酬金

　　C. 赔偿额为该部分正常工作酬金占工程概算投资额的比例乘以相应的直接损失

　　D. 赔偿额为合同约定的正常工作的酬金占工程概算投资额的比例乘以相应的直接损失

9. 在专用条件内约定监理人应提交给委托人的报告，不包括( )。

　　A. 监理规划　　　　　　　　　　　　B. 监理月报
　　C. 监理实施细则　　　　　　　　　　D. 各类专项报告

10. 施工过程中委托人对承包人的要求应( )。

　　A. 直接指令承包人执行

B. 与承包人协商后，书面指令承包人执行
C. 通知监理人，由监理人通过协调发布相关指令
D. 与监理人、承包人协商后书面指令承包人执行

二、多选题

1. 按照《建设工程监理合同(示范文本)》对相关服务的定义，以下工作中属于相关服务的有(　　)。
   A. 负责工程的施工图设计
   B. 负责勘察合同的履行管理
   C. 监理人负责施工招标的代理工作
   D. 对本工程大型钢结构吊装提供技术咨询
   E. 按照委托人的要求编制采用新技术施工的质量检验标准

2. 委托人与监理人最终结算的合同酬金与协议书内约定酬金的金额不一致的原因可能有(　　)。
   A. 监理人完成附加工作后对酬金的调整
   B. 合同履行期间由于市场价格的浮动导致的酬金调整
   C. 工程概算投资额增加时，对正常工作酬金的调整
   D. 监理人提出的合理化建议使委托人获得经济效益给予的奖励
   E. 工程施工未能按期竣工，监理人承担拖期赔偿的连带责任，对酬金的调整

3. 《建设工程监理合同(示范文本)》规定的合同文件包括(　　)。
   A. 协议书　　　　　　　　　B. 附录B
   C. 通用条件　　　　　　　　D. 监理人的投标文件

4. 通用条件中对监理人义务的规定包括(　　)。
   A. 主持召开第一次工地例会
   B. 审查承包人的施工组织设计
   C. 检查施工承包人专职安全生产管理人员的配备情况
   D. 审查施工承包人提交的采用新材料、新工艺、新技术、新设备的论证材料
   E. 主持工程竣工验收

5. 《建设工程监理合同(示范文本)》规定的监理依据包括(　　)。
   A. 行政法规　　　　B. 城市规划　　　　C. 有关的工程标准
   D. 监理项目的施工合同　　　　E. 监理项目的材料供应合同

6. 按照《建设工程监理合同(示范文本)》的规定，监理人应撤换监理人员的情况有(　　)。
   A. 不能胜任岗位职责
   B. 检查的认可的施工部位出现质量缺陷
   C. 向他人泄露施工合同要求保密的新工艺施工方法
   D. 依据试验数据作出错误的判断，导致工程质量事故
   E. 同意深基坑开挖的专项施工组织设计的专家审查意见后出现了边坡塌方

7. 在附录B中约定委托人为监理人提供开展监理服务的条件可以有(　　)。
   A. 技术咨询　　　　B. 工程资料　　　　C. 办公用房

D. 交通工具　　　　　E. 办公用品

8. 按照通用条件中对酬金阶段支付的规定，申请书的内容应包括(　　)。
A. 本阶段的正常服务酬金　　　　B. 索赔要求增加的酬金
C. 合理化建议应获得的奖金　　　　D. 增加工作内容应增加的酬金
E. 委托人上期支付时拖延支付的利息

9. 下列选项中属于监理附加工作的有(　　)。
A. 按照委托人的要求增加监理的内容
B. 因非监理人原因导致监理人履行合同期限延长
C. 委托人与严重违约承包人解除合同后，监理人完成的善后工作
D. 因工程规模、监理范围的变化导致监理人的正常工作量减少
E. 监理过程中因工程相关的法律法规、标准颁布导致监理服务的时间增加

10. 不可抗力事件导致部分工程严重损坏致使该部分的监理工作不能继续进行，按照通用条件的规定，监理人应采取的措施包括(　　)。
A. 将事件的影响及时通知委托人　　B. 立即停止该部分的监理服务
C. 采取有效措施减少损失的扩大　　D. 采取有效措施增加损失的扩大
E. 暂停服务时间超过182天后发出解除该部分工程监理义务的通知

三、简答题

1. 简述监理合同的定义、特征及一般条款。
2. 简述监理合同示范文本的组成及适用范围。
3. 监理合同中双方的权利、责任、义务各有哪些？
4. 哪些情况下可以终止监理合同？
5. 监理人的酬金包括哪几部分？分别如何计算？

第 7 章 FIDIC 施工合同条件

教学目标

本章简要介绍了 FIDIC 及 FIDIC 的不同版本的合同文件；详细介绍了 FIDIC1999 年出版的四个合同条件的特点及适用情况；重点介绍了 1999 年版施工合同条件的内容，包括合同条件中的词语定义、各方的权利与义务、质量管理、进度管理、支付管理及其他管理性条款的内容。通过本章的学习，达到以下目标：

(1) 了解 FIDIC 历史及出台的不同版本的合同条件；
(2) 熟悉 1999 年出台的 4 个合同条件的特点和适用条件；
(3) 掌握 1999 年版施工合同条件的内容。

教学要求

知识要点	能力要求	相关知识
FIDIC 基本知识	(1) 了解 FIDIC 的历史 (2) 熟悉 FIDIC 不同版本的合同	(1) FIDIC 背景知识 (2) FIDIC 第 4 版合同条件
FIDIC1999 年版合同	(1) 了解 FIDIC1999 年版合同种类 (2) 掌握 FIDIC1999 年版合同特点及应用	(1) FIDIC1999 年版合同出台背景 (2) FIDIC1999 年版 4 个合同的主要内容
施工合同格式、特点、重要词语	(1) 了解施工合同构成 (2) 熟悉施工合同条件特点 (3) 掌握部分重要词语解释	(1) 一般合同文件构成 (2) FIDIC 第 4 版施工合同构成

续表

知识要点	能力要求	相关知识
FIDIC1999年版施工合同各方权利与义务	(1) 熟悉雇主主要权利与义务 (2) 熟悉承包商主要权利与义务 (3) 熟悉工程师主要权利与义务	(1) 一般施工合同的当事人 (2) 施工合同当事人的基本权利与义务
施工合同质量管理主要内容	(1) 掌握施工阶段质量管理内容 (2) 掌握工程变更管理内容 (3) 熟悉竣工验收与缺陷责任期质量管理主要内容	(1) 质量管理基本知识 (2) 工程变更概念与程序 (3) 质保期、保修期、缺陷责任期概念
施工合同进度管理主要内容	(1) 了解相关基本规定 (2) 熟悉进度计划提交及审核 (3) 掌握暂停施工、工期顺延程序与条件 (4) 掌握竣工日期确定、缺陷通知期延长	(1) 进度管理基本知识 (2) 暂停施工、竣工日期、缺陷通知期概念
施工合同支付管理主要内容	(1) 掌握中期结算条件、程序 (2) 掌握竣工结算条件、程序 (3) 掌握最终结算条件、程序	(1) 支付管理基本知识 (2) 中期结算、竣工结算、最终结算概念
施工合同其他管理主要内容	(1) 熟悉保险办理责任主体及投保责任 (2) 掌握不可抗力认定条件、责任承担 (3) 掌握索赔基本程序、证据、索赔条件	(1) 保险基本知识 (2) 国内不可抗力规定 (3) 索赔概念、作用

基本概念

投标函、雇主、承包商、工程师、工期、合同工期、竣工日期、缺陷责任期、合同价款、竣工结算、最终结算、保险、不可抗力、索赔

引例

2000年5月，中国水利电力对外公司与毛里求斯公共事业部污水局签订了承建毛里求斯扬水干管项目的合同。该项目由世界银行和毛里求斯政府联合出资，合同金额477万美元，工期为两年，监理单位是英国GIBB公司。该项目采用的是FIDIC合同条款。

项目管理者联盟按照该项目的合同条款的规定，用于项目施工的进口材料，可以免除关税，中方公司认为油料也是进口施工材料，据此向业主申请油料的免税证明，但毛里求斯财政部却以柴油等油料可以在当地采购为由拒绝签发免税证明。中方对合同条款进行了仔细研究，认为这与合同的规定不相一致，因此中方提出索赔，要求业主补偿油料进口的关税。并在2000年9月15日正式致函监理工程师，就油料关税提出索赔，索赔报告将在随后递交，并将该函抄送了业主。中方公司在每月的月初向监理工程师递交上个月实际采购油料的种类和数量，并将有中方与供货商双方签字的交货单复印附后，以便作为计算油料关税金额的依据。监理工程师肯定了中方的做法，要求继续保持记录并按月上报。

中方提出索赔的第一个理由是：油料是该项目施工所必需的，而且，毛里求斯是一个岛国，既没有油田也没有炼油厂，所需的油料全部是进口的，因此油料应该和该项目其他进口材料(如管道、结构钢材等材料)一样，享受免税待遇，而毛里求斯财政部将油料作为当地材料是不符合合同条款的。其次，从其他在毛里求斯的中国公司那里了解到，毛里求

斯财政部曾为刚刚完工的中国政府贷款项目签发过柴油免税证明,这也说明有同样的先例,中方公司将财政部给这个项目签发的免税证明复印件也作为证据附在索赔报告之后。对于索赔金额的计算,关键在于确定油料的数量和关税税率。如前所述,中方将每个月的项目施工实际使用的油料种类和数量清单都已上报监理工程师,这个数量监理工程师是认可的。关税税率则是按照毛里求斯政府颁布的关税税率计算,这样加上中方的管理费,计算得出索赔金额。关税税率的复印件也作为索赔证据附在索赔报告之后。

监理工程师在审议了索赔报告后,正式来函说明了他们的意见,并将该函抄送业主。他们认为免税进口材料必须满足以下两个要求:

(1) 材料必须用于该项目的施工。
(2) 材料不是当地生产的。

监理工程师认为油料完全满足以上两个条件,因而承包商有权根据合同条款申请免税进口油料。

业主在审议了中方的索赔报告和工程师的批复意见后,仍然坚持他们的意见,认为油料是当地材料,拒绝支付索赔的油料关税金额。中方在 2001 年 2 月 26 日致函监理工程师并抄送业主,要求就油料免税事宜请监理工程师做出裁决。2001 年 5 月 16 日,中方收到了监理工程师的裁决结果。监理工程师得出了以下四点结论:

(1) 柴油、润滑油和其他石油制品不是当地生产的,因此,按照合同条款的规定,只要是用于该项目施工的油料,在进口时就应该免除关税。

(2) 免除关税只适用于在进口之前明确标明专为承包商进口的油料,承包商在当地采购的已经进口到毛里求斯的油料不能免除关税。

(3) 毛里求斯财政部的免税规定与合同有冲突,承包商应该得到关税补偿,补偿金额从承包商应该得到免税证明之日算起。

(4) 在同等条件下,财政部已经有签发过柴油免税证明的先例。

监理工程师做出了如下的裁决:根据合同条款的规定,承包商有权安排免税进口用于该项目施工所需的柴油和润滑油,因此,承包商应该得到进口油料的关税补偿。补偿期限从 2000 年 10 月 22 日开始(中方申请后应该得到免税证明的时间,业主及财政部的批复期限按 2 个月计算)到该项目施工结束。业主仍然致函监理工程师,表示对监理工程师的裁决不满意。鉴于这种结果,经过中方项目经理部内部讨论并请示公司总部,考虑到该项目的油料用量不大,索赔金额有限(约 15 万美元),如果提请法庭仲裁,不但会影响中方公司今后业务的开展,而且开庭时还要支付律师费用,就是打赢这场官司,索赔回来的钱扣除律师费用后也所剩无几,因此决定不提出法庭仲裁,但争取能够与业主友好协商解决。

经多方面地做了业主的工作,业主友好地表示可以增加一些额外工程,但是就该项索赔他们也无能为力,毛里求斯财政部不同意签发免税证明。

7.1 FIDIC 及 FIDIC 合同简介

7.1.1 FIDIC 简介

FIDIC 是"国际咨询工程师联合会"法文名称 Fédération Internationale Des Ingénieurs

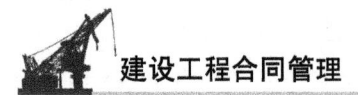

Conseils 的前 5 个字母,其英文名称是 International Federation of Consulting Engineers。FIDIC 于 1913 年由欧洲 5 国独立的咨询工程师协会在比利时根特成立,现址在瑞士洛桑。

FIDIC 成立 100 多年来,对国际上实施工程建设项目,以及促进国际经济技术合作的发展起到了重要作用。由该会编制的《业主与咨询工程师标准服务协议书》(白皮书)、《土木工程施工合同条件》(红皮书)、《电气与机械工程合同条件》(黄皮书)、《工程总承包合同条件》(橘黄皮书)被世界银行、亚洲开发银行等国际和区域发展援助金融机构作为实施项目的合同和协议范本。这些合同和协议文本,条款内容严密,对履约各方和实施人员的职责义务做了明确的规定;对实施项目过程中可能出现的问题也都有较合理的规定,以利于遵循解决。这些协议性文件为实施项目进行科学管理提供了可靠的依据,有利于保证工程质量、工期和控制成本,使雇主、承包人以及咨询工程师等有关人员的合法权益得到尊重。此外,FIDIC 还编辑出版了一些供雇主和咨询工程师使用的业务参考书籍和工作指南,以帮助雇主更好地选择咨询工程师,使咨询工程师更全面地了解业务工作范围和根据指南进行工作。该会制定的承包商标准资格预审表、招标程序、咨询项目分包协议等都有很实用的参考价值,在国际上受到普遍欢迎,得到了广泛承认和应用,FIDIC 的名声也显著提高。

中国工程师咨询协会代表我国于 1996 年 10 月加入了该组织。

7.1.2 FIDIC 合同条件的发展历程

1. FIDIC 合同条件的演变

1957 年,FIDIC 与国际房屋建筑和公共工程联合会[现在的欧洲国际建筑联合会(FIEC)]在英国咨询工程师联合会(ACE)颁布的《土木工程合同文件格式》的基础上出版了《土木工程施工合同条件(国际)》(俗称红皮书),常称为 FIDIC 条件。该条件分为两部分,第一部分是通用合同条件,第二部分为专用合同条件。

1963 年,首次出版了适用于业主和承包商的机械与设备供应和安装的《电气与机械工程标准合同条件格式》(即黄皮书)。

1969 年,红皮书出版了第 2 版。该版增加了第三部分,疏浚和填筑工程专用条件。

1977 年,FIDIC 和欧洲国际建筑联合会(FIEC)联合编写 Federation Internationale Europeenne de la Construction(巴黎),这是红皮书第 3 版。

1980 年,黄皮书出了第 2 版。

1987 年 9 月红皮书出版了第 4 版。将第二部分(专用合同条件)扩大了,单独成册出版,但其条款编号与第一部分一一对应,使两部分合在一起共同构成确定合同双方权利和义务的合同条件。第二部分必须根据合同的具体情况起草。为了方便第二部分的编写,其编有解释性说明以及条款的例子,为合同双方提供了必要且可供选择的条文。

同时出版的还有黄皮书第 3 版《电气与机械工程合同条件》,分为三个独立的部分:序言、通用条件和专用条件。

1995 年,出版了橘皮书《设计-建造和交钥匙合同条件》。

以上的红皮书(1987)、黄皮书(1987)、橘皮书(1995)和《土木工程施工合同-分合同条件》、蓝皮书(《招标程序》)、白皮书(《顾客/咨询工程师模式服务协议》)、《联合承包协议》及《咨询服务分包协议》共同构成 FIDIC 彩虹族系列合同文件。

1999 年 9 月,FIDIC 出版了一套 4 本全新的标准合同条件。

《施工合同条件》(新红皮书)的全称是由业主设计的房屋和工程施工合同条件 (Conditions of Contract for Construction for Building and Engineering Works Designed by the Employer);《设备与设计-建造合同》(新黄皮书)的名称是由承包商设计的电气和机械设备安装与民用和工程合同条件(Conditions of Contract for Plant and Designed-Build for Electrical and Mechanical Plant and Building and Engineering Works Designed by the Contractor);《EPC/交钥匙项目合同条件》(Conditions of Contract for EPC/Turnkey)——银皮书(Silver Book)。FIDIC 还编写了适合于小规模项目的《简明合同格式》(Short Form of Contract)——绿皮书(Green Book)。

2. FIDIC(1999 年版)合同条件介绍

1)《施工合同条件》(新红皮书)

(1) 适用范围。其内容如下:

该合同条件适用于建设项目规模大、复杂程度高、雇主提供设计的项目。新红皮书基本继承了原红皮书的"风险分担"的原则,即雇主愿意承担比较大的风险。因此,雇主希望提供几乎全部设计(可能不包括施工图、结构补强等);雇用工程师管理合同、管理施工以及签证支付;希望在工程施工的全过程中持续得到全部信息,并能做变更等;希望支付根据工程量清单或通过的工作总价。而承包商仅根据雇主提供的图纸资料进行施工。当然,承包商有时也要根据要求承担结构、机械和电气部分的设计工作。那么,《施工合同条件》(新红皮书)正是此种类型业主所需的合同范本。

(2) 特点。其内容如下:

① 新红皮书放弃了原红皮书第 4 版的框架,而是继承了 1995 年橘皮书的格式,合同条件分为 20 个标题,与新版黄皮书、银皮书合同条件的大部分条款一致,同时加入了一些新的定义,便于使用和理解。

② 新红皮书对雇主的职责、权利、义务有了更严格的要求,如对雇主资金安排、支付时间和补偿、雇主违约等方面的内容进行了补充和细化。

③ 对承包商的工作提出了更严格的要求,如承包商应将质量保证体系和月进度报告的所有细节都提供给工程师,在何种条件下将没收履约保证金、工程检验维修的期限等。

④ 索赔、仲裁方面:增加了与索赔有关的条款并丰富了细节,加入了争端委员会的工作程序,由 3 个委员会负责处理那些工程师的裁决不被双方认可的争端。

2)《设备和设计-建造合同条件》(新黄皮书)

(1) 适用范围。其内容如下:

《设备和设计-建造合同条件》特别适合于"设计-建造"(Design-Construction)建设发行方式。该合同范本适用于建设项目规模大、复杂程度高、承包商提供设计、雇主愿意将部分风险转移给承包商的情况。《设备和设计-建造合同条件》与《建造合同条件》相比,最大区别在于前者雇主不再将合同的绝大部分风险由自己承担,而是将一定风险转移至承包商。

(2) 特点。其内容如下:

① 借鉴 1995 年橘皮书的格式,合同结构类似新红皮书,并与新红皮书、银皮书相统一。

② 对设计管理的要求更加系统、严格,通用条件里就专门有一条共 7 款关于设计管理

工作的规定。同时赋予了工程师较大权力对设计文件进行审批；限制了雇主在更换工程师方面的随意性，如果承包商对雇主提出的新工程师人选不满意，则雇主无权更换；雇主对承包商的支付，采用以总价为基础的合同方式，期中支付和费用变更的方式均有详细规定。

③ 承包商要根据合同建立一套质量保证体系，在设计和实施开始前，都要将其全部细节送工程师审查；增加可供选择的"竣工检验"并严格了"竣工检验"环节以确保工程的最终质量；另外，新黄皮书的规定使承包商要承担更多的风险，如将"工程所在国之外发生的叛乱、革命、暴动政变、内战、离子辐射、放射性污染等"在原黄皮书中由业主承担的风险改由承包商来承担，当然因为设计工作是由承包商来提供的，设计方面的风险自然也由承包商承担。

④ 索赔、仲裁方面：与新红皮书一样，采用DAB工作程序来解决争端。

3)《EPC/交钥匙项目合同条件》(银皮书)

(1) 适用范围。其内容如下：

《EPC/交钥匙项目合同条件》是一种现代新型的建设履行方式。该合同范本适用于建设项目规模大、复杂程度高、承包商提供设计、承包商承担绝大部分风险的情况。与其他三个合同范本的最大区别在于，在《EPC/交钥匙项目合同条件》下雇主只承担工程项目的很小风险，而将绝大部分风险转移给承包商。这是由于作为这些项目(特别是私人投资的商业项目)投资方的业主在投资前关心的是工程的最终价格和最终工期，以便他们能够准确地预测在该项目上投资的经济可行性。所以，他们希望少承担项目实施过程中的风险，以避免追加费用和延长工期。

《EPC/交钥匙项目合同条件》特别适宜于下列项目类型。

① 民间主动融资 PFI(Private Finance Initiate)，或公共/民间伙伴 PPP(Public/Private Partnership)，或 BOT(Built Operate Transfer)及其他特许经营合同的项目。

② 发电厂或工厂且业主期望以固定价格的交钥匙方式来履行项目。

③ 基础设计项目(如公路、铁路、桥、水或污水处理石、水坝等)或类似项目，业主提供资金并希望以固定价格的交钥匙方式来履行项目。

④ 民用项目且业主希望采纳固定价格的交钥匙方式来履行项目，通常项目的完成包括所有家具、调试和设备。

(2) 特点。其内容如下：

① EPC合同明确划分了雇主与承包商的风险，特别是承包商要独自承担发生最为频繁的"外部自然力"这一风险。

② 由于雇主承担的风险已大大减少，他就没有必要专门聘请工程师来代表他对工程进行全面细致的管理。EPC合同中规定，业主或委派业主代表直接对项目进行管理，人选的更迭不须经承包商同意；雇主或雇主代表对设计的管理比黄皮书宽松；但是对工期和费用索赔管理是极为严格的，这也是EPC合同订立的初衷。

4)《简明合同格式》(绿皮书)

(1) 适用范围。其内容如下：

FIDIC编委会编写绿皮书的宗旨在于使该合同范本适用于投资规模相对较小的民用和土木工程，如：

① 造价在500000美元以下以及工期在6个月以下。

② 工程相对简单，不需专业分包合同。
③ 重复性工作。
④ 施工周期短。

承包商根据雇主或雇主代表提供的图纸进行施工。当然，简明格式合同也适用于部分或全部由承包商设计的土木电气、机械和建筑设计的项目。

类似银皮书关于管理模式的条款，"工程师"一词也没有出现在合同条件里。这是因为在相对直接和简单的项目中，工程师的存在没有必要性。当然，如果业主愿意，他仍然可以任命工程师。

鉴于绿皮书短小、简单、易于被用户掌握，编委会强烈地希望绿皮书能够被非英语系国家翻译成其母语，从而广泛地应用。此外，对发展中国家、不发达国家和在世界范围邀请招标的项目，绿皮书也被推荐使用。

(2) 特点。其内容如下：

① 正如绿皮书的名字一样，本合同格式的最大特点就是简单，合同条件中的一些定义被删除了而另一些被重新解释；专用条件部分只有题目没有内容，仅当业主认为有必要时才加入内容；没有提供履约保函的建议格式；同时，文件的协议书中提供了一种简单的"报价和接受"的方法以简化工作程序，即将投标书和协议书格式合并为一个文件，业主在招标时在协议书上写好适当的内容，由承包商报价并填写其他部分，如果业主决定接受，就在该承包商的标书上签字，当返还的一份协议书到达承包商处的时候，合同即生效。

② 合同条件中关于"业主批准"的条款只有两款，从而在一定程度上避免了承包商将自己的风险转移给业主；通过简化合同条件，将承包商索赔的内容都合并在一个条款中；同时，提供了好几种变更估价和合同估价方式以供选择。

③ 在竣工时间、工程接收、修补缺陷等条款方面也和其他合同文本有一定的差异。

3. FIDIC 合同条件的应用

1) 国际金融组织贷款和一些国际项目直接采用

在世界各地，凡世行、亚行、非行贷款的工程项目以及一些国家和地区的工程招标文件中，大部分全文采用 FIDIC 合同条件。在我国，凡亚行贷款项目，全文采用 FIDIC "红皮书"。凡世行贷款项目，在执行世行有关合同原则的基础上，执行我国财政部在世行批准和指导下编制的有关合同条件。

2) 合同管理中对比分析使用

许多国家在学习、借鉴 FIDIC 合同条件的基础上，编制了一系列适合本国国情的标准合同条件。这些合同条件的项目和内容与 FIDIC 合同条件大同小异。主要差异体现在处理问题的程序规定上以及风险分担规定上。FIDIC 合同条件的各项程序是相当严谨的，处理业主和承包商风险、权利及义务也比较公正。因此，业主、咨询工程师、承包商通常都会将 FIDIC 合同条件作为一把尺子、与工作中遇到的其他合同条件相对比，进行合同分析和风险研究，制定相应的合同管理措施，防止合同管理上出现漏洞。

3) 在合同谈判中使用

FIDIC 合同条件的国际性、通用性和权威性使合同双方在谈判中可以以"国际惯例"为理由要求对方对其合同条款的不合理、不完善之处作出修改或补充，以维护双方的合法权益。这种方式在国际工程项目合同谈判中普遍使用。

4) 部分选择使用

即使不全文采用 FIDIC 合同条件，在编制招标文件、分包合同条件时，仍可以部分选择其中的某些条款、某些规定、某些程序甚至某些思路，使所编制的文件更完善、更严谨。在项目实施过程中，也可以借鉴 FIDIC 合同条件的思路和程序来解决和处理有关问题。

需要说明的是，FIDIC 在编制各类合同条件的同时，还编制了相应的"应用指南"。在"应用指南"中，除了介绍招标程序、合同各方及工程师职责外，还对合同每一条款进行了详细解释和说明，这对使用者是很有帮助的。另外，每份合同条件的前面均列有有关措辞的定义和释义。这些定义和释义非常重要，它们不仅适合于合同条件，也适合于其全部合同文件。

7.2 FIDIC(1999 年版)施工合同条件

7.2.1 新版 FIDIC 施工合同文本格式

FIDIC1999 年版施工合同文本结构，包括通用条件、专用条件和其他标准化文件的格式。

1. 通用条件

所谓"通用"，其含义是工程建设项目不论属于哪个行业，也不管处于何地，只要是土木工程类的施工均可适用。条款内容涉及：合同履行过程中业主和承包商各方的权利与义务，工程师(交钥匙合同中为业主代表)的权利和职责，各种可能预见到事件发生后的责任界限，合同正常履行过程中各方应遵循的工作程序，以及因意外事件而使合同被迫解除时各方应遵循的工作准则等。

2. 专用条件

专用条件是相对于"通用条件"而言的，要根据准备实施的项目的工程专业特点，以及工程所在地的政治、经济、法律、自然条件等地域特点，针对通用条件中条款的规定加以具体化。可以对通用条件中的规定进行相应补充完善、修订或取代其中的某些内容，以及增补通用条件中没有规定的条款。专用条件中条款序号应与通用条件中要说明条款的序号对应，通用条件和专用条件内相同序号的条款共同构成对某一问题的约定责任。如果通用条件内的某一条款内容完备、适用，专用条件内可不再重复列此条款。

3. 标准化的文件格式

FIDIC 编制的标准化合同文本，除了通用条件和专用条件以外，还包括有标准化的投标书(及附录)和协议书的格式文件。

投标书的格式文件，是投标人愿意遵守招标文件规定的承诺表示。投标人只需要填写投标报价并签字后，即可与其他材料一起构成有法律效力的投标文件。投标书附件列出了通用条件和专用条件内涉及工期和费用内容的明确数值，与专用条件中的条款序号和具体要求相一致，以使承包商在投标时予以考虑。这些数据经承包商填写并签字确认后，合同履行过程中作为双方遵照执行的依据。

协议书是业主与中标承包商签订施工承包合同的标准化格式文件，双方只要在空格内填入相应内容，并签字盖章后合同即可生效。

7.2.2 合同条件的特点

1. 国际性、权威性、通用性

FIDIC《土木工程施工合同条件》的国际性和权威性，从其出台的过程以及它多年被应用于国际工程所证实。其通用性，表现在只要是土木工程，包括房屋工程、桥隧工程、公路工程等均通用；另一方面，它不仅用于国际工程，也可以应用于国内工程，例如，我国国内工程广泛应用的交通部编制的《公路工程施工合同条件》就是等同采用 FIDIC 合同条件，铁道部编制的《土木工程铁路工程施工合同条件》就是等效采用 FIDIC 合同条件而出台的。住建部的施工合同也是如此。

2. 权利和义务明确、职责分明、趋于完善

FIDIC 合同条件文件不仅对工程的规模、范围、标准以及费用的结算办法都规定得十分明确，而且对工程管理过程中的许多细节都做了明确的规定，同时对雇主、承包商、工程师等各方权责规定得十分明确，这是保证工程实施的重要条件，从而减少执行过程中的误解和纠纷。如雇主与承包商之间是雇用与被雇用的关系，但是雇主必须通过工程师来传达自己的命令。雇主和工程师是委托与被委托的关系，但是雇主不能干预工程师的正常工作。但是可以向监理单位提出更换不称职的监理人员。工程师和承包商之间没有任何合同关系，双方是监理与被监理的关系，承包商所进行的工作都必须通过工程师的批准，严格遵照工程师的指示。但是承包商可以通过法律手段来保护自己的合法权益。FIDIC 合同条件所确定的各方之间的关系可保证工程按照合同顺利进行。

3. 文字严密、逻辑性强、内容广泛具体、可操作性强

合同各个条件之间既有相互制约的关系，又有互相补充的关系，从而构成了一个完整的合同体系。如《土木工程施工合同条件》1.5 款，同时也明确规定了文件的优先次序。

4. 合同条件具有唯一性

FIDIC 合同条件是承包商和工程师各自工作的唯一依据。双方在签订合同之后，就只能以此合同作为办事依据。

7.2.3 部分重要词语的定义

1. 合同及合同文件

1) 合同

按照 FIDIC 施工合同条件第 1.1.1.1 条规定，合同指合同协议书、中标函、本条件(合同条件：包括通用条件和专用条件)、规范、图纸、资料表以及合同协议书或中标函中列出的其他文件。

这里的合同实际上是全部合同文件的总称，它包括了全部的对双方有约束力的文件，具体包括以下文件：

(1) 合同协议。

(2) 中标函。一方面可能是指雇主对承包商投标函的正式接受函，另一方面它还可能包括双方商定的其他内容。如在评标中，雇主发现投标书中有些内容不清楚或是错误的，投标人对这些的澄清和确认。若整个合同文件中没有"中标函"一词，则此时中标函应理解是"协议书"。

(3) 投标函。指的是投标人的报价函，通常包括投标人的承诺和投标人根据招标文件的内容，提出为雇主承建本招标项目而要求的合同价格。(注：若中标后签订了合同，这里提到的投标人就是承包人)。

(4) 合同条件。主要指专用条件和通用条件。

(5) 规范。规范的主要作用是在合同中对招标项目从技术方面进行描述，提出项目在实施中应满足的技术标准、程度等，与我国国内施工的技术规范、规程等含义一致。它是各方(雇主、承包商、工程师)解决项目相关的技术问题的依据。究竟用什么规范，用哪国的规范由当事人双方在合同中约定。

(6) 图纸。指项目实施过程中的工程图纸，以及包括由雇主(或其代表)按照合同发出的任何补充和修改的图纸。这里图纸实质可能有两个来源：一个是雇主提供的，当然包括其对图纸的修改和变更；另一个是承包商设计提供的，当然应经过工程师的同意和认可。这里的图纸与国内施工合同文本中的含义是一致的。

(7) 资料表。指合同中名为资料表的文件中，由承包商填写并随投标一起提交的资料文件。这类文件包括工程量表、数据、表册、费率或价格表(报价单)。

(8) 其他文件。

另外，合同文件包括在合同履行的过程中，当事人双方补充的一些协议，如会议纪要等。

2) 合同文件的优先次序

由上面分析知，在 FIDIC 施工合同中，构成对当事人双方有约束力的合同文件有 8 个，由于合同文件形成的时间长，在实施中情况在不断发生变化，可能受到诸多外界因素影响，因而这些文件客观上不可避免地会出现一些不同甚至矛盾的现象，因而应对文件作出解释。在此，FIDIC 施工合同作了三个方面的说明：

(1) 组成合同的各文件是可以相互解释的。如专用条件就是对通用条件的解释和说明。

(2) 在解释时，各文件的优先次序应按上述"合同"中列到的合同文件的顺序进行，即"(1)→(2)→(3)→(4)→(5)→(6)→(7)→(8)"。应当说明的是，合同履行过程中，双方补充的新协议、新文件是最具有优先解释权的。

(3) 若文件之间出现歧义或不一致，工程师应作出必要的澄清或指示。

3) 合同协议书

(1) 协议书的签订。一般承包商收到中标函后 28 天内双方签订，其格式按专用条件中所附的格式。同时，签订合同的印花税和类似费用如果有的话，由雇主承担。

(2) 协议书的内容。FIDIC 施工合同条件规定的"合同协议书"实质上是一个统领性的文件。对所有的合同文件作了归纳，从其内容看主要有以下三个方面：

① 包含的全文件中的术语具有合同条件中所定义的含义。

② 构成整个工程合同的全部文件的清单。

③ 说明当事人双方对合同内容的认可及履行合同的承诺。

2. 投标文件相关的定义

1) 投标函

投标函指的是投标人的报价函,其格式一般由雇主方在招标文件中拟订好,由投标人填写,作为其正式报价函,它是投标书的核心部分之一。

2) 投标书

投标书是指投标者投标时提交给招标人的且构成合同文件的全部文件的总标。它主要包括有投标函、填写的各类表格及文件(如工程量表、计工表、投标保证函等),以及其他的技术文件(如施工方法、方案、进度计划安排、人员安排、设备清单、分包计划等)。

3) 投标函附录

这个文件是附在投标函后面并构成投标函一部分的一个附录,它将合同条件中的核心内容简单列出,并给出在合同中相应的条款号。这个附录中的大部分内容雇主在招标时已规定,少部分由投标人填写,因而承包人对雇主规定的相关内容、数据应仔细研究。

3. 合同各方及人员

1) 雇主

指在投标函附录中称为雇主的当事人,以及其财产所有权的合法继承人(这里也可理解为业主或发包人)。

2) 承包商

指为雇主接受的在投标函中称为承包商的当事人,以及其财产所有权的合法继承人。

3) 工程师

指由雇主任命的并在投标函附录中指明的为实施合同担任工程师的人员,或者在实施中雇主替换工程师由其重新任命并通知承包商的人员。这里工程师的含义与国内的总监理工程师的含义基本一致,不过他们的职责有很大的不同。

4) 雇主人员

根据定义,雇主人员主要包括:工程师、工程师的助理人员,工程师和雇主的雇员,工程师和雇主通知承包商为雇主方工作的那些人员。

由定义可以知道,新 FIDIC 施工合同条件明确将工程师列为雇主的人员,从而改变和淡化了工程师这一角色的"独立性"和"公正无偏"的性质,这也是与以前 FIDIC 施工合同条件各版本不同的地方之一。这种变化是与实际紧密结合的。在国内,一些学者对我国工程师(监理工程师)也有类似的定位,如他们认为工程师应在不损害承包商利益的前提下维护雇主的利益。

5) 承包商人员

指承包商的代表和承包商现场聘用的所有人员。这里所有人员包括一般职员如技术人员、管理人员、财务人员等,工人、承包商和一般分包商的人员,其他人员如大型设备厂家来安装或协助的人员。

这样明确规定承包商的人员,有利于在合同履行过程中划清责任,即这些人员若在现场出现了非雇主承担责任或风险的事件而受到影响,则由承包商承担相关责任。

4. 日期、工期相关的概念

1) 基准日期

合同中定义的基准日期是指投标截止日期之前的 28 天所对应的日期。这一日期为雇主与承包商承担风险的界线，即在基准日期之后发生的一切风险作为一个有经验的承包商在投标时若不能合理预见，则由雇主承担，如物价的变化、当地政策的变化等，在此日期之前，无论是何种涉及投标报价风险发生，均由承包商承担。

2) 开工日期

按合同规定，开工日期若在合同中没有明确规定具体的时间，则开工日期应在承包商收到中标函后的42天内，由工程师在这个日期前7天通知承包商，承包商在开工日后应尽可能快地施工。

此日期是计算工期的起点，同时由于雇主的原因使工程师不能发布开工日期，若给承包商造成损失的，则承包商可以向雇主索赔。

3) 工期

在合同条件中，没有明确工期的含义，但可理解为双方签订合同时所有确定的工期即双方"可接受的工期"。随着合同的履行可能会出现一些影响工期的事件，则工期可以顺延，即工期是会变化的，因而不能简单地用"工期"来判断承包商是否延误工期。

4) 竣工时间

这里其实指的是一个时间段，就是合同要求承包商完成工程的时间，这段时间包括承包商合理地获得的延长时间，因而可以理解竣工时间为签订合同的约定的时间加上合理的顺延时间，即为合同工期。可以用竣工时间(合同工期)来判定承包商是否延误工期。

5) 施工工期

指开日期到项目通过竣工验收移交，工程接收证书中指明的竣工日这一时间段。可以用施工期与竣工时间(合同工期)对比，若施工期长于竣工时间，说明承包商延误工期；若等于竣工时间，说明按时完工；若短于竣工时间，则说明承包人提前竣工。

6) 缺陷通知期

指从竣工日期算起，通知工程或分项存在缺陷的期限，在此期间应完成工程接收证书中指明的扫尾工作以及完成修补缺陷或损害所需的工作。这个期限双方在附录中可以约定，工程师也可以根据具体情况予以延长。这个期限与我国规定的质保期相类似。

7) 合同的有效期

从双方签订合同开始到承包商提交的"结清单"生效而且雇主支付为止的这段时间为合同的有效期，此期间，合同对双方均有结束力。它包括了施工期、缺陷通知期等。

5. 价款与支付相关的概念

1) 中标合同金额

指中标函中所认可的工程施工、竣工和修补任何缺陷所需的费用。这实质上是中标的承包商的投标价格。此时成为双方签合同时的可接受价款。在合同履行中，此金额是会发生变化的，究其原因，主要有以下几个方面的影响因素：

(1) FIDIC施工合同条件一般运用于大型复杂的施工采用单价合同承包。这样，承包商根据工程量清单来报价，由于工程量随着合同的履行可能会发生变化，而单价合同支付的原则是按承包商实际完成工程量乘以所报单价结算工程款，因而，投标时的中标合同会发生变化。

(2) 可调价合同。大型复杂工程的工期较长，通用条件中包括合同工期内因物价变化对施工成本产生影响后计算调价费用的条款，每次支付工程进度款时均要考虑约定可调价范围内项目当地市场价格的涨落变化。而这笔调价款没有包含在中标价格内，仅在合同条款中约定了调价原则和调价费用的计算方法。这说明单价在一定的条件下也会发生变化。

(3) 发生应由雇主承担责任的事件。合同履行过程中，可能因雇主的行为或他应承担风险责任的事件发生后，导致承包商增加施工成本，合同相应条款都规定应对承包商受到的实际损害给予补偿。

(4) 承包商的质量责任。如承包商提供的不合格材料和工程的重复检验由承包商承担。承包商没有改正忽视质量的错误行为。当承包商不能在工程师限定的时间内将不合格的材料或设备移出施工现场，以及在限定时间内没有或无力修复缺陷工程，雇主可以雇用其他人完成，该项费用应从承包商应得款中扣回，一般从保留金中扣。

折价接收部分有缺陷工程。某项处于非关键部位的工程施工质量未达到合同规定的标准，如果雇主和工程师经过适当考虑后，确信该部分的质量缺陷不会影响总体工程的运行安全，为了保证工程按期发挥效益，可以与承包商协商后折价接收。

(5) 承包商延误工期或提前竣工。当承包商提前竣工，他可能获得提前竣工奖，当承包商延误工期将受到罚款。

(6) 包含在中标合同价中的暂定金是雇主的一笔备用资金，由工程师来控制使用，承包商不一定能得到。

以上几个方面的因素都会影响到承包商最终得到的合同价款，因而中标的合同价款是会发生变化的。

2) 合同价格

指按照合同条款的约定，承包商完成工程建造和缺陷责任后，对所有合格工程有权获得的全部工程支付，实质上是工程结算时，发生的应由雇主支付的实际价格，可以简单理解为完工后的"竣工结算价款"。

3) 费用

指承包商在场内外发生的(或将发生的)所有合理开支，包括管理费和类似支出，但不包括利润。

4) 暂列金额

它是合同中明文规定的一项雇主备用资金，一般情况下包括在合同价款中，出现下列情况时，可以动用暂列金，由工程师来控制使用。

(1) 工程实施过程中可能发生雇主方负责的应急费/不可预见费，如计日工涉及的费用。

(2) 在招标时，对工程的某些部分，雇主方还不可能确定到使投标者能够报出固定单价的深度。

(3) 在招标时，雇主方还不能决定某项工作是否包含在合同中。

(4) 对于某项作业，雇主方希望以指定分包商的方式来实施。

5) 保留金

指合同中约定在每月进度款扣取的用于保证承包商在合同履行过程中恰当履约的一笔金额，其数目大小由双方约定。若承包商认真履约，则这笔保留金应返还。其作用类似我国规定的质保金，但保留金作用大一些，它不仅用于承包商担保保修义务，而且用于担保在合同履行中恰当履约。

6) 期中支付证书

指由承包商按合同规定申请期中付款要求，经工程师审核验收的向承包人期中付款的凭证，这些证书都是临时性的。其作用类似于国内进度付款证书。

7) 最终付款证书

工程通过了缺陷通知期，工程师签发了履约证书后，由承包商提交的最终付款申请(即"结清单")。经工程师审核的向承包商签发的最后支付的凭证。在此证书中包括承包人完成工程应得的所有款项，以及扣除期中支付款项后最后应由雇主支付的款额。

6. 指定分包商

1) 概念

指定分包商是由雇主(或工程师)指定、选定，完成某项特定工作内容并与承包商签订分包合同的特殊分包商。合同条款规定，雇主有权将部分工程项目的施工任务或涉及提供材料、设备、服务等工作内容发包给指定分包商实施。

2) 设置指定分包商的原因

合同内规定有承担施工任务的指定分包商，大多因雇主在招标阶段划分合同时，考虑到某些部分施工的工作内容有较强的专业技术要求，一般承包单位不具备相应的能力，但如果以一个单独的合同对待又限于现场的施工条件或合同管理的复杂性，工程师无法合理地进行协调管理，为避免各独立合同之间的干扰，则将这部分工作发包给指定分包商实施。由于指定分包商是与承包商签订分包合同，因而在合同关系和管理关系方面与一般分包商处于同等地位，对其施工过程中的监督、协调工作纳入承包商的管理之中。

3) 指定分包商的特点

虽然指定分包商与一般分包商处于相同的合同地位，但二者并不完全一致，主要差异体现在以下几个方面：

(1) 选择分包单位的权利不同。指定分包商由雇主或工程师选定，而一般分包商则由承包商选择。

(2) 分包合同的工作内容不同。指定分包工作不属于合同约定应由承包商必须完成范围之内的工作，即承包商投标报价时没有摊入间接费、管理费、利润、税金的工作，因此不损害承包商的合法权益，但对指定分包商的管理费可以在投标报价时考虑。而一般分包商的工作则为承包商承包工作范围的一部分。

(3) 工程款的支付开支项目不同。为了不损害承包商的利益，给指定分包商的付款应从暂列金额内开支。而对一般分包商的付款，则从工程量清单中相应工作内容项内支付。

(4) 雇主对分包商利益的保护不同。尽管指定分包商与承包商签订分包合同后，按照权利义务关系他直接对承包商负责，但由于指定分包商终究是雇主选定的，而且其工程款的支付从暂列金额内开支，因此，在合同条件内列有保护指定分包商的条款。通用条件规定，承包商在每个月末报送工程进度款支付报表时，工程师有权要求他出示以前已按指定分包合同给指定分包商付款的证明。如果承包商没有合法理由而扣押了指定分包商上个月应得工程款的话，雇主有权按工程师出具的证明从本月应得款内扣除这笔金额直接付给指定分包商。对于一般分包商则无此类规定，雇主和工程师不介入对一般分包合同履行的监督。

(5) 承包商对分包商违约行为承担责任的范围不同。除非由于承包商向指定分包商发布了错误的指示要承担责任外,对指定分包商的任何违约行为给雇主或第三者造成损害而导致索赔或诉讼,承包商不承担责任。如果一般分包商有违约行为,雇主将其视为承包商的违约行为,按照主合同的规定追究承包商的责任。

7.2.4 合同中各方的工作责任与权利

1. 雇主

1) 雇主的风险

在 FIDIC 施工合同条件中,雇主与承包商风险责任的划分总体原则是一个有经验的承包商在投标时能否合理预见此风险,若不能合理预见,在基准日期之后发生了风险则应由雇主来承担,否则应由承包商承担。按此原则,雇主承担的风险包括以下几种。

(1) 合同中直接规定的风险。合同通用条件第 17.4 条规定雇主的风险包括以下几种:

① 战争、敌对行动(不论宣战与否)、入侵、外敌行动。

② 工程所在国内的叛乱、恐怖主义、革命、暴动、军事政变或篡夺政权,或内战。

③ 承包商人员及承包商和分包商的其他雇员以外的人员在工程所在国内的暴乱、骚动或混乱。

④ 工程所在国内的战争军火、爆炸物资、电离辐射或放射性引起的污染,但可能由承包商使用此类军火、炸药、辐射或放射性引起的除外。

⑤ 由音速或超音速飞行的飞机或飞行装置所产生的压力波。

⑥ 除合同规定以外雇主使用或占有的永久工程的任何部分。

⑦ 由雇主人员或雇主对其负责的其他人员所做的工程任何部分的设计。

⑧ 不可预见的或不能合理预期一个有经验的承包商已采取适宜预防措施的任何自然力的作用。

(2) 不可预见的物质条件。其主要内容如下:

① 不可预见物质条件的范围。承包商施工过程中遇到不利于施工的外界自然条件、人为干扰、招标文件和图纸均未说明的外界障碍物、污染物的影响、招标文件未提供或与提供资料不一致的地表以下的地质和水文条件,但不包括气候条件。

② 承包商及时发出通知。遇到上述情况后,承包商递交给工程师的通知中应具体描述该外界条件,并说明原因为什么承包商认为是不可预见的。发生这类情况后承包商应继续实施工程,采用在此外界条件下合适的以及合理的措施,并且应遵守工程师给予的任何指示。

③ 工程师与承包商进行协商并作出决定,判定原则如下:

a. 承包商在多大程度上对该外界条件不可预见。事件的原因可能属于雇主风险或有经验的承包商应该合理预见,也可能双方都应负有一定的责任,工程师应合理划分责任或责任限度。

b. 属于承包商责任的事件影响程度,评定损害或损失的额度。

c. 与雇主和承包商协商或决定补偿之前,还应审查是否在工程类似部分(如有时)上出现过其他外界条件比承包商在提交投标书时合理预见的物质条件更为有利的情况。如果在一定程度上承包商遇到过此类更为有利的条件,工程师还应确定补偿时对因此有利条件而应支付费用的扣除与承包商作出商定或决定,并且加入合同价格和支付证书中(作为扣除)。

d. 但由于工程类似部分遇到的所有外界有利条件而作出对已支付工程款的调整结果不应导致合同价格的减少，即如果承包商不依据"不可预见的物质条件"提出索赔时，不考虑类似情况下有利条件承包商所得到的好处，另外对有利部分的扣除不应超过对不利补偿的金额。

(3) 其他风险。其内容包括：

① 外币支付部分由于汇率变化的影响。当合同内约定给承包商的全部或部分付款为某种外币，或约定整个合同内始终以基准日承包商报价所依据的投标汇率为不变汇率按约定百分比支付某种外币时，汇率的实际变化对支付外币的计算不产生影响。若合同内规定按支付日当天中央银行公布的汇率为标准，则支付时需随汇率的市场浮动进行换算。由于合同期内汇率的浮动变化是双方签约时无法预计的情况，不论采用何种方式，雇主均应承担汇率实际变化对工程总造价影响的风险，可能对其有利，也可能不利。

② 法令、政策变化对工程成本的影响。如果基准日后由于法律、法令和政策变化引起承包商实际投入成本的增加，应由雇主给予补偿。若导致施工成本的减少，也由雇主获得其中的好处，如施工期内国家或地方对税收的调整等。

2) 提供施工现场

雇主应按照约定的时间向承包商提供现场，若没有约定则雇主应依据承包商提交的进度计划，按照施工的要求来提供。

雇主不能按时提供现场，给承包商造成损失的，承包商可以向雇主提出索赔。

3) 提供协助配合的义务

在国际工程承包中，承包商的许多工作可能涉及工程所在国的机构批复文件，对于当地的相关机构、雇主比较熟悉，FIDIC 合同条件中规定雇主应配合承包商办理此类事项。主要表现如下。

(1) 雇主承诺配备相关人员，配合承包商的工作及时与各方沟通，并遵守现场有关安全和环保规定。

(2) 帮助承包商获得工程所在国(一般是雇主国)的有关法律文本。

(3) 协助承包商办理相关证照，如劳动许可证、物资进出口许可证、营业执照，以及安全、环保方面的证照等。

4) 提交资金安排计划

合同条件中规定，如承包商提供了进度及资金需求计划并要求雇主提交其资金安排计划，则雇主应在 28 天内向承包商提供合理证据，证明其资金到位有能力向承包商支付。若其资金安排有重大变化，则应通知承包商。这种做法在国内是值得借鉴的。

5) 终止合同的权利

(1) 可以终止合同的情况。承包商出现下列情况，雇主可以终止合同：

① 不按规定提交履约保证或接到工程师的改正通知后仍不改正。

② 放弃工程或公然表示不再继续履行其合同义务。

③ 没有正当理由，拖延开工，或者在收到工程师关于质量问题方面的通知后，没有在 28 天内整改。

④ 没有征得同意，擅自将整个工程分包出去，或将整个合同转让出去。

⑤ 承包商已经破产、清算，或承包商已经无法再控制其财产的类似问题等。

⑥ 直接或间接向工程有关人员行贿，引诱其做出不轨之行为或言不实之词，包括承包商雇员的类似行为，但承包商支付其雇员的合法奖励则不在之列。

(2) 终止合同程序。发生上述任何一种情况后，雇主提前14天通知承包商终止合同并将承包商驱逐出场；若出现上述⑤、⑥两种情况，则通知承包商立即终止合同，不需提前14天通知。

(3) 相关责任。其内容包括：

① 上述终止合同的原因均系承包商造成，因而承包商承担一切责任，并按工程师的要求，在撤场后将有关物品、承包商的文件以及其他设计文件提交工程师。

② 雇主可以自行或安排其他人完成工程，并有权使用承包商提交给工程师的物品和资料。同时雇主有权扣押承包商的一切物品，根据情况来处理这些物品，如果承包商欠雇主资金则雇主有权将其物品变更，得到价款优先受偿。

6) 索赔的权利

若承包商不当履行合同或出现应由承包商承担责任的事件，给雇主造成损失，则雇主可向承包商索赔。

2. 承包商

1) 遵纪守法

合同条件中要求承包商在履行合同期间，应遵守适用的法律，特别是与本工程建设相关的法律规章等。承包商应缴纳各项税费，按照法律关于工程设计、实施和竣工以及修补任何缺陷等要求，办理各种证照。

2) 承包商一般义务

根据合同通用条件的第4.1条规定，承包商的基本义务主要包括以下几方面：

(1) 承包商应根据合同和工程师的指令来施工和修复缺陷。

(2) 承包商应提供合同规定的永久性设备和承包商的文件。

(3) 承包商应提供其实施工程期间所需的一切人员和物品。

(4) 承包商应为其现场作业以及施工方法的安全性和可靠性负责。

(5) 承包商为其文件、临时工程，以及永久设备和材料的设计负责，但不对永久工程的设计或规范负责，除非有明确规定。

(6) 工程师随时可以要求承包商提供施工方法和安排等内容；如果承包商随后需要修改，应事先通知工程师。

本款还规定了另一种情况，即如果合同要求承包商负责设计某部分永久工程，则承包商执行该设计的程序如下：

① 承包商应按合同规定的程序向工程师提交有关设计的承包商的文件。

② 这些文件应符合规范和图纸，并用合同规定的语言书写；这些文件还应包括工程师为了协调所需要的附加资料。

③ 承包商应为设计的部分负责，并在完成后，该部分设计应符合合同规定这部分应达到的目标。

④ 在竣工检验开始之前，承包商应向工程师提交竣工文件和操作维护手册，以便雇主使用；不提交这些文件，该部分工程不能认为完工和验收。

3) 提交履约保证

承包商在收到中标函之后的 28 天之内向雇主提交履约保证，出具保证的机构应征得雇主的认可，并且来自工程所在国或雇主批准的其他辖区。

履约保证的有效期一般到缺陷通知期结束，在雇主收到了工程师签发的履约证书之后 21 天内将履约保证退还给承包商。

要求承包商提交履约保证的目的就是保证承包商按照合同履行其合同义务和职责。否则，雇主就可据此向承包商索赔，这种做法在国内也常常采用。

4) 安全、安保及环保责任

(1) 安全责任。FIDIC 施工合同中有关承包商的安全责任规定与国内相似，即承包商对现场施工安全负责，如要求承包商遵守一切适用于安全的规章，应照管好有权进入现场的一切人员的安全，提供现场围栏、照明等。

(2) 安保责任。承包商应负责现场的安全保卫工作，如防止无权进入现场的人员进入现场，防止偷盗和人为破坏等。

(3) 环保责任。承包商应负责施工过程中的环境保护工作，如应采取一切措施保护场内外的环境，控制施工中的噪声、污染，应保证施工期间向空中排放的散发物、地面排污等不超过标准。

5) 工程分包

FIDIC 施工合同条件允许承包商进行合法的分包，作为一般的工程分包及分包商的选择，与国内相类似。其主要规定如下：

(1) 承包商不得将整个工程分包出去。

(2) 承包商应对分包商的一切行为和过失负责。

(3) 除非合同中有明确约定分包的内容，否则分包应经雇主的同意，并且应至少提前 28 天通知工程师分包商计划开始分包工作的日期以及开始现场工作的日期。

(4) 从合同关系的角度来看，由于分包商与雇主没有直接的合同关系，因而分包商不能直接接受雇主的工程师或代表下达的指令。

(5) 总承包商应对现场的协调管理负责。

6) 文物保护责任

在施工中，发现了文物，承包商应做以下的工作并有相关的权利：

(1) 承包商应立即通知工程师，并且采取合理的措施保护文物。

(2) 若因施工中遇到文物使承包商遭受了工期延期和多开支的费用可以向雇主提出索赔。

7) 终止合同的权利

(1) 可以终止合同的情况。其内容包括：

① 如果就雇主不提供资金证明的问题，承包商发出暂停工作的通知，而通知发出后 42 天内，仍没有收到任何合理证据。

② 工程师在收到报表和证明文件后 56 天内没有签发有关支付证书。

③ 承包商在期中支付款到期后的 42 天内仍没有收到该笔款项。

④ 雇主严重不履行其合同义务。

⑤ 雇主不按合同规定签署合同协议书，或违反合同转让的规定。

⑥ 如果工程师暂停工程的时间超过 84 天，而在承包商的要求下在 28 天内又没有同意复工，如果暂停的工作影响到整个工程时，承包商有权终止合同。

⑦ 雇主已经破产、被清算，或已经无法再控制其财产等。

(2) 终止合同的程序。发生以上七种情况中的任何一种，承包商可以终止合同。在①～⑤种情况发生后提前 14 天通知雇主，合同终止，对⑥、⑦两种情况承包商发出通知后立即终止合同。

(3) 责任承担。很显然承包商终止合同的责任在雇主，因而雇主应承担一切责任，如支付违约金、支付赔偿金等，承包商在合同中应有的权利不受影响。当然承包商此时也应尽一定的义务，如果停止进一步的工作应保护生命财产和工程的安全，凡是得到了支付的承包商的文件、永久设备、材料，都应移交给雇主。

8) 索赔的权利

若雇主不当履行合同或出现应由雇主承担责任的事件，给承包商造成损失的，则承包商可向雇主索赔。

3. 工程师

1) 工程师的职责和权利

从工程师的定义及雇主人员的组成来看，工程师是受雇于雇主而且是属于雇主的人员，这样就淡化了其"独立性"，因而其职责和权力有一些特殊的规定：

(1) 工程师应履行合同中规定的职责，并可以行使合同明文规定和必然隐含的赋予他的权力。

(2) 工程师无权更改合同，无权解除雇主和承包商的任务和责任。

(3) 在工程承包合同签订之后，没有承包商的同意雇主不得进一步限制工程师的权力。

(4) 无论是工程师行使权力还是履行职责，均视为是为雇主做的工作。

2) 工程师的委托

在合同履行中，工程师可以委托相关的人员行使其部分职权，合同条件中对其委托作了相关的规定，主要内容如下：

(1) 工程师可以随时将其有关权力和职责委托给下属人员，也可以撤回，这种委托或撤回应以书面形式，并在雇主和承包商均收到书面通知后生效。

(2) 工程师通过了有效的委托后，其委托的下属人员发布的各种指令的效力与工程师下达的完全一样。

(3) 承包商对其委托的助理人员的决定或指令有异议的，可以向工程师提出，工程师应立即确认、撤回或修改。

3) 工程师的指示

合同条件中规定，为了实施工程所需，工程师可以根据合同随时向承包商签发指示和有关图纸，对于这些指示承包商应遵照执行，若工程师的指示构成了变更，影响了工期和费用，则可按工程变更来处理，给予承包商工期、费用的补偿。

工程师的指示一般应以书面的形式签发，必要时也可以口头指示。此时，承包商应在接到口头指示后的两个工作日内，主动将自己记录的口头指示以书面形式报告给工程师，要求工程师确认，若工程师收到后两个工作日不答复，则承包商记录的口头指示视为是工程师发布的书面指示。

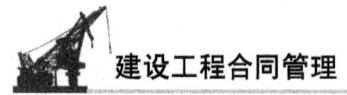

4) 工程师的更换

在合同管理中，若雇主不满意工程师的工作，他可以更换工程师，但应至少提前42天将拟替代人的名字、地址及其相关经验通知承包商。

5) 工程师的决定

在合同管理中，工程师在很多情况下可以对双方的行为作出自己的决定，这是工程师的一项权力，但是工程师在作决定时合同条件中作了相关规定，其主要内容有：工程师在作涉及双方利益的决定时，应首先与双方沟通力争达成一致，若双方不能达成一致，工程师可以根据合同结合实际情况，公正合理地作出自己的决定并通知双方，若双方仍有异议，则双方可自行协商或选择DAB或仲裁来解决。从这里可知，工程师所作的决定不一定是最终的决定。

7.2.5 合同中的质量管理条款及内容

1. 施工阶段的质量管理

1) 承包商的质量管理体系

通用条件规定，承包商应按照合同的要求建立一套质量管理体系，以保证施工符合合同要求，在每一工作阶段开始实施之前，承包商应将所有工作程序的细节和执行文件提交工程师，以供参考。工程师有权审查质量体系的任何方面，包括月进度报告中包含的质量文件，对不完善之处可以提出改进要求。由于保证工程的质量是承包商的基本义务，即使其遵守工程师认可的质量体系施工，也并不能解除依据合同应承担的任何职责、义务和责任。

2) 施工放线

通用条件规定，承包商应按合同规定或工程师通知的原始数据进行放线并应对雇主方提供的原始数据的准确性进行核实，若雇主(工程师)提供了错误的数据信息，作为一个有经验的承包商无法合理发现，并且无法避免有关延误和费用发生，则承包商可以向雇主索赔工期、费用和利润。

当然，承包商的索赔要获得成功必须是以下三种情况：

(1) 雇主提供的错误数据导致有工期损失和额外费用。

(2) 承包商尽力核实数据而无法合理发现此类错误。

(3) 承包商应及时发生了索赔意向和索赔通知。

3) 工艺、材料、设备质量控制

(1) 一般要求。对于工艺、材料、设备的质量通用条件中对承包商提出了几条原则性的要求：

① 若合同中有具体要求规定，承包商应按此具体方式来实施，这里主要体现在规范的规定中，承包人按照规范中的标准执行即可。

② 若没有明确的要求，则应按照公认的良好惯例，以恰当的施工工艺和谨慎的态度去实施，同时应使用恰当配备的设施和无害材料来实施。

③ 对于材料质量的控制，承包商在材料用于工程之前，应向工程师提交有关材料的样品和资料，取得工程师的同意，这些样品包括承包商自费提供的厂家的标准样品及合同中约定的其他样品。

(2) 质量的检查与检验。检查与检验是控制质量的主要方法和手段之一，同时检查与检验的含义各不相同，检验是深层次的检查，有时需要借助专门的仪器和装置进行，对此通用条件对质量的检查与检验有不同的要求和规定。

① 检查方面的规定。

a. 雇主的人员(包括工程师)有权在一切合理的时间内进入现场，以及项目设备和材料的制造基地检查测量永久性设备和材料的用材、制造工艺和进度。承包商应予以配合协助，这一规定是规定了雇主的人员有权进入现场进行跟踪检查的权力。

b. 任何一项隐蔽工程在隐蔽之前，承包商应通知工程师验收，同时工程师也不得无故延误，若工程师不要求检查应及时通知承包商。若没有通知工程师检查，工程师有权要求承包商自费打开已经覆盖的工程，供检查并自己恢复原状，这一规定实质是检查隐蔽工程的程序，其做法与国内是相同的。

② 检验方面的规定。

a. 合同明文规定要检验的均应检验。同时还可能包括工程师所作出的额外检验即超出约定的检验，检验相关的费用应由此额外检验的结果来判定。若合格，则由雇主承担责任，不合格则由承包商承担责任。

b. 承包商应为检验提供服务，主要包括人员、设施仪器、消耗品等。

c. 对于永久设备、材料及工程的其他部分检验，承包商与工程师应提前商定检验的时间和地点。若工程师参加检验，应在此时间前 24 小时告知承包商；若工程师不参加，承包商可以自行检验，查验结果有效，等同于工程师在场。

(3) 检验不合格的处理与补救。在检验检查中若发现设备、材料、工艺有缺陷或不符合合同的要求，工程师可以要求承包商更换修改，承包商应按要求予以更换或修改，直到达到规定的要求，若承包商更换的材料或设备需重新检验的，应当重检，所需的检验费应由承包商承担。

对于检查检验过的材料、设备或工艺等，若事后工程师发现仍存在问题，则工程师有权作出指示，要求对此作出补救工作，如工程师可以要求承包商换掉不符合要求的材料和设备，对不合要求的工作一律返工。若承包商不执行工程师的指示，雇主可雇人来完成相关的工作，此费用一般从承包商的保留金中开支。

这一"补救工作"的规定，是国际工程中的典型规定，即工程师的认可和批准，不解除承包商的任何合同责任和义务，承包商是质量的第一创造者和责任人，他应向雇主提供符合合同约定的工程。

4) 对承包人施工设备的管理

(1) 承包商自有的施工设备。承包商自有的施工机械、设备、临时工程和材料，一经运抵施工现场后就被视为专门为本合同工程施工之用。除运送承包商人员物资的运输车辆以外，其他施工机具和设备虽然承包商拥有所有权和使用权，但未经过工程师的批准，不能将其中的任何一部分运出施工现场。作出上述规定的目的是为了保证本工程的施工，但并非绝对不允许在施工期内承包商将自有设备运出工地，某些使用台班数较少的施工机械在现场闲置期间，如果承包商的其他合同工程需要使用时，可以向工程师申请暂时运出。当工程师依据施工计划考虑该部分机械暂时不用而同意他运出时，应同时指示何时必须运回以保证本工程的施工之用，要求承包商遵照执行。对于后期施工不再使用的设备，竣工前经过工程师批准后,承包商可以提前撤出工地。

(2) 要求承包工程增加或更换施工设备。若工程师发现承包商使用的施工设备影响了工程进度或施工质量时,有权要求承包商增加或更换施工设备,由此增加的费用和工期延误责任由承包商承担。

2. 工程变更管理

1) 工程变更的范围

由于工程变更属于合同履行过程中的正常管理工作,工程师可以根据施工进展的实际情况,在认为必要时就以下几个方面发布变更指令:

(1) 对合同中任何工作量的改变。

(2) 任何工作质量或其他特性的变更。

(3) 工程任何部分标高、位置和尺寸的改变,第(2)和(3)属于重大的设计变更。

(4) 删减任何合同约定的工作内容,省略的工作应是不再需要的工程,不允许用变更指令的方式将承包范围内的工作变更给其他承包商实施。

(5) 进行永久工程所必需的任何附加工作、永久设备、材料供应或其他服务,包括任何联合竣工检验、钻孔和其他检验以及勘察工作。

(6) 改变原计划的施工顺序或时间安排。

2) 变更程序

(1) 指示变更。工程师在雇主授权范围内根据施工现场的实际情况,在确属需要时有权发布变更指示。指示的内容应包括详细的变更内容、变更项目的施工技术要求和相关部门文件图纸,以及变更处理的原则。

(2) 要求承包商递交建议书后再确定的变更。其程序如下:

① 工程师将计划变更事项通知承包商,并要求他递交实施变更的建议书。

② 承包商应尽快予以答复。

③ 工程师作出是否变更的决定,尽快通知承包商说明批准与否或提出意见。

④ 承包商在等待答复期间,不应延误任何工作。

⑤ 工程师发出每一项实施变更的指示,应要求承包商记录支出费用。

⑥ 承包商提出的变更建议书,只是作为工程师决定是否实施变更的参考。除了工程师作出指示或批准以总价方式支付的情况外,每一项变更应依据计量工程量进行估价和支付。

3) 变更估价

(1) 变更估价的原则。计算变更工程应采用的费率或价格,可分为三种情况:

① 变更工作在工程量表中有同种工作内容的单价,就应以该费率计算变更工程费用。实施变更工作未导致工程施工组织和施工方法发生实质性变动,不应调整该项目的单价。

② 工程量表中虽然单列有同类工作的单价或价格,但对具体变更工作而言已不适用,则应在原单价和价格的基础上制定合理的新单价或价格。

③ 变更工作的内容在工程量表中没有同类工作的费率和价格,应按照与合同单价水平一致的原则,确定新的费率或价格。

(2) 删减原定工作后对承包商的补偿。工程师发布删减工作的变更指示后承包商不再实施部分工作,合同价格中包括的直接费用部分没有受到损害,但摊销在该部分的间接费、税金和利润则实际不能合理回收。因此承包商可以就其损失向工程师发出通知并提供具体的证明资料，工程师与合同双方协商后确定一笔补偿金额加入到合同价内。

4) 承包商申请的变更

承包商根据工程施工的具体情况，可以向工程师提出对合同内任何一个项目或工作的详细变更请求报告。未经工程师批准承包商不得擅自变更，若工程师同意，则按工程师发布的变更指示的程序执行。

(1) 承包商提出变更建议。承包商可以随时向工程师提交一份书面建议，承包商认为如果采纳其建议将可能：

① 加速完工；

② 降低雇主实施、维护或运行工程的费用；

③ 对雇主而言能提高竣工工程的费用；

④ 为雇主带来其他利益。

(2) 承包商应自费编制此类建议书。

(3) 如果由工程师批准的承包商建议包括一项对部分永久工程的设计的改变，通用条件的条款规定，如果双方没有其他协议，承包商应设计该部分工程，如果他不具备设计资质，也可以委托有资质的单位进行设计。变更的设计工作应按合同中承包商负责设计的规定执行，包括：

① 承包商应按照合同中说明的程序向工程师提交该部分工程的承包商的文件；

② 承包商的文件必须符合规范和图纸的要求；

③ 承包商应对该部分工程负责，并且该部分工程完工后应适合于合同中规定的工程的预期目的；

④ 在开始竣工检验之前，承包商应按照规范规定向工程师提交竣工文件以及操作和维修手册。

(4) 接受变更建议的估价。其内容包括：

① 如果此改变造成该部分工程的合同价值减少，工程师应与承包商商定或决定一笔费用，并将之加入合同价格。这笔费用应是以下金额差额的一半(50%)。

a. 合同价的减少——由此改变造成的合同价值的减少，不包括依据后续法规变化作出的调整和因物价浮动调价所作的调整。

b. 变更对使用功能的影响——考虑到质量、预期寿命或运行效率的降低，对雇主而言，已变更工作价值上的减少(如有时)。

② 如果降低工程功能的价值大于减少合同价格对雇主的好处，则没有该笔奖励费用。

【例 7-1】某 FIDIC 合同履行中，业主接受了承包商提出的对原设计的变更建议。实施该部分工程后工程师核定，由于变更使业主节约了工程造价 2000 万元；工程提前 6 个月发挥效益，每个月的预计收益为 50 万元；但运行成本比原设计方案增加了 1000 万元。依据 FIDIC 施工合同条件的规定，应给承包商实施此变更的奖励为多少？

案例分析

(1) 合理化建议带来的效益=(2000+6×50)万元=2300 万元

(2) 成本增加=1000 万元

(3) 奖励=(2300－1000)万元×50%=650 万元

3. 竣工验收阶段质量管理

1) 验收的程序及要求

承包商完成工程准备好相应的竣工验收资料(如竣工验收报告、操作维护手册等)后,将准备好进行竣工验收的日期提前 21 天通知工程师,说明此日后已准备好进行竣工检验。工程师应指示在此日后的 14 天内某一天开始验收,具体日期由工程师确定。

工程通过了验收达到了合同规定的竣工要求后,如果承包商认为在 14 天内工程将完成并能准备好供雇主接收,可以向工程师申请颁发工程接收证书;工程师接到申请后 28 天内,若认为满足竣工和移交条件则应颁发工程接收证书,证书中注明工程完工日期,若工程师在接到承包商的申请后 28 天既不签发接收证书也没有对承包商的申请提出疑问,并且此时工程或某一区段基本符合合同的规定,则可视上述 28 天的最后一天接收证书已经签发。此时,工程的照管责任由承包商转移给雇主。

2) 延误检验

(1) 若由于雇主的原因使竣工检验不能进行,那么承包商可以向雇主提出工期和费用索赔。

(2) 如果由于承包商的原因导致无故延误检查,工程师可以要求承包商在工程师发出通知后的 21 天内检查。否则,工程师可以自行进行竣工检验,检验的费用和风险由承包商承担。

3) 特殊情况下接收证书的颁发

(1) 部分工程接收。FIDIC 合同条件中规定,若部分工程完工,雇主可以提前使用该工程,但应在工程师签发了该部分接收证书后才可以使用。若工程师未签发工程接收证书,雇主使用了该工程,则视为在开始使用日已经被雇主接收,承包商对工程的照管责任转移给雇主,承包商此时可以要求工程师为该部分工程签发一份接收证书,工程师应该签发。

(2) 由于雇主的原因导致不能正常检验,致使竣工检验在 14 天内不能进行,则应在本应该完成竣工检验的那一天,视为雇主接收了相应的工程或区段,工程师应签收接收证书。这里所说的 14 天指的是承包商准备好开始进行竣工检验的前一天之后的 14 天,例如承包商确定 7 月 1 日后他将准备好随时检验,若由于雇主的原因导致到 7 月 15 日仍不能检验,则从 7 月 16 日起视为工程移交给了雇主。

4) 未能通过检验的处理

(1) 重新检验。若某个区段或部位未通过第一次检验,承包商可以对缺陷进行修复和改正,在相同的检验条件下,进行重新检验。

(2) 重复检验未能通过的处理。当整个工程或某区段未能通过按重新检验条款规定所进行的重复竣工检验时,工程师应有权选择以下任何一种处理方法:

① 指示再进行一次重复的竣工检验。

② 如果由于该工程缺陷致使雇主基本上无法享用该工程或区段所带来的全部利益,雇主可以拒收整个工程或区段(视情况而定)。在此情况下,雇主有权获得承包商的赔偿,包括:

a. 雇主为整个工程或该部分工程(视情况而定)所支付的全部费用以及融资费用;

b. 拆除工程、清理现场和将永久设备和材料退还给承包商所支付的费用。

③ 颁发一份接收证书(如果雇主同意的话)，折价接收该部分工程。合同价格应按照可以适当弥补由于此类失误而给雇主造成减少的价值数额予以扣减。

4. 缺陷通知阶段质量管理

1) 承包商的主要责任

(1) 完成颁发工程接收证书时未完成的扫尾工作。

(2) 修复雇主方在缺陷通知期内通知的缺陷，并达到合同的要求。若未能在合理的时间内修复工程出现的问题，雇主可以确定一个截止日期要求承包商完成，否则雇主就可以采取以下的任何一种措施：

① 可以委托其他人完成此项工作，费用由承包商承担。

② 要求工程师确定合理的合同价格的扣减。

③ 若出现的缺陷或损害实质上使雇主丧失了工程或其他任何主要部分的使用价值时，可以终止合同，收回所有支付的工程款，并要求承包商支付其因工程建设的融资费、工程拆除费等。

当然这时强调的是这种缺陷的出现应是承包商的责任造成的雇主的损失，才可行使这样的权力。

(3) 按工程师的要求将不符合合同规定的永久设备、材料从现场移走并替换。

2) 履约证书的颁发

若工程圆满通过了缺陷通知期，且承包商完成了各项扫尾工作，工程师应在期满后的28天内签收履约证书，同时将副本提交给雇主。

履约证书的颁发标志着承包商完成了合同中规定的施工任务，标志着承包商对工程质量责任的结束，同时雇主应在证书颁发后的21天内退还承包商的履约保函。

3) 承包商应注意的问题

(1) 在缺陷通知期间，若工程出现了相关问题，承包商有责任根据工程师的要求对缺陷原因进行调查。

(2) 收到了履约证书后的28天内应将留存在现场的承包商的设备、剩余材料、垃圾和废墟等清理走。否则，雇主可将此类物品出售或处理掉，进行现场整理，而且雇主完成以上工作的费用由承包商支付。

7.2.6 合同中的进度管理条款及内容

1. 开工

根据合同通用条件第8.1条的规定，工程开工日应是承包商收到中标函后的42天内的某一日期，并且由工程师至少提前7天将此日期通知承包商，如果专用条件中双方另有约定，则按约定的时间开工。开工日是计算施工期限的起点。

对于承包商，收到开工通知后应积极准备尽可能快地组织开工，若由于雇主的原因，不能不签发开工通知，导致承包商无法合理地安排开工，最终导致人工窝工、机械闲置，则承包商可以向雇主索赔费用及工期的补偿。

2. 承包商提交施工进度计划

1) 承包商提交计划

承包商应在合同约定的日期或接到中标函后的 42 天内(合同未作约定)开工,工程师则应至少提前 7 天通知承包商开工日期。承包商收到开工通知后的 28 天内,按工程师要求的格式和详细程度提交施工进度计划,说明为完成施工任务而打算采用的施工方法、施工组织方案、进度计划安排,以及按季度列出根据合同预计应支付给承包商费用的资金估算表。

2) 计划包含的内容

(1) 实施工程的进度计划。视承包工程的任务范围不同,可能还涉及设计进度(如果包括部分工程的施工图设计)、材料采购计划、永久工程设备的制造、运到现场、施工、安装、调试和检验各个阶段的预期时间(永久工程设备包括在承包范围内)。

(2) 每个指定分包商施工各阶段的安排。

(3) 合同中规定的重要检查、检验的次序和时间。

(4) 保证计划实施的说明文件。

① 承包商各施工阶段准备采用的方法和主要阶段的总体描述。

② 各主要阶段承包商准备投入的人员和设备数量的计划等。

3) 进度计划的确认

承包商有权按照他认为最合理的方法进行施工组织,工程师不应干预。工程师对承包商提交的施工计划的审查主要涉及以下几个方面:

(1) 计划实施工程的总工期和重要阶段的里程碑工期是否与合同的约定一致。

(2) 承包商各阶段准备投入的机械和人力资源计划能否保证计划的实现。

(3) 承包商拟采用的施工方案与同时实施的其他合同是否有冲突或干扰等。

3. 工程师对施工进度的监督

1) 进度监督的方式——月进度报告

为了便于工程师对合同的履行进行有效的监督和管理,协调各合同之间的配合,承包商每个月向工程师提交进度报告,说明前一阶段的进度情况和施工中存在的总问题,以及下一阶段的实施计划和准备采取的相应措施。进度报告包括以下内容:

(1) 设计(如有时)、承包商的文件、采购、制造、货物运达现场、施工、安装和调试的每一阶段,以及指定分包商实施工程的这些阶段进展情况的图表与详细说明。

(2) 表明制造(如有时)和现场进展状况的照片。

(3) 与每项主要永久设备和材料制造有关的制造商名称、制造地点、进度百分比,以及开始制造、承包商的检查、检验、运输和到达现场的实际或预期日期。

(4) 说明承包商在现场的施工人员和各类施工设备数量。

(5) 若干份质量保证文件、材料的检验结果及证书。

(6) 安全统计。包括涉及环境和公共关系方面的任何危险事件与活动的详情。

(7) 实际进度与计划进度的对比。包括可能影响按照合同完工的任何事件和情况的详情,以及为消除延误而正在(或准备)采取的措施等。

2) 施工进度计划的修订

当工程师发现实际进度与计划进度严重偏离时,不论实际进度是超前还是滞后于计划进度，为了使进度计划有实际指导意义，随时有权指示承包商编制改进的施工进度计划，并再次提交工程师认可后执行，新进度计划将代替原来的进度计划。

4．暂停施工

1）工程师提出的暂停施工

(1) 暂停施工程序。工程师可以随时指示承包商暂停施工，并将暂停施工的原因及处理的要求通知承包商，承包商暂停并维护好工程。

(2) 相关规定。若由于工程师提出的暂停施工的原因是雇主或非承包商的原因，给承包商造成了工期和费用损失的，则雇主应给予补偿。相反，若暂停施工是由承包商的原因造成的，则承包商得不到相应的补偿。

(3) 超过84天的暂停施工。若工程师指标暂停施工超过84天，则承包商可以要求工程师允许复工。若在承包商提出复工要求后的28天内没有许可复工，则承包商可以将暂停的工作视为是删减了，可以不施工。若此时暂停涉及的是整个工程的暂停，则承包商可以向雇主发出终止合同的通知。这些规定在某种程度上是对承包商的一种保护。

2）承包商提出的暂停施工

(1) 可以暂停施工的情况及程序。合同条件规定，在合同履行中出现下列情况或条件，承包商可以放慢施工速度或暂停施工：

① 工程师没有按照规定的时间签收支付证书。

② 雇主没有按照规定的时间提供资金证明或没有按时支付工程款。

③ 雇主不能按时提供其他施工条件，如材料、设备等。

出现了这些情况后，承包商欲暂停施工应提前21天通知雇主。

(2) 相关规定。其包括如下内容：

① 在合同履行中即使承包商暂停施工了，仍有权得到对迟付款享有的融资费以及终止合同的相关权利。

② 若承包商在发出终止合同之前，收到了相关的各类证书、证明或付款，则应尽快复工。

③ 承包商的暂停施工造成了其费用、工期的损失，则可以向雇主索赔。

5．工期顺延

通用条件明确规定，在合同履行中出现下列情况工期可以顺延：

(1) 延误发放图纸。

(2) 延误移交施工现场。

(3) 承包商依据工程师提供的错误数据导致放线错误。

(4) 不可预见的外界条件。

(5) 施工中遇到文物和古迹对施工进度的干扰。

(6) 非承包商原因检验导致施工的延误。

(7) 发生变更或合同中实际工程量与计划工程量出现实质性变化。

(8) 施工中遇到有经验的承包商不能合理预见的异常不利气候条件影响。

(9) 由于传染病或政府行为导致工期的延误。

(10) 施工中受到雇主或其他承包商的干扰。

(11) 施工涉及有关公共部门原因引起的延误。

(12) 雇主提前占用工程导致对后续施工的延误。
(13) 非承包商原因使竣工检验不能按计划正常进行。
(14) 后续法规调整引起的延误。
(15) 发生不可抗力事件的影响。

6. 竣工日期

项目通过了竣工验收后工程师颁发工程接收证书，在接收证书中工程师注明项目的竣工日期。一般来说，完成了合同约定的工作内容，并符合合同对工程质量的要求，承包商向工程师申请验收，而且验收通过即可认为项目全部或部分竣工。对于竣工日期一般为承包商申请验收的日期，有时工程师可以根据实际情况在接收证书中指明竣工日期，开工日与竣工日之间的时间为施工期。可以用施工期与竣工时间作对比判定承包商是否延误工期。若施工期长于竣工时间，则说明延误工期；施工期短于竣工时间，则说明提前竣工；施工期等于竣工时间，则说明按时完工。竣工日之后，项目就进入到缺陷通知期。

7. 缺陷通知期的延长

项目竣工日之后，项目就进入到缺陷通知期，双方可以根据具体情况来约定缺陷通知期的长短，如半年、一年等。若因承包商的原因在缺陷通知期内出了问题，导致工程或区段无法按预期目的使用，雇主有权对缺陷通知期延长，但是缺陷通知期的延长不得超过2年。

若由于雇主的原因导致暂停了材料和永久设备的交付或安装，在此类设备、材料原定的缺陷通知期届满2年后，承包商不再承担任何修复缺陷的义务。

7.2.7 合同中的支付管理条款及内容

FIDIC施工合同中，支付一般有三个阶段：开工前雇主可能向承包商支付预付款(动员预付款)；在施工中支付进度款；在工程通过了竣工检验后进行竣工结算和最终结算。

1. 期中支付

1) 预付款

在国际工程承包中，一般在项目施工的启动阶段，承包商需要投入大笔的资金，为了帮助解决承包商启动资金的困难，因而FIDIC施工合同条件中规定，雇主应向承包商支付一定数额的预付款，故此时的预付款，又可称为动员预付款。

(1) 支付的额度和条件。动员预付款支付的具体情况(如支付比例、分期支付的次数、支付时间、支付货币及货币比例等)，由双方来确定，承包商应提交预付款保函。

承包商得到第一笔预付款的条件如下：
① 向工程师提出了预付款申请。
② 雇主收到了承包商提交的履约保证。
③ 雇主收到了一份金额与货币类型相同的预付款保函。

这样，工程师收到了支付申请后的一段时间内，可以签收预付款凭证，雇主支付预付款。

(2) 预付款的扣还。其包括以下内容：
① 起扣。自承包商获得工程进度款累计总额(不包括预付款的支付和保留金的扣减)

达到合同总价(减去暂列金额)10%的那个月起扣。其计算式如下：

$$\frac{\text{工程师签证累计支付款总额} - \text{预付款} - \text{已扣保留金}}{\text{接受的合同价} - \text{暂定金额}} = 10\%$$

② 每次支付时的扣减额度。本月证书中承包商应获得的合同款额(不包括预付款及保留金的扣减)中扣除 25%作为预付款的偿还，直至还清全部预付款。即

每次扣还金额=(本次支付证书中承包商应获得的款额－本次应扣的保留金)×25%

若在整个工程的接收证书签发之前，或发生终止合同或发生不可抗力之前预付款还没有偿还完，此类事件发生后，承包商应立即偿还剩余部分。

2) 用于永久工程的设备和材料预付款

在 FIDIC 合同条件中，为了帮助承包商解决订购大票材料和设备占用资金周转的困难，规定雇主在一定条件下应向承包商支付材料、设备预付款。

(1) 支付额度及条件。通用条件中规定一般材料设备预支额度为其费用的 80%，作为承包商可得到这笔预付款的条件如下：

① 此类材料、设备属于投标附录中所列的起运后支付预付款的材料设备。

② 材料、设备运抵现场并经验收合格。

③ 材料、设备的质量和储存条件符合技术条款的要求。

④ 承包商按要求提交了订货单及收据价格证明文件。

满足以上条件后，承包商申请工程师签发付款文件并与进度款同期支付。

(2) 材料设备预付款的返还。通用条款规定，当已预付款项的材料或设备用于永久工程，构成永久工程合同价格的一部分后，在计量工程量的承包商应得款内扣除预付的款项，扣除金额与预付金额的计算方法相同。专用条款内也可以约定其他扣除方式，如每次预付的材料款在付款后的约定月内(最长不超过 6 个月)，每个月平均扣回等。

3) 暂定金

暂定金是雇主的一笔备用资金，一般包含在承包商的投标报价中，成为其整个报价的一部分。暂定金的使用由工程师来控制。暂定金主要涉及某些变更工作和指定分包商的工作。承包商能得到暂定金的开支应满足两个条件：一是工程师下达指令，要求承包商实施该工作，二是实施的工作属于暂定金额的工作。

同时工程师有权要求承包商提交有关的报价单、收票、凭证、账目、收据等来证明承包商完成该项工作的实际费用。由此可见，暂定金额虽然包含在报价中，但承包商不一定能得到。

4) 计日工费

在施工合同履行中，可能会出现一些额外的零星工作，此时工程师可以下达变更指令，要求承包商按计日工作方式来实施此类工作，其计价应按照包括在合同中的计日工作计划表进行估价，若完成此类工作涉及订购货物，承包商应向工程师提交报价单，在申请支付时还应提交各种货物的发票、凭证以及账单或收据，同时承包商应向工程师提交一式两份的精确报表，此表中应包括此工作中使用的各项资源详细资料。

(1) 承包商人员的姓名、职业和使用时间。

(2) 承包商设备和临时工程的标识、型号和使用时间。

(3) 所用的生产设备和材料的数量和型号。

承包商的申请表经工程师同意后,承包商可以向工程师申请签发计工日的付款凭证,计日工费用一般从暂定金中开支。

5) 支付款的调整

(1) 因法律改变的调整。在基准日期之后,因工程所在国的法律发生变动(包括施用新的法律、废除或修改现有法律)或对此类法律的司法解释或政府官方解释发生变动,从而影响了承包商履行合同义务,导致工程施工费用的增加或减少,则应对合同价款进行调整。若立法改变导致费用增加了,则承包商可以通过索赔来要求增加费用,工期增加了,则承包商可以通过索赔来要求增加费用延长工期,若导致费用降低了,则雇主应签证说明费用降低,同样可以通过索赔来要求减少对承包商的支付。

(2) 因物价浮动的调整。对于施工期较长的合同,为了合理分担市场价格浮动变化对施工成本影响的风险,在合同内要约定调价的方法。通用条款内规定的调价公式为

$$P_n = a + b \times \frac{L_n}{L_o} + c \times \frac{M_n}{M_o} + d \times \frac{E_n}{E_o} + \cdots \tag{7-1}$$

式中　　P_n——第 n 期内完成工作以相应货币所估算的合同价值所采用的调整系数,这个期间通常是 1 个月,除非投标函附录中另有规定;

a——在数据调整表中规定的一个系数,代表合同支付中不调整的部分占的比例;

b、c、d——数据调整表中规定的一个系数,代表与实施工程有关的每项费用因素的估算比例,如劳务、设备和材料等,其中 $a+b+c+d+\cdots=1$;

L_n、E_n、M_n——第 n 期间使用的现行费用指数或参照价格,以该期间(具体的支付证书的相关期限)最后一日之前第 49 天当天对于相关表中的费用因素适用的费用指数或参照价格确定;

L_o、E_o、M_o——基本费用参数或参照价格。

6) 保留金

保留金是按合同约定从承包商应得的工程进度款中相应扣减的一笔金额,保留金保留在雇主手中,作为约束承包商严格履行合同义务的措施之一。当承包商有一般违约行为使雇主受到损失时,可从该项金额内直接扣除损害索赔费。例如,承包商未能在工程师规定的时间内修复缺陷工程部位,雇主雇用其他人完成后,这笔费用可从保留金内扣除。

(1) 保留金的约定。承包商在投标书附录中按招标文件提供的信息和要求确认了每次扣留保留金的百分比和保留金限额。每次月进度款支付时仅扣留的百分比一般为 5%~10%,累计扣留的最高限额为合同价的 2.5%~5%。

(2) 每次中期支付时扣除的保留金。从首次支付工程进度款开始,用该承包商完成合格工程应得款加上因后续法规政策变化的调整和时常价格浮动变化的调价款为基数,乘以合同约定保留金的百分比作为本次支付时应扣留的保留金。逐月累计扣到合同约定的保留金最高限额为止。

(3) 保留金的返还。扣留承包商的保留金分两次返还。

① 颁发工程接收证书后的返还。

a. 颁发了整个工程的接收证书时,将保留金的前一半支付给承包商。

b. 如果颁发的接收证书只是限于一个区段或工程的一部分,则返还计算公式为

$$返还金额 = 保留金总额 \times \frac{移交工程区段或部分的合同价值}{最终合同价值的估算值} \times 40\% \quad (7\text{-}2)$$

② 保修期满颁发履约证书后将剩余保留金返还。

a. 整个合同的缺陷通知期满，返还剩余的保留金。

b. 如果颁发的履约证书只限于一个区段，则在这个区段的缺陷通知期满后，并不全部返还该部分剩余的保留金，计算公式为

$$返还金额 = 保留金总额 \times \frac{移交工程区段或部分的合同价值}{最终合同价值的估算值} \times 40\% \quad (7\text{-}3)$$

【例 7-2】某项目采用 FIDIC 合同，总价 2000 万元，四个工程造价均为 500 万元，总保留金 100 万元，现有两个工程提前颁发了工程接收证书，计算此时应返还的保留金。

案例分析

由于部分工程移交，因而返还对应部分保留金的 40%，利用上述式(7-2)计算得：

$$保留金 = 100万元 \times \frac{2 \times 500万元}{2000万元} \times 40\% = 20万元$$

7) 进度款的支付

(1) 承包商提交付款报告。每个月的月末，承包商应按工程师规定的格式提交一式 6 份的本月支付报表，内容包括提出本月已完成合格工程的应付款要求和对应扣款的确认，一般包括以下几个方面：

① 本月完成的工程量清单中工程项目及其他项目的应付金额(包括变更)。

② 法规变化引起的调整应增加和减扣的任何款额。

③ 作为保留金扣减的任何款项。

④ 预付款的支付(分期支付的预付款)和扣还应增加和减扣的任何款额。

⑤ 承包商采购用于永久工程的设备和材料应预付和扣减款额。

⑥ 根据合同或其他规定(包括索赔、争端裁决和仲裁)，应付的任何其他应增加和扣减的款额。

⑦ 对所有以前的支付证书中证明的款额的扣除或减少(对已付款支付证书的修正)。

(2) 工程师签证。工程师接到报表后，对承包商完成的工程项目的质量、数量以及各项价款的计算进行核查。若有疑问时，可要求承包商共同复核工程量。在收到承包商的支付报表后 28 天内，按核查结果以及总价承包分解表中核实的实际完成情况签发支付证书。工程师可以不签发证书或扣减承包商报表中部分金额的情况包括以下几种：

① 合同内约定有工程师签证的最小金额时，本月应签发的金额小于签证的最小金额，工程师不出具本月进度款的支付证书。本月应付款接转下月，超过最小签证金额后一并支付。

② 承包商提供的货物或施工的工程不符合合同要求，可扣发修正或重置相应的费用，直到修整或重置工作完成后再支付。

③ 承包商未能按合同规定进行工作或履行义务，并且工程师已经通知了承包商，则可以扣留该工作或义务的价值，直至工作或义务履行为止。

工程进度款支付证书属于临时支付证书，工程师有权对以前签发过的证书中发现的错、

漏或重复进行更正或修改，承包商也有权提出更改或修正，经双方复核同意后，将增加或扣减的金额纳入本次签证中。

(3) 雇主支付。承包商的报表经过工程师认可并签发工程进度款的支付证书后，雇主应在接到证书后及时给承包商付款。雇主的付款时间不应超过工程师收到承包商的月进度报告后的 56 天。

2. 竣工结算

1) 承包商报送竣工报表

颁发工程接收证书后的 84 天内，承包商应按工程师规定的格式报送竣工报表，报表包括以下内容：

(1) 到工程接收证书中指明的竣工日止，根据合同完成全部工作的最终价值。

(2) 承包商认为应该支付给他的其他款项，如要求的索赔款、应退还的部分保留金等。

(3) 承包商认为根据合同应支付给他的估算总额。所谓"估算总额"是这笔金额还未经过工程师审核同意。估算总额应在竣工结算报表中单独列出，以便工程签发支付证书。

2) 竣工结算与支付

工程师接到竣工报表后，应对照竣工图进行工程量详细核算，对其他支付要求进行审查，然后再依据检查结果签署竣工结算的支付证书。此项签证工作，工程师也应在收到竣工报表后 28 天内完成。雇主根据工程师的签证予以支付。

3. 最终结算

最终结算是指颁发履约证书后，对承包商完成全部工作价值的详细结算，以及根据合同条件对应付给承包商的其他费用进行核实，确定合同的最终价格。

颁发履约证书后的 56 天内，承包商应向工程师提交最终报表草案，以及工程师要求提交的有关资料。最终报表草案要详细说明根据合同完成的全部工程价值和承包商依据合同认为还应支付给他的任何进一步款项，如剩余的保留金及缺陷通知期内发生的索赔费用等。

工程师审核后与承包商协商，对最终报表草案进行适当的补充或修改后形成最终报表。承包商将最终报表送交工程师的同时，还需向雇主提交的一份"结清单"，进一步证实最终报表中的支付总额，作为同意与雇主终止合同关系的书面文件。工程师在接到最终报表和结清单附件后的 28 天内签发最终支付证书，雇主应在收到证书后的 56 天内支付。只有当雇主按照最终支付证书的金额予以支付并退还履约保函后，结清单才生效，承包商的索赔权也即行终止。

7.2.8 合同中的其他管理性条款及内容

1. 保险

1) 保险总体要求

在 FIDIC 施工合同(1999 年版)条件中，没有明确哪一方投保，但对保险作了以下的总体要求：

(1) 若承包商投保，办理保险时应遵循雇主批准的条件，这些条件应与双方在承包商中标前谈判中商定的投保条件一致。

(2) 若雇主投保，则应按双方在专用条件中列出的具体条件投保。

(3) 若保险合同中的被保险人同时为雇主和承包商，则任何一方在发生与自己有关的保险事件时，均可单独用此保险合同，向保险人提出索赔。

(4) 若保险合同中的被保险人还包括其他被保险人，则除雇主为他的人员去进行保险索赔外，其他情况由承包商负责处理，这些所谓的"其他被保险人"无权直接与保险公司处理索赔事宜。

(5) 投保一方应按投标函附录中的时间规定，向另一方提交办理保险的证据以及保险单的复印件，同时通知工程师。

(6) 若按约定应当办理保险的一方没有办理保险或保险持续有效，或没有按规定向另一方提供办理保险的有关情况，则另一方可以去办理保险，支付保险费，并有权从投保方收回该费用，合同价款相应进行调整。

(7) 若发生了相关风险造成了一定的损失，没能有效得到保险公司赔付的情况，则双方根据合同约定的义务和责任来承担该损失。

(8) 工程在实施中有些情况发生了变化，可能导致与投保时提供给保险公司的情况不一致，则投保方应及时通知保险公司，做出相应的调整，使保险公司持续有效。

虽然在合同条件中没有明确哪一方投保，按照惯例在国际工程承包中一般由承包商办理投保，当然，保险费用由雇主承担。某项目复杂而且规模较大，承包商较多时，一般由雇主统一办理保险，这样不仅有利于节约投资费用，而且有利于管理。

2) 工程和承包商设备保险

在保险中，财产保险的对象主要有工程本身、相关的永久设备、材料及承包商的施工设备，因而，合同条件中对此保险作了以下的规定：

(1) 投保方应为工程本身、永久材料、设备及承包商的施工设备办理保险，投保金额不能低于其重置成本、拆迁费及相应的利润额。

(2) 使保险的有效期一直持续到颁发履约证书的日期为止。

(3) 除非在专用条件中另有规定，此处有关工程和承包商设备的保险应满足下列要求：

① 应由承包商作为投保方办理和维持。

② 应由共同有权从保险人处得到赔偿的各方联名投保；所得到的理赔款应作为专款用于修复损失或损害的内容。

③ 保险应覆盖"雇主的风险"以外的全部风险造成的损失，以及对由于雇主使用或占用工程另一部分造成的工程某一部分的损失或损害。

(4) 此处的保险、保险人不承担以下的损失、损害和修复。其主要内容包括：

① 由于设计、材料、工艺原因导致处于缺陷状态的工程部分，但对于缺陷状态直接导致其他工程部分受到的损失或损害，除下面第②项的情况外，仍需要保险。

② 因修复处于缺陷状态的工程部分而导致其他部分工程的损失或损害。

③ 雇主已经接收的部分工程，除非该部分工程的损害责任应由承包商承担。

④ 仍没有运到工程所在国的物品，但不得违背通用条件第14.5款(拟用于工程的永久设备和材料)的规定。

3) 人员伤亡有财产损害险

FIDIC 施工合同条件中所列的"人员伤亡及财产损害险"主要指的是第三方责任险，即在投保时，投保人应投第三人责任险，这样对承包商在履约的过程中可能造成的第三方

人员伤亡或财产损失，就可以将此风险转移给保险公司，以避免或减少合同双方对此承担的责任。这种投保额应不低于投标函附录中规定的数额，若专用条款中没有明确投保人，则一般由承包商以合同双方的名义办理保险。

4) 承包商人员的保险

承包商应为其雇用的任何人员办理保险，同时应保障雇主和工程师，当然由于雇主或其人员的过错或渎职造成的损害不包含其中。这种保险的有效期为其雇员从事项目工作的全部时间内有效。对于分包商的人员，由分包商办理保险。

2. 不可抗力

1) 不可抗力的范围

通用条件第 19.1 条规定：施工中的不可抗力是指某种异常事件或情况。具体包括以下异常事件或情况：

(1) 一方无法控制的。
(2) 双方在签订合同前，不能对之进行合理准备的。
(3) 发生后，该方不能合理避免或克服的。
(4) 不能主要归因于他方的。

只要满足上述(1)~(4)项的条件，不可抗力可以包括但不限于下列各种异常事件或情况：

① 战争、敌对行动(不论宣战与否)、入侵、外敌行为。
② 叛乱、恐怖主义、革命、暴动、军事政变或篡夺政权或内战。
③ 承包商人员和承包商及其分包商的其他雇员以外的人员的骚动、喧闹、混乱、罢工或停工。
④ 战争军火、爆炸物资、电离辐射或放射性污染，但可能因承包商使用此类军火、炸药、辐射或放射性引起的除外。
⑤ 自然灾害，如地震、飓风、台风或火山活动。

2) 不可抗力发生后各方的工作

(1) 通知对方。若一方遇到不可抗力后，导致其无法履行合同则应在 14 天内通知对方，并说明哪些义务不能履行，发出通知后，该方可以免于此义务的履行。

(2) 采取措施减少损失。发生不可抗力后，各方应采取措施，将此事件造成的损失降到最低程度，包括自己的和对方的。若不可抗力事件结束了，一方应向另一方发出通知，这一条规定是基于合同双方在诚信的原则下应有的义务，我国的合同法也有这样的规定。

3) 不可抗力的后果及处理

(1) 承包商的索赔。若承包商受到了不可抗力的影响，首先可以进行工期索赔，要求延长工期，对于费用索赔若是由于前述"不可抗力范围"中的(1)~(4)造成的，并有(2)~(4)类情况发生在工程所在国，则承包商可以进行费用索赔。因为这些因素是一个有经验的承包商在投标时不能合理预见的，所以应由雇主来承担相关责任。

(2) 对分包商的影响。不可抗力若影响到了分包商，分包商可以通过分包合同向承包商索赔，若其索赔的额度大于承包商向雇主的索赔，则超出的这一部分由承包商承担。

(3) 不可抗力致使合同无法履行的处理。其主要包括以下内容：

①当不可抗力发生后，若其持续的时间很长，任何一方可在满足下列规定的前提下向

对方发出终止合同的通知，若因不可抗力事件连续使合同不能履行超过 84 天或间断影响超过 140 天，即可发生终止合同通知，通知发出后 7 天合同终止生效，此时，工程师应立即确定承包商完成的工作价值，并签发支付证书。

②若对于双方不可控制的事件发生，如不可抗力发生，使得双方无法履行合同，符合当地法律法规规定的可以解除合同的条件，当事人双方可以解除合同，但应该支付给承包商已完工程的价款，工程师也应及时审核并签收支付凭证。

3. 索赔管理

1) 索赔程序

(1) 承包商应在引起索赔的事件或情况发生后 28 天内向工程师提交索赔通知，承包商还应提交一切与此类事件或情况有关的任何其他通知，以及索赔的详细证明报告。

(2) 承包商应做好用以证明索赔的同期记录。工程师在收到上述通知后，在不必事先承认业主责任的情况下，监督此类记录，并可以指令承包商保持进一步的同期记录。承包商应按工程师的要求提供此类记录的复印件，并允许工程师审查所有这类记录。

(3) 提交索赔报告。在引起索赔的事件或情况发生 42 天之内，或在工程师批准的其他合理时间内，承包商应向工程师提交一份索赔报告，详细说明索赔的依据以及索赔的工期和索赔的金额。

(4) 工程师在收到索赔报告或该索赔的任务进一步的详细证明报告后 42 天内，或在承包商批准的其他合理时间内，应表示批准或不批准，并就索赔的原则作出反应。

(5) 工程师根据合同规定确定承包商可获得的工期延长和费用补偿。如果承包商提供的详细报告不足以证明全部的索赔，则他仅有权得到已被证实的那部分索赔；对于已被证实的索赔金额应列入每份支付证明中。

(6) 索赔的丧失和被削弱。如果承包商未能在引起索赔的事件或情况发生后 28 天向工程师提交索赔通知，则承包商的索赔权丧失。

2) 承包商可以引用的索赔条款

承包商可以直接引用和间接引用的条款分别见表 7-1 和表 7-2。

表 7-1 承包商索赔可直接引用的条款

编 号	条款号	条款主体内容	有可能调整的内容
1	1.9	延误的图纸或指示	C+P+T
2	2.1	进入现场的权利	C+P+T
3	3.3	工程师的指示	C+P+T
4	4.6	合作	C+P+T
5	4.7	放线	C+P+T
6	4.12	不可预见的外界条件	C+T
7	4.24	化石	C+T
8	7.2	样本	C+P
9	7.4	检验	C+P+T
10	8.3	进度计划	C+P+T
11	8.4	竣工时间的延长	T
12	8.5	由公共当局引起的延误	T
13	8.8、8.9、8.11	工程暂停；暂停引起的后果；持续的暂停	C+T

续表

编　号	条款号	条款主体内容	有可能调整的内容
14	9.2	延误的检验	$C+P+T$
15	10.2	对部分工程的验收	$C+P$
16	10.3	对竣工检验的干扰	$C+P+T$
17	11.2	修补缺陷的费用	$C+P$
18	11.6	进一步的检验	$C+P$
19	11.8	承包商的检查	$C+P$
20	12.4	省略	C
21	13.1	有权变更	$C+P+T$
22	13.2	价值工程	C
23	13.5	暂定金额	$C+P$
24	13.7	法规变化引起的调整	$C+T$
25	13.8	费用变化引起的调整	C
26	15.5	雇主终止合同的权利	$C+P$
27	16.1	承包商有权暂停工作	$C+P+T$
28	16.2、16.4	承包商终止合同；终止时的支付	$C+P$
29	17.3、17.4	雇主风险；雇主的风险造成的后果	$C+(P)+T$
30	17.5	知识产权与工业产权	C
31	18.1	有关保险的具体要求	C
32	19.4	不可抗力引起的后果	$C+T$
33	19.6	可选择的终止、支付和返回	C
34	19.7	根据法律解除履约	C

注：C、P、T 分别表示成本、利润和工期。

表 7-2　承包商的隐含索赔条款

编　号	条款号	条款主体内容	可以调整的内容
1	1.3	通信联络	$C+P+T$
2	1.5	文件的优先次序	$C+T$
3	1.8	文件的保管和提供	$C+P+T$
4	1.13	遵守法律	$C+P+T$
5	2.3	雇主的人员	$T+C$
6	2.5	雇主的索赔	C
7	3.2	工程师的授权	$C+P+T$
8	4.2	履约保证	C
9	4.10	现场数据	$C+T$
10	4.20	雇主的设备和免费提供的材料	$C+P+T$
11	5.2	对指定的反对	$C+T$
12	7.3	检查	$C+P+T$
13	8.1	工程开工	$C+T$
14	8.12	复工	$C+P+T$
15	12.1	需测量的工程	$C+P$
16	12.3	估价	$C+P$

注：C、P、T 分别表示成本、利润和工期。

【例 7-3】某小型水坝工程采用 FIDIC 施工合同条件，合同主要内容如下：水坝土方填筑 876156m³，砂砾石料 78500m³，中标合同价 7369920 美元，工期 1.5 年(18 个月)。报价中：工程除直接成本以外，包括 12%的现场管理费，构成工地总成本，另加 8%的总部管理费及利润。施工中：工程师先后发布了几个变更令，其中土料和砂砾料的运距及量都增加，土料增加量为 40250m³，砂砾料增加量为 12500m³，增加量的净直接费为 3.6 美元/m³，4.5 美元/m³；同时经工程师同意顺延工期 3 个月(包括工程量增加的时间)。承包商可索赔费用为多少？(注：不考虑工程结算款的调价)

案例分析

1) 土料增加索赔费用
直接费：3.6 美元/m³
管理费：3.6 美元/m³ × 12%=0.43 美元/m³
工地成本：(3.6+0.43)美元/m³=4.03 美元/m³
利润及总管理费：4.03 美元/m³ × 8%=0.32 美元/m³
合计综合单价：(4.03+0.32)美元/m³=4.35 美元/m³
索赔额：4.35 美元/m³ × 40250m³=175088 美元

2) 砾料增加索赔费用
直接费：4.53 美元/m³
现场管理费：4.53 美元/m³ × 42%=0.54 美元/m³
利润及总管理费：(47.53+0.54)美元/m³ × 8%=0.41 美元/m³
合计综合单价：(4.53+0.54+0.41)美元/m³=5.48 美元/m³
索赔额：5.48 美元/m³ × 12500m³=68500 美元

3) 工期延长现场管理费索赔

(1) 新增工程量相当合同工期。

$$\frac{18 个月}{7369920 m^3} \times (175088 + 68500) m^3 = 0.6 个月$$

(2) 其他原因造成工期延长 2.4 个月，则管理费为：$MF(T) = \Delta T \times \dfrac{F_0}{T_0}$。

合同中总部管理费及利润：$7369920 美元 \times \dfrac{8\%}{1+8\%} = 545920 美元$

总现场管理费：$F_0 = (7369920 - 545920) 美元 \times \dfrac{12\%}{1+12\%} = 731143 美元$

批准现场管理费为：$2.4 \times \dfrac{731143 美元}{18} = 97486 美元$

4) 总的费用索赔额
总的费用索赔额为：(175088+68500+97486)美元=341074 美元

4. 合同争议的解决

FIDIC(1999 年版)施工合同条件第 20.2~20.8 条对合同争议的解决作出了详细的规定，有关争议解决的方式有：提交工程师决定、提交争端裁决委员会决定、双方协商及仲裁。

1) 提交工程师决定

FIDIC 编制施工合同条件的基本出发点之一就是建立以工程师为核心的管理模式，因而不论是承包商的索赔还是雇主的索赔首先都应提交给工程师。任何一方要求工程师作出决定时，工程师应与双方协商一致，若未能达成一致，则工程师按照合同根据公正的原则作出决定(应当说明的是这里工程师的决定指的是合同履行过程中的相关决定，不是争端的解决)。

2) 提交争端裁决委员会决定

双方对于合同的任何争端，包括对工程师签发的证书、作出的决定、指示、意见或估价不同意接受时，可以将争议提交给争端裁决委员会决定。收到申请后的 84 天内争端裁决委员会应作出决定，此时任何一方对裁决不满意可以在收到决定后的 28 天内将不满意的意见通知另一方。

3) 双方协商

对争端裁决委员会的决定不满意，双方在开始争端前应努力友好解决争端，可以在不少于 56 天的时间内进行，若协商不成，可以提出仲裁。

4) 仲裁

合同条件中所建议的双方最终解决争议的方式是仲裁。仲裁规则应采用国际商会的规则，就争端涉及的问题工程师有权被唤作证人。若仲裁是在工程进行中开始的，则合同各方应继续履行合同义务，不受仲裁的影响。

本 章 小 结

本章主要介绍了 FIDIC 组织的历史及出台的合同版本、FIDIC1999 年出台的四个合同文本的特点及应用，重点介绍了 FIDIC1999 年版施工合同条件，主要包括：重要词语定义，合同各方的职责与权力，合同中关于质量、进度与成本管理的内容以及合同中管理性条款的内容。教学中重点掌握合同中有关质量、进度、成本管理，以及索赔、不可抗力、争议解决的内容。

阅读材料指引

(1) FIDIC1999 年版《施工合同条件》。
(2) FIDIC1999 年版《设备与设计-建造合同条件》。
(3) FIDIC1999 年版《EPC/交钥匙项目合同条件》。
(4) FIDIC1999 年版《简明合同格式》。

第7章 FIDIC 施工合同条件

习 题

一、单选题

1. FIDIC 合同条件中，承包商提供的履约担保应承保的期限是(   )。
   A. 施工期   B. 合同有效期
   C. 缺陷通知期   D. 施工期加缺陷通知期

2. FIDIC 合同中承包商自有的施工机具运入工地后，若其他工程项目施工中需用时，(   )。
   A. 可自行运出工地   B. 不能再运出工地
   C. 需经业主批准后才能运出工地   D. 需经工程师批准后才能运出工地

3. FIDIC 合同中规定，支付给裁决委员会的酬金由(   )承担。
   A. 业主   B. 承包商
   C. 业主与承包商平均   D. 指定分包商

4. 指定分包商得到的工程款从(   )中开支。
   A. 暂列金   B. 工程量清单中相应工作内容项目支付
   C. 承包商得到的工程款项   D. 合同价款

5. 业主接受了承包商提出的对原设计的变更建议。实施该部分工程后工程师核定，由于变更使业主节约了工程造价 2000 万元；工程提前 6 个月发挥效益，每个月的预计收益为 50 万元；但运行成本比原设计方案增加了 1000 万元。依据 FIDIC 施工合同条件的规定，应给承包商实施此变更(   )万元的奖励。
   A. 650   B. 1150   C. 2000   D. 2300

6. FIDIC 合同条件中，作为业主与承包商划分合同风险时间点的"基准日"是指投标截止日期前(   )天。
   A. 14   B. 21   C. 28   D. 35

7. FIDIC 合同中，动员预付款自承包商获得工程进度款(不包括预付款的支付和保留金的扣减)达到合同总价(减去暂列金)(   )的那个月起扣。
   A. 5%   B. 10%   C. 15%   D. 20%

8. 某项目采用 FIDIC 合同，总价 2000 万元，四个工程造价均为 500 万元，总保留金 100 万元，现有两个工程提前颁发了工程接收证书，则此时应返还的保留金为(   )。
   A. 50 万元   B. 25 万元   C. 20 万元   D. 12.5 万元

9. FIDIC 合同条件规定，承包商本月完成的工程量较少，应支付的工程进度款结算额小于监理工程师签证的最小金额时，(   )。
   A. 本月工程量不予计量
   B. 按实际完成的工程量支付应得款
   C. 本月不支付
   D. 按计划工程量支付，从下月的应得款内扣回不足部分

10. FIDIC 合同中，竣工结算的程序是：颁发工程接收证书后的(   )天内，承包商应按工程师规定的格式报送(   )，之后工程师进行计量。

199

A. 28，竣工报表　　　　　　　B. 84，结算报表
C. 84，竣工报表　　　　　　　D. 28，结算报表

二、多选题

1. FIDIC 施工合同条件规定，下列的(　　)文件属于对业主和承包商有约束力的合同文件组成部分。
   A. 合同协议书　　　　　　　B. 投标书
   C. 专用条件　　　　　　　　D. 图纸　　　　　　E. 通用条件

2. FIDIC 合同中指定分包商的特点主要表现为(　　)。
   A. 业主选择实施该部分工程的施工单位
   B. 指定分包商与业主签订合同
   C. 承包商负责指定分包商施工的协调管理
   D. 指定分包商的工程款从暂定金额内支付
   E. 指定分包商的违约行为视为承包商违约数

3. FIDIC 施工合同中的合同价格之所以会变化，其原因有(　　)。
   A. 该合同是可调价合同
   B. 该合同是一个成本加酬金合同
   C. 发生应该由业主承担责任的事件
   D. 由于承包商的质量问题折价接收部分工程
   E. 包含在合同价中的暂列金承包商不一定得到

4. 在 FIDIC 合同条件中，工程接收证书的主要作用有(　　)。
   A. 指明竣工日期
   B. 转移工程照管责任
   C. 颁发证书日期即缺陷责任期起始日
   D. 作为办理竣工结算的依据
   E. 表明承包商对该部分工程的施工义务已经完成

5. FIDIC 合同中可以顺延工期的情况有(　　)。
   A. 延误发放图纸　　　　　　B. 非承包商原因检验导致施工的延误
   C. 由于工人罢工引起的延误　D. 不可预见的外界条件
   E. 施工中分包商的干扰引起的延误

6. FIDIC 工程师向承包商颁发了履约证书，即标志着(　　)。
   A. 承包商不再对工程承担保修责任
   B. 承包商的实际施工义务已结束
   C. 履行保函的担保责任已结束
   D. 业主与承包商的全部合同义务已终止
   E. 承包商不能再提出索赔要求

7. 下列有关工程接收证书的说法，正确的有(　　)。
   A. 一个合同只颁发一个工程接收证书
   B. 一个合同可能颁发多个工程接收证书
   C. 工程接收证书的颁发标志着承包商的质量责任完成

D. 工程接收证书的颁发标志工程照管责任转移给业主

E. 工程师在接到承包商申请后的 28 天内对满足竣工验收条件的应颁发工程接收证书

三、简答题

1. 简述 FIDIC 第 4 版合同条件及适用范围。
2. FIDIC 在 1999 年出台了哪几个合同条件？简述其特点和适用范围。
3. 简述 FIDIC 合同中雇主和承包商的主要权利和义务。
4. FIDIC 施工合同条件中质量、进度及支付管理的内容有哪些？
5. 简述 FIDIC 施工合同索赔程序。
6. FIDIC 施工合同条件中规定的争议解决的方式有哪几种？
7. 什么叫不可抗力？FIDIC 施工合同中规定的不可抗力的内容有哪些？其风险如何承担？

第 8 章

建设工程合同履约管理

教学目标

本章主要介绍了合同履行原则,详细介绍了合同履行控制的方法、过程,合同变更的原则、方法及处理,合同履行中风险的识别、控制与管理。通过本章的学习,应达到以下目标:

(1) 掌握在合同履行过程中如何通过合同条款相关规定对工程变更进行控制;
(2) 掌握合同履行控制的基本方法和过程;
(3) 掌握合同履行的风险管理;
(4) 熟悉合同履行的基本原则。

教学要求

知识要点	能力要求	相关知识
合同履行原则	(1) 了解合同履行的概念 (2) 掌握合同履行的基本原则	(1) 合同的履行的概念 (2) 合同履行的五大原则
合同履行控制	(1) 了解合同实施控制的概念 (2) 掌握合同控制的方法 (3) 熟悉合同控制的作用	(1) 合同实施控制的概念 (2) 合同控制的几种方法 (3) 合同控制的地位和作用
合同变更管理	(1) 了解合同变更的概念 (2) 掌握合同变更的原因 (3) 熟悉合同变更的程序	(1) 合同变更的概念 (2) 合同变更的标准程序 (3) 合同变更的价款调整

第8章 建设工程合同履约管理

续表

知识要点	能力要求	相关知识
合同风险管理	(1) 了解合同实施有哪些风险 (2) 掌握承发包双方的风险因素 (3) 熟悉工程担保和保险	(1) 风险的概念和特征 (2) 承包方的风险应对 (3) 发包方的风险应对 (4) 有哪些担保和保险

 基本概念

合同变更、合同履行、合同控制、被动控制、主动控制、风险、风险因素、头脑风暴法、德尔菲法、工程担保、保险

 引例

深圳国际贸易中心(以下简称国贸工程)是中外合资项目,该工程经国家批准实行国际公开招标,通过竞争选择承包商。业主为加快工程进度和控制投资,根据设计进度采用分阶段承包招标的办法,将工程分为土方、基础、主体和室内装修等几个部分,分阶段发包给各个承包商,由业主与各个承包商分别签订施工合同。

中国建筑第一工程局(以下简称一局)是这些项目的施工配合单位,分别与香港瑞安公司、法国 SAE 公司、新加坡 INDECO 公司和法国 CFEM 公司等承包商签订了土方分包、基础分包、主体分包、机电劳务、玻璃幕墙劳务等分包合同,也是首次在国内工程上充当国际承包商的分包商。

国贸工程分包合同受总包合同条件的约束,是在承认总包的各项条件(如工期、计量方法、付款方式、不变的固定总价等)下签订的。在建筑市场供求规律的影响下,发包人与承包商双方签订的合同在权利、义务上往往并不对等。一局在和法国总承包商进行合同谈判时就发现,总包拟定的合同条款非常苛刻,这也是由于总包把和业主签订的承包合同条款转嫁到一局身上的结果。

国贸工程合同属于总价合同。总价合同以固定价格进行结算,承包商不能因工程量的重新计算、物价上涨等因素的影响而调整合同规定的价格,除非有工程师的变更指令,能否取得利润主要取决于承包商的经营管理方法以及运用合同管理进行施工索赔的手段。

变更工程是合同管理中一个重要的工作内容。根据国贸工程合同规定,变更是指发包方要求的由承包方承担的合同范围之外的追加付款或违约赔款。前者叫"补偿",后者叫"赔偿"。由于变更及索赔在工程竣工结算时均称为承包商的"变更总价",所以没有特别需要,不作严格区分。工程实施过程中,承包商必须成立专门的合同管理小组,认真做好施工记录、会议记录,以及现场签证、设计修改等文字记录,以书面形式及时向工程师和业主发出备忘录,以此要求索赔。

根据国贸工程情况,索赔内容主要分为两个方面:一是工程变更索赔;二是工期索赔。工程变更又分以下两个部分。

第一部分为图纸变更。国贸工程是以扩大初步设计图纸为报价依据,并由承包商在施工阶段根据扩初图(合同图纸)绘制施工图。在施工过程中,承包商经常接收到工程师的设

计变更指令，并重新绘制施工图。另外，承包商为加快工程施工进度，常改变原定施工方案，例如把大量的现浇混凝土构件改为预制混凝土构件等，这样，致使国贸工程大部分施工图纸都经过修改，重新出图，有的修改达 13 次之多。一局在提出施工图变更索赔时，首先注意区别是由于业主原因产生的变更设计还是其他原因造成的工程变更，用最后一次变更确定的施工图与合同原图纸进行对照，计算出变更增减量，向对方提出索赔。

工程变更的第二部分为现场变更。现场变更包括现场签证和合同涉及的现场条件、工作范围的变更。它在整个变更中占有很大的比重。为了减少双方因变更索赔中出现的纠纷对工程施工产生的影响，一局和承包商的合同部门达成协议，如果双方对正在进行的工作是否属于变更看法不一致时，由承包商的现场负责人用签证单的形式对一局进行的这部分工作内容及工作量给予签字确认，但并不作为付款凭证，然后由双方合同部门来确定此项工作是否属于工程变更，并依照双方确认的单价来确定总价。

工期是索赔发生的另一重要因素。由于工期延误要罚款，所以对影响工期方面的资料管理显得尤为重要，在施工的全过程中，一局主要注意收集是由于业主或其他方面原因引起工期延长的资料，并及时发出备忘录。同时认真收集气象资料，做好各类施工记录。

在进行变更工程估价时，一局注意区别变更是属于合同范围内还是合同外的工作。由于合同外的变更不受合同规定的价格及条款的限制，因此可以重新确定价格或重新讨论合同条款。首先，对于工程设计变更，其区分的原则是，变更工作最终成果的使用功能与原合同同一工程的所有功能均不相同，或明显不在合同范围内的属于合同外工程变更。例如，对于现场红线之外的工程，或者已被业主验收过的工程进行变更等；其次，对于非工程设计变更划分的原则是，承包人利用所有完成合同范围内工程所需的技术手段、现场设施、设备等均不能完成的变更工作，应属于合同外的工作。

根据国贸工程经验，一局总结出工程变更注意事项，包括：
(1) 负责索赔工作的人员应参与到合同谈判及合同管理，否则会影响索赔的准确性和及时性；
(2) 由自己一方提出的合理化建议而进行的设计变更，一般不能提出索赔；
(3) 由于对方现场管理人员指挥失误而引起的变更应谨慎操作；
(4) 注意变更的原始资料的收集和整理，保留索赔证据；
(5) 掌握合理估算工程造价的方法，不能简单套用定额，要因地制宜地编制单位估价表，充分估计市场风险。

8.1 工程合同履行概述

8.1.1 合同履约的概念

合同的签订，只是履行合同的前提和基础。合同的最终实现，还需要当事人双方严格按照合同约定，认真全面地履行各自的合同义务。工程合同一经签订，即对合同当事人双方产生法律约束力，任何一方都无权擅自修改或解除合同。如果任何一方违反合同规定，不履行合同义务，或履行合同不符合合同约定而给对方造成损失时，都应当承担赔偿责任。由于建设工程施工合同具有合同金额大、履约周期长的特点，合同能否顺利履行将直接对当事人的经济效益乃至社会效益产生很大影响。因此，在合同订立后，当事人必须认真分析合同条款，明确自己的责任和义务，做好合同交底和合同控制工作，以保证合同能够顺利履行。

建设工程施工合同的履行是指工程建设项目的发包方和承包方根据合同规定的时间、地点、方式、内容及标准等要求，各自完成合同义务的行为。根据当事人履行合同义务的程度，合同履行可分为全部履行、部分履行和不履行。建设工程施工合同的履行，其内容之丰富，履行期限之长，是其他合同所无法比拟的，因此对建设工程施工合同的履行，尤其应强调贯彻合同的履行原则。

8.1.2 建设工程施工合同履行原则

1. 实际履行原则

当事人订立合同的目的是为了满足一定的经济利益，满足特定的生产经营活动的需要。因此当事人一定要按合同约定履行义务，不能用违约金或赔偿金来代替合同标的。任何一方违约时，不能以支付违约金或赔偿损失的方式来代替合同的履行，守约一方要求继续履行的，应当继续履行。这是由建筑工程的特点所决定的。

2. 全面履行原则

当事人应当严格按合同约定的数量、质量、标准、价格、方式、地点、期限等完成合同义务。全面履行原则对合同的履行具有重要意义，它是判断合同各方是否违约以及违约应当承担何种违约责任的根据和尺度。

3. 协作履行原则

即合同当事人各方在履行合同过程中，应当互谅、互助，尽可能为对方履行合同义务提供相应的便利条件。

4. 诚实信用原则

诚实信用原则是《中华人民共和国合同法》规定的基本原则，它是指当事人在签订和执行合同时，应讲究诚实、恪守信用、实事求是，以善意的方式行使权利并履行义务，不得回避法律和合同，以使双方所期待的正当利益得以实现。对施工合同来说，业主在合同实施阶段应按合同规定向承包商提供施工场地，及时支付工程款，聘请工程师进行公正的现场协调和监理；承包方应认真计划、组织好施工，努力按质按量在规定时间内完成施工任务，并履行合同所规定的其他义务。在遇到合同文件没有作出具体规定或规定矛盾或含糊时，双方应当善意对待合同，在合同规定的总体目标下公正行事。

5. 情势变更原则

情势变更原则是指在合同订立后，如果发生了订立合同时当事人不能预见并且不能克服的情况，改变了订立合同时的基础，使合同的履行失去意义或者履行合同将行使当事人之间的利益发生重大失衡，应当允许受不利影响的当事人变更合同或者解除合同。情势变更原则实质上是按诚实信用原则履行合同的延伸，其目的在于消除合同因情势变更所产生的不公平后果。理论上一般认为，适用情势变更原则应当具备以下条件：

(1) 有情势变更的事实发生。即作为合同环境及基础的客观情况发生了异常变动。

(2) 情势变更发生于合同订立后履行完毕之前。

(3) 该异常变动无法预料且无法克服。如果合同订立时当事人已预见该变动将要发生，或当事人能予以克服的，则不能适用该原则。

(4) 该异常变动不可归罪于当事人。如果是因当事人的过错所造成或是当事人应当预见的，则应当由其承担风险或责任。

(5) 该异常变动应属于非市场风险。如果该异常变动其实是市场中的正常风险，则当事人不能主张情势变更。

(6) 情势变更将使维持原合同显失公平。

8.2 工程合同履行控制

8.2.1 合同控制的概念、地位和方法

1. 合同控制的概念

要完成目标就必须对其实施有效的控制，控制是项目管理的重要职能之一。所谓控制，就是行为主体为保证在变化的条件下实现其目标，按照实现拟定的计划和标准，通过各种方法，对被控制对象实施中发生的各种实际值与计划值进行检查、对比、分析和纠正，以保证工程实施按预定的计划进行，顺利地实现预定的目标。

合同控制指承包商的合同管理组织为保证合同所约定的各项义务的全面完成及各项权利的实现，以合同分析的成果为基准，对整个合同实施过程进行全面监督、检查、对比和纠正的管理活动。

2. 合同控制的地位

一般而言，工程的实施控制包括成本控制、质量控制、进度控制和合同控制。其中，合同控制是核心，它与其他控制的关系如下：

(1) 成本控制、质量控制、进度控制由合同控制协调一致。成本、质量、工期是由合同定义的三大目标，承包商最根本的合同责任是达到这三大目标的协调一致，所以合同控制是其他控制的保证。通过合同控制可以使质量控制、进度控制和成本控制协调一致，形成一个有序的项目管理过程。

(2) 合同控制的范围较成本控制、质量控制、进度控制广得多。承包商除了必须按合同规定的质量要求和进度计划完成工程的设计、施工和进行保修外，还必须对实施方案的安全、稳定负责，对工程现场的安全、清洁和工程保护负责，遵守法律，执行工程师的指令，对自己的工作人员和分包商承担责任，按合同规定及时提供履约担保、购买保险等。同时，承包商还有要求工程师公平、正确地解释合同、决定工程实施方案、对业主和工程师违约行为的索赔权利等。这一切都必须通过合同控制来实施和保障。

(3) 合同控制较成本控制、质量控制、进度控制更具动态性。这种动态性表现在两个方面：一方面，合同实施受到外界干扰，常常偏离目标，要不断地进行调整；另一方面，合同目标本身不断改变，如在工程过程中不断出现合同变更，使工程的质量、工期、合同

价格发生变化，导致合同双方的责任和权益发生变化。这样，合同控制就必须是动态的，合同实施就必须随变化了的情况和目标不断调整。各种控制的目的、目标和依据见表 8-1。

表 8-1 合同控制的目的、目标和依据

序号	控制内容	控制目的	控制目标	控制依据
1	成本控制	保证按计划成本完成工程，防止成本超支和费用增加	计划成本	各分部分项工程、总工程的计划成本，人力、材料、资金计划，计划成本曲线
2	质量控制	保证按合同规定的质量完成工程，使工程顺利通过验收，交付使用，达到预定的功能要求	合同规定的质量标准	工程说明，规范，图纸，工程量表
3	进度控制	按预定进度计划进行施工，按期交付工程，防止承担工程拖延责任	合同规定的工期	合同规定的总工期计划，业主或工程师批准的详细施工进度计划
4	合同控制	按合同全面完成承包商的责任，防止违约	合同规定的各项责任	合同范围内的各种文件，合同分析资料

3. 合同控制的方法

合同控制方法适用一般的项目控制方法。项目控制方法有很多种类型，但归纳起来，主要可分为两大类，即被动控制和主动控制。

1) 被动控制

被动控制是控制者从计划的实际输出中发现偏差，对偏差采取措施，及时纠正的控制方式。因此要求管理人员对计划的实施进行跟踪，将其输出的工程信息进行加工、整理，再传递给控制部门，是控制人员从中发现问题、找出偏差、寻求并确定解决问题和纠正偏差的方法。被动控制实际上是在项目实施过程中、事后检查过程中发现问题及时处理的一种控制，因此仍作为一种积极的并且是十分重要的控制方式，如图 8.1 所示。

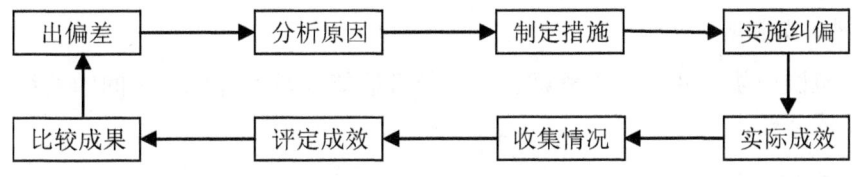

图 8.1 被动控制流程图

被动控制有如下措施：一是应用现代化方法、手段，跟踪、测试、检查项目实施过程中的数据，发现异常情况及时采取措施；二是建立项目实施过程中人员控制组织，明确控制责任，检查发现情况并及时处理；三是建立有效的信息反馈系统，及时将偏离计划目标值进行反馈，以使其及时采取措施。

2) 主动控制

主动控制就是预先分析目标偏离的可能性，并拟定和采取各项预防性措施，以保证计划目标得以实现。主动控制是对一种未来的控制，它可以最大可能地改变即将成为事实的被动局面，从而使控制更加有效。它是在事情发生之前就采取了控制措施。

(1) 详细调查并分析外部环境条件，以确定那些影响目标实现和计划运行的各种有利和不利因素，并将它们考虑到计划和其他管理职能当中。

(2) 识别风险。努力将各种影响目标实现和计划执行的潜在因素揭示出来，为风险分析和管理提供依据，并在计划实施过程中做好风险管理工作。

(3) 用科学的方法制定计划。做好计划可行性分析，消除那些造成资源不可行、技术不可行、经济不可行的各种错误和缺陷，保障工程的实施能够有足够的时间、空间、人力、物力和财力，并在此基础上力求计划优化。

(4) 高质量地做好组织工作。使组织与目标和计划保持一致，把目标控制的任务与管理职能落实到人，做到职权与指责明确，使全体成员能够通力协作，为共同实现目标而努力。

(5) 制定必要的应急预案，以对付可能出现的影响目标或计划实现的情况。一旦真的发生这些情况，则应有应急措施做保障，从而减少偏离量或避免发生偏离。

(6) 计划应留有余地。这样可以避免那些经常发生而又不可避免的干扰对计划的不断影响，减少"例外"情况产生的数量，使管理人员处于主动地位。

(7) 沟通信息流通渠道。加强信息收集、整理和研究工作，为预测工程未来发展提供全面、及时和可靠的信息。

被动控制与主动控制对承包商进行项目管理而言缺一不可，它们都是实现项目目标采用的控制方式。有效的控制是将被动控制和主动控制紧密结合起来，力求加大主动控制在控制过程中的比例，同时进行定期、连续的被动控制。只有如此，才能完成合同实施控制的任务。

8.2.2 合同控制的日常工作

1. 参与落实计划

合同管理人员与项目部的其他职能人员一起落实合同实施计划，为各小组、分包商的工作提供必要的保证，如施工现场的安排，人员、材料和机械等计划的落实，工序间的搭接关系和安排，以及其他一些必要的准备工作。

2. 协调各方关系

在合同范围内协调业主、工程师、项目部各职能人员和分包商之间的关系，解决相互协调上出现的问题。

3. 指导合同工作

合同管理人员对各工程小组和分包商进行工作指导，做经常性的合同解释，使各工程小组都有全局性观念，对工程中发现的问题提出意见、建议或警告。合同管理人员在工程实施中起着"漏洞工程师"的作用，但他不是寻求与业主、工程师、各工程小组、分包商的对立，他的目标不仅仅是索赔与反索赔，还要将各方面在合同关系上联系起来，防止漏洞和弥补损失，更完善地完成工程。

4. 参与其他项目控制工作

会同项目管理的有关职能人员定时检查和监督各工程小组和分包商的合同实施情况，对照合同要求的数量、质量、技术标准和工期进度，发现问题并及时采取措施。对已完工程做最后的检查核对，对未完成或有缺陷的工程责令其在一定的期限内采取补救措施，防止影响整个工期。按合同要求，会同业主及工程师对工程所用材料和设备进行检查验收，看是否符合质量、图纸和技术规范等的要求，进行隐蔽工程和已完工程的检查验收，负责验收文件的起草和验收的组织工作，参与工程结算，会同造价工程师对业主提出的工程款和分包商的进度款进行审查和确认。

5. 合同实施情况的追踪、偏差分析及参与处理

8.2.3　合同跟踪

在工程实施过程中，由于实际情况千变万化，导致合同实施与预定目标的偏离，如果不及时采取措施，这种偏差会越来越大，最终导致合同目标难以完成。因此，这就需要对合同实施情况进行随时跟踪，以便及时发现和纠偏，不断调整，使之与总目标一致。

1. 合同跟踪的依据

(1) 合同和合同分析的结果，如各种计划、方案、合同变更文件等，它们是比较的基础，是合同实施的目标和方向。

(2) 各种实际的工程文件，如原始记录、各种工程报表、报告、验收结果等。

(3) 工程管理人员每天对现场情况的直观了解，如对施工现场的巡视、与各种职能人员的谈话、召集小组会议、工程质量检查等。

2. 合同跟踪的对象

1) 具体的合同事件

对照合同事件安排的具体内容，分析该事件的实际完成情况。如以安装设备这个部分工程为例进行分析。

(1) 安装质量。如标高、位置、安装精度、材料质量是否符合合同要求，安装过程中设备有无损坏等。

(2) 工程数量。如是否全部安装到位，有无合同规定之外的设备安装，有无其他附属工程等。

(3) 工期。如是否在预定期限内完工，如果工期延长是什么原因等。

(4) 成本的增加和减少。

将上述内容在合同事件表上加以注明，这样可以检查每个合同事件的执行情况。对某些异常情况(即实际与计划存在较大偏差的事件)，可以列特殊事件分析表做进一步的处理。因为经过上面的分析可以得到偏差的原因和责任，从中发现索赔机会。

2) 工程小组或分包商的工程和工作

一个工程小组或分包商可能承担许多分项工程或多个合同事件，因此必须对它们实施的总体情况进行检查分析。在实际工程中常常因为某一个工程小组或分包商的工作质量不高或进度拖延而影响整个工程施工。合同管理人员应在这方面给他们提供帮助，如协调他们之间的工作，对工程缺陷提出意见，督促他们在规定时间内提高施工质量、加快工程进度等。

作为总承包商，必须对分包合同的实施进行有效的控制。这是总承包商合同控制的重要任务之一。分包合同控制的目的如下：

(1) 控制分包商的工作，严格监督他们按分包合同完成工程任务。分包合同是总承包合同的一部分，如果分包商不履行合同义务，则总承包商就不能顺利履行总包合同。

(2) 为向分包商索赔和对分包商反索赔做准备。总包和分包之间的利益是不一致的，在合同实施过程中，双方都在进行合同管理，都在寻求向对方索赔的机会，所以双方都有索赔和反索赔的任务。

(3) 对分包商之间的工程和工作，总承包商负有协调和管理的责任，并承担由此造成的损失。所以分包商的工程和工作都必须纳入总承包工程的计划和控制中，防止因分包商工程管理失误而影响全局。

3) 业主和工程师的工作

业主和工程师是承包商的主要工作伙伴，对他们的工作进行监督和跟踪十分重要。这些工作包括以下内容：

(1) 业主和工程师必须正确、及时地履行合同责任，及时提供各种工程实施条件，如及时发放施工图纸、提供场地、及时下达指令、作出答复、及时支付工程款等。在这里，合同工程师应寻找合同以及对方合同执行中的漏洞。

(2) 在工程中承包商应积极主动地做好工作，如提前催要图纸、材料，对工作事先通知。这样不仅可以让业主和工程师及时准备，以建立良好的合作关系，保证工程顺利实施，而且可以保留证据推卸自己的责任。

(3) 有问题及时与工程师沟通，多向工程师汇报情况，及时听取他的指示(书面形式)。

(4) 及时收集各种工程资料，对各种活动、双方的交流做好记录。

(5) 对有恶意的业主提前防范，并及时采取有效措施。

4) 工程总的实施状况

具体包括以下内容：

(1) 工程整体施工秩序状况。如果出现以下情况，合同实施必定存在问题：现场混乱，承包商与业主的其他承包商、供应商之间协调困难，合同事件之间各工程小组之间协调困难，出现大量事先未考虑到的情况，发生较严重的工程事故等。

(2) 已完工程没有通过验收，出现大的工程质量事故，工程试运行不成功或达不到预定的生产能力等。

(3) 施工进度未能达到预定计划，主要工程出现工期拖延，在报表上与计划进度出现大的偏差。

(4) 计划与实际的成本曲线出现大的偏离。

通过合同实施情况追踪、收集、整理能反映工程实施状况的各种质量报告、各种实际进度报表、各种成本和费用收支报表及其分析报告。将这些信息与工程目标，如合同文件、合同分析的资料、各种计划、设计等进行对比分析，可以发现两者的差异。根据差异的大小确定工程实施偏离目标的程度。如果没有差异或差异较小，则可按原计划继续实施工程。

8.2.4 合同实施情况偏差分析

合同实施情况偏差分析，指在合同实施情况跟踪的基础上，评价合同实施情况及其偏差原因，以便对该偏差采取调整措施。

1. 合同执行差异的原因分析

通过对不同监督对象的计划和实际的对比分析，不仅可以得到合同执行的差异，还可以探索引起差异的原因。原因分析可以采用因果分析图(表)、成本量差、价差等分析方法定性或定量地进行。

例如，通过计划成本和实际成本累计曲线的对比分析，不仅可以得到总成本的偏差值，而且可以进一步分析产生差异的原因，如：整个工程加速或拖延；工程施工次序被打乱；工程费用超支；工作效率低下；资源消耗增加等。

2. 合同差异责任分析

即针对上述偏差，分析其原因和责任，这常常是争议的焦点，尤其是当合同事件重叠、责任交错时更是如此。责任分析必须以合同为依据，按合同规定落实双方的责任。

3. 合同实施趋向预测

分别考虑不采取和采取调控措施，以及采取不同的调控措施情况下合同的最终执行结果，如：

(1) 最终的工程状况。包括工期的延误与否、成本超支与否、质量影响与否等。

(2) 承包商将承担什么样的后果。如被罚款、起诉，对承包商的资信、企业形象、经营战略有影响等。

(3) 最终工程经济效益(利润)水平。

8.2.5　合同实施偏差处理

根据合同实施偏差分析的结果，承包商应采取相应的调整措施。调整措施可分为组织措施、技术措施、经济措施和合同措施。组织措施有增加人员投入、重新进行计划或调整计划、派遣得力的管理人员；技术措施有变更技术方案、采用新的更合适的施工方案；经济措施有增加投入、对工作人员进行经济激励等；而合同措施则有进行合同变更，签订新的附加协议、备忘录，通过索赔解决纠纷等。

当然，合同措施是承包商的首选，通常都从以下几个方面来考虑：

(1) 如何保护和充分行使自己的权利。例如通过索赔降低自己的损失。

(2) 如何利用合同使对方的要求降到最低。即如何充分限制对方的合同权利，找出对方的责任。

8.3　工程合同变更管理

8.3.1　概述

1. 合同变更的概念

合同变更指合同成立后，履行完毕以前由双方当事人依法对原合同条款进行的修改。工程变更一般是指在工程施工过程中，根据合同的约定对施工程序、工程数量、质量要求及标准等作出的变更。工程变更是一种特殊的合同变更。

在工程实施过程中所出现的工程变更对工程的正常实施影响较大，这些影响主要表现在以下几方面：

(1) 导致设计图纸、成本计划、支付计划、工期计划、施工方案、技术说明和适用的规范等定义工程目标和工程实施情况的各种文件做相应的修改和变更。相关的其他计划如材料采购订货计划、劳动力安排、机械使用计划等也应做相应调整。所以工程变更不仅会引起与承包合同平行的其他合同的变化，而且会引起所属的各个分合同，如供应合同、租赁合同、分包合同的变更。有些重大的变更还会打乱整个施工部署。

(2) 引起合同双方、承包商的工程小组之间、总承包商和分包商之间合同责任的变化。如工程量增加，则增加了工程责任，增加了费用开支，延长了合同工期。

(3) 有些工程变更还会引起已完工程的返工、现场工程施工的停滞、施工秩序被打乱及已购材料出现损失。

按照工程有关统计，工程变更是索赔的主要起因。由于工程变更对工程施工过程影响较大，会造成工期的拖延和费用的增加，容易引起双方的争执，所以合同双方都应十分慎重地对待工程变更问题。

2. 合同变更的起因

合同内容频繁变更是工程合同的特点之一。一项工程合同变更的次数、范围和影响的大小与该工程招标文件(特别是合同条件)的完备性、技术设计的正确性，以及实施方案和实施计划的科学性直接相关。合同变更一般主要有以下几个方面的原因：

(1) 业主新的变更指令，对建筑的新要求。如业主有新的意图、业主修改项目总计划、削减预算等。

(2) 由于设计人员、工程师、承包商事先没能很好地理解业主的意图，或设计的错误，导致图纸修改。

(3) 工程环境的变化，预定的工程条件不准确，要求实施方案或实施计划变更。

(4) 由于产生新的技术和知识，有必要改变原设计、实施方案或实施计划，或由于业主指令及业主责任的原因造成承包商施工方案的改变。

(5) 政府部门对工程新的要求，如国家计划变化、环境保护要求、城市规划变动等。

(6) 由于合同实施出现问题，必须调整合同目标或修改合同条款。

3. 合同变更的范围

合同变更只能是在原合同规定的工程范围内变动，业主和工程师应注意不能使工程变更引起工程性质方面有实质性的变动，否则应重新签订合同。从法律角度讲，工程变更也是一种合同变更，合同变更应双方协商一致。根据诚实信用原则，业主显然不能通过合同约定而单方面地对合同作出实质性的变更。

从工程角度讲，工程性质若发生重大的变更而要求承包商无条件地继续施工是不恰当的，承包商在投标时并未准备这些变更工程的施工机械设备，需另行购置或租赁，使承包商有理由要求另签合同，而不能作为原合同的变更，除非合同双方都同意将其作为原合同的变更。承包商认为某项变更指示已超出本合同的范围，或工程师的变更指示的发布没有得到有效的授权时，可以拒绝进行变更工作。

4. 工程变更的分类

工程变更的内涵十分丰富，可以从不同的角度加以分类。工程管理实践中，通常按照工程变更所包含的具体内容，将其划分为如下五个类别：

1) 设计变更

设计变更是指建设工程施工合同履约过程中,由工程不同参与方提出,最终由设计单位以设计变更或设计补充文件形式发出的工程变更指令。设计变更包含的内容十分广泛,是工程变更的主体内容。常见的设计变更有:因设计计算错误或图示错误发出的设计变更通知书,因设计遗漏或设计深度不够而发出的设计补充通知书,以及应业主、承包商或监理方请求对设计所作的优化调整等。

2) 施工措施变更

施工措施变更是指在施工过程中承包方因工程地质条件变化、施工环境或施工条件的改变等因素影响,向监理工程师和业主提出的改变原施工措施方案的过程。施工措施方案的变更应经监理工程师和业主审查同意后实施,否则引起的费用增加和工期延误将由承包方自行承担。重大施工措施方案的变更还应征询设计单位意见。在建设工程施工合同履约过程中,施工措施变更存在于工程施工的全过程,如人工挖孔桩桩孔开挖过程中出现地下流沙层或淤泥层,需采取特殊支护措施,方可继续施工;公路或市政道路工程路基开挖过程中发现地下文物,需停工采取特殊保护措施;建筑物主体施工过程中,因市场供应原因引起的混凝土搅拌方式的调整等。

3) 条件变更

条件变更是指施工过程中,因业主未能按合同约定提供必需的施工条件以及不可抗力发生导致工程无法按预定计划实施。如业主承诺交付的工程后续施工图纸未到,致使工程中途停顿,业主提供的施工临时用电因社会电网紧张而断电导致施工生产无法正常进行,特大暴雨或山体滑坡导致工程停工。这类因业主原因或不可抗力所发生的工程变更统称为条件变更。

4) 计划变更

计划变更是指施工过程中,业主因上级指令、技术因素或经营需要,调整原定施工进度计划,改变施工顺序和时间安排。如小区群体工程施工中,根据销售进展情况,部分房屋需提前竣工,另一部分房屋适当延迟交付,这类变更就是典型的计划变更。

5) 新增工程

新增工程是指施工过程中,业主扩大建设规模,增加原招标工程量清单之外的建设内容。

根据大量工程实践中存在的工程变更所揭示的特征,各类常见工程变更可从可控性、技术性、所处阶段、频率和来源方五个不同层面加以描述。一般情况下,设计变更和施工措施变更的可控性强,其余变更的可控性一般或较弱。从技术性角度而言,设计变更的技术性强,施工措施变更次之,其余变更则较弱。从所处阶段分析,一般房屋建筑工程设计变更和施工措施变更涵盖工程施工的全过程,其余变更则主要发生在工程主体施工阶段和装饰施工阶段。从发生频率来看,设计变更最高,施工措施变更次之,其余变更则较低。从变更的来源方即提出(或引起)变更的主体观察,设计变更和施工措施变更范围最广,业主、承包方、监理方和设计方均可提出设计变更和施工措施变更要求,计划变更和新增工程一般由业主提出,条件变更则通常由业主或不可抗力引起。

8.3.2 工程合同变更的程序

【例 8-1】某施工企业承包了某项小区土建工程,共 300 多户,合同规定工程量变更增减不超过承包商工程量总量的25%。在投标时，业主和承包商都清楚这只是第一期工程，在同一区域内还有第二期甚至第三期工程。承包商十分希望获得第一期工程，以便创造有利条件获得后续工程，因此，第一期的报价较低，工程实施进度和质量都很好。一期合同工期为两年，在工程进行到18个月时，业主提出工程变更要求，交与工程师处理，要求将第二期工程中的部分住房作为第一期的工程变更。根据合同条件，只要新增工程量不超过原合同的25%，该承包商似乎无法拒绝。但是，承包商当然不同意此项工程变更。在工程师与承包商协商该项变更时，承包商经过分析讨论，直接发给业主一份有理有据的拒绝信，并给工程师一份复制件。该信函指出：在工程实施过程中，业主和工程师提出的多项工程变更和额外工作，承包商都较好地执行了。但是，这次是新增数十个住房单元，则不能作为工程变更新增工程量来处理。其原因是：这些工程不属于原合同的工程范围；假如能协商一个新的合适的调整价格，公司则愿意接受这项新任务，或提请业主仍将它们放在第二期工程中招标处理。业主和工程师在接到承包商的致函后，认为承包商意见合理，则没有硬性指令为工程变更，便将其仍放在二期工程招标中进行。

1. 工程变更的提出

工程变更的提出可以是工程的任何一个参与方，只要工程变更是依据合同明示条款或隐含条款提出的。

1) 承包商提出的工程变更

承包商在提出工程变更时，一般情况是工程遇到不能预见的地质条件或地下障碍。如原设计的某大厦的基础为钻孔灌注桩，承包商根据开工后钻探的地质条件和施工经验，认为改成沉井基础较好。另一种情况是承包商为了节约工程成本或加快工程施工进度，提出工程变更。

2) 业主提出的工程变更

业主提出的工程变更往往是改变工程项目某一方面的功能或具体做法，但如业主方提出的工程变更内容超出合同限定的范围，则属于新增工程，只能另签合同进行处理，除非承包商同意作为变更。

在FIDIC土木工程施工合同条件中规定，业主要通过工程师才能下达工程变更指令。

3) 工程师提出的工程变更

工程师往往根据工地现场工程进展的具体情况，认为确有必要时，可提出工程变更。在工程施工过程中，因设计考虑不周，或施工环境发生变化等原因，工程师应本着节约工程成本和加快工程进度与保证工程质量的原则，提出工程变更。只要提出的工程变更在原合同规定的范围内，一般是切实可行的。若超出原合同范围，新增了很多工程内容和施工项目，则属于不合理的工程变更请求，工程师应和承包商协商后酌情处理。

2. 工程变更的批准

由承包商提出的变更，应交由工程师审查并批准。由业主提出的工程变更，为便于工程的统一管理，一般交由工程师代为发出。如果合同对工程师提出工程变更的权利作出了具体限制，而约定其余均应由业主批准，则工程师就超出其权限范围的工程变更发出指令时，应附上业主的书面批准文件，否则承包商可拒绝执行。但在紧急情况下，不应限制工程师向承包商发布其认为必要的此类变更指示，并将情况尽快通知业主。例如，当工程师在工程现场认为出现了危及生命、工程或相邻第三方财产安全的紧急事件时，在不解除合同规定的承包商的任何义务和职责的情况下,工程师可以指示承包商实施他认为解除或减少这种危险而必须进行的所有这类工作。尽管没有业主的批准,承包商也应立即遵照工程师的任何此类变更指示。

工程变更审批的一般原则为:首先,考虑工程变更对工程进展是否有利;第二,要考虑工程变更是否可以节约工程成本;第三,应考虑工程变更是否兼顾业主、承包商或工程项目之外其他第三方的利益,不能因工程变更而损害任何一方的正当权益;第四,必须保证变更工程符合本工程的技术标准;最后是工程受阻,如遇到特殊风险、人为阻碍、合同一方当事人违约等不得不变更工程。

在我国工程实施过程中,无论是业主还是承包商或工程师,在提出工程变更后,实施之前,涉及技术问题,比如结构安全,往往要经过工程设计单位的会签认可;涉及消防、规划方面的问题还要经过政府有关职能部门的批准。

3. 工程变更的决定及执行

为了避免耽误工作,工程师在和承包商就变更价格达成一致意见之前,有必要先行发布变更指示,即分成两步发布变更指示:首先是在没有规定价格和费率的情况下先行指示承包商继续工作;然后是在进一步协商之后,发布确定变更工程造价的指示。

工程变更的指令一般要求以书面形式。当工程师出于紧急情况以口头指令要求承包商进行工程变更时,事后一定要及时补签一份书面的工程变更指令。如果工程师没有及时补签书面指令,承包商须在 7 天之内以书面形式证实此项指示,交与工程师签字,工程师若在 14 天内没有提出异议,则视为认可。

按照国际惯例,除非工程师明显超越合同赋予其权限,任何情况下承包商应该无条件执行工程变更的指示。如果工程是根据合同约定发布了进行工程变更的书面指令,则不论承包商对此是否有异议,也不论变更工程的价款是否已经确定,承包商都必须无条件地执行此项指令。即使承包商有异议,也不能停止工作,而只能根据合同规定寻求索赔或者其他解决方式。在争议处理期间,承包商必须依照合同规定继续施工,否则有可能构成承包商违约。

8.3.3 工程合同变更价款调整

工程变更价款的确定,既是工程变更方案经济性评审的重要内容,也是工程变更发生后调整合同价款的重要依据。一般情况下,承包商在工程变更确定后规定的时间内应提出工程变更价款的报告,经监理工程师批准后方可调整合同价款。

国内现行建设工程施工合同条件和相关研究文献均有关于工程变更价款确定方法和原则的论述,其确定原则一般包括以下内容:

(1) 合同中已有适用于变更工程的价格,按合同已有的价格变更合同价款。
(2) 合同中只有类似于变更工程的价格,可以参照类似价格变更合同价款。
(3) 合同中没有适用或类似于变更工程的价格,则由承包商提出适当的变更价格,经监理工程师确认后执行。
(4) 承包商在双方确定变更后 14 天内不向监理工程师提出变更工程价款报告时,视为该项变更不涉及合同价款的变更。
(5) 监理工程师应在收到变更工程价款报告之日起 14 天内予以确认,监理工程师无正当理由不确认时，自变更工程价款报告送达之日起 14 天后视为变更工程价款报告已被确认。

(6) 监理工程师不同意承包商提出的变更价款，按关于合同争议的约定处理。

(7) 因承包商自身原因导致的工程变更，承包商无权要求追加合同价款。

FIDIC 组织 1999 年发布的《施工合同条件》(第 1 版)对工程变更的估价原则和程序也作出了相应的约定。它同国内现行施工合同变更条款的不同之处是，FIDIC 合同规定，当实际测量的工程量清单项目的工程量增减出现下列情形时，应采用新的费率或价格：

(1) 该项工作测出的数量变化超过工程量表或其他资料表中所列数量的 10% 以上。

(2) 此数量变化与该项工作上述规定的费率的乘积，超过中标合同金额的 0.01%。

(3) 此数量变化直接改变该项工作的单位成本超过 1%。

(4) 合同中没有规定该项工作为"固定费率项目"。

一些研究文献的研究结论表明，确定工程变更的价格可包括如下四种方法：

(1) 采用工程量清单中的综合单价或费率。

(2) 根据工程所在地工程造价管理机构颁布的概预算定额，工程量清单项目综合单价定额或工程量清单项目工料机消耗量定额确定。

(3) 根据现场施工记录和承包商实际的人工、材料、施工机械台班消耗量，以及投标书中的工料机价格、管理费率和利润率综合确定。但是，由于承包商管理不善，设备使用效率降低及工人技术不熟练等因素造成的成本支出应从变更价格中剔除。

(4) 采用计日工方式。此方式适用于规模较小，工作不连续，采用特殊工艺措施，无法规范计量及附带性的工程变更项目。合同中未包括计日工清单项目的，不宜采用计日工方式。

采用计日工方式计价的变更项目应按照包括在合同中的计日工清单表进行估价。监理工程师应做好施工现场原始记录，承包商应向监理工程师提交每日的计日工报表，准确填报前一日工作中使用的各项资源的详细资料，如承包商人员的姓名、职业和使用时间；承包商设备和临时工程的标识、型号和使用时间；所用的生产设备和材料的数量及型号。监理工程师审核同意后，作为支付工程进度款的依据。原计日工清单中缺项的资源项目，承包商应在订购货物前提前向监理工程师提交报价单，当申请支付时，承包商应提交各种货物资源的发票、凭证、账单或收据。

工程变更价款确定过程可用图 8.2 表示。

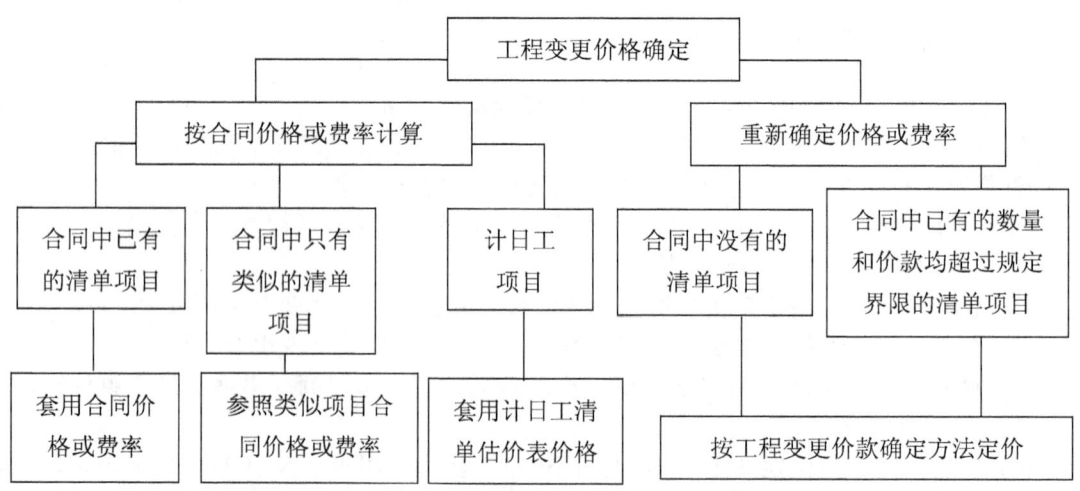

图 8.2 工程变更价款的确定过程

8.4 工程建设合同风险管理

8.4.1 风险的基本含义

风险一般是指在从事某项特定活动中因不确定性而产生的经济或财务损失、自然破坏或损伤的可能性。一般认为，风险是一种可以通过分析，推算出其概率分布的不确定性事件，其结果可能是损失或收益。通常情况下，风险是针对损失而言的。

8.4.2 风险的基本特征

风险的特征是指风险的本质及其发生规律的表现。正确认识风险的特征，对于加强风险管理，减少风险损失，提高经济效益，具有重要的意义。

1. 客观性

风险是一种普遍的客观存在，人们既不能拒绝也不能否认它的存在。风险存在于客观事件发展变化的整个过程之中，无时不有，无处不在，必须承认和正视风险的客观存在，并采取积极的态度，认真地对待风险。合同各方都可能遇到风险。

2. 不确定性

事物处在永恒的不断变化之中，而人的认识能力是有限的，对事物的发展变化不可能完全把握。风险正是由于这种客观条件的不断变化而产生不确定性所导致的。因此，风险是各种不确定性因素的伴随物。同时，风险事件可能发生，也可能不发生。

3. 可预测性

不确定性是风险的本质属性，但这并非表明人们对它束手无策。我们可以根据以往发生过的类似事件的统计资料，通过概率分析，对某种风险发生的频率及其造成损失的程度作出主观上的判断，从而对可能发生的风险进行预测和衡量。风险分析的过程实际上就是风险预测和衡量的过程。

4. 损失性

风险的后果就是会带来某种损失，一般可用经济价值来量度，并且是指非故意、非计划性和非预期的经济价值的减少。风险透过事物不确定因素的发生才会导致损失，不确定因素是损失发生的媒介体。风险导致的损失有直接损失和间接损失之分。前者指实质的、直接的损失，后者则包括额外费用损失、收入损失和责任损失三种。

5. 结果双重性

风险一旦发生会带来损失，但风险背后往往隐藏着巨大的盈利机会。风险越大，盈利机会越大，反之则越小，这就是体现风险结果双重性的风险报酬原则。一方面，风险利益使风险具有诱惑效应，使人们甘冒风险去获取它。另一方面，虽然风险与利润共存，但一旦风险代价太大或决策者厌恶风险时，就会对风险采取回避行动，这就是风险的约束效应。这两种效应分别是风险效应的两个方面，它们同时存在，同时发生作用，且相互抵消，相互矛盾。人们决策时是选择还是回避风险,就是这两种效应相互作用的结果。

8.4.3 工程合同的风险因素

合同的目的就是为了确立各方的权利、义务与职责,并在各方之间分配风险。接受某项责任就意味着要承担相应的风险,即因自身准备不充分、能力欠缺、疏忽、过失或者外界因素对事件的干扰而导致不能履行该责任的风险。但是,在任何合同中都仅仅规定了一些基本原则,合同的履行还有赖于各方良好的意愿、决心以及相互之间的关系。

任何项目内在的基本风险都可以在业主、设计单位、承包商、专业承包商和材料、设备供应商之间通过不同的合同关系得以分配。工程建设标准合同通过明示和隐含条款在合同各方之间进行了风险分配。但是,不同合同其风险分配差别很大。合同风险事件,可能发生,也可能不发生;合同风险是相对的,可以通过合同条文定义风险及其承担者。实际上,合同中的一方想通过单方面的合同条款把大多数风险转移给另一方是不现实的。

风险因素是指一系列可能影响项目向好或向坏的方向发展的因素的总和。风险分析的内容主要是分析项目风险因素发生的可能性、预期的结果、可能发生的时间及发生的频率。风险管理者对风险分析的结果必须有自己的判断,风险分析方法是协助风险管理者进行分析风险,而不能代替风险管理者的判断。

1. 承包人承包工程的主要风险

工程合同的风险因素分析对发包人和承包人来说都十分重要,发包人主要从对承包人的资格考察及合同具体条款的签订上防范风险,这里不多叙述。此处仅介绍承包人在建设工程承包过程中的风险因素分析。

承包工程中常见的风险有如下几类:

1) 工程的技术、经济、法律等方面的风险

具体包括: 由于现代工程规模大,功能要求高,需要新技术、特殊的工艺、特殊的施工设备,有时发包人将工期限定得太紧,承包人无法按时完成;现场条件复杂,干扰因素多;施工技术难度大,特殊的自然环境,如场地狭小,地质条件复杂,气候条件恶劣,水电供应、建材供应不能保证等;承包人的技术力量、施工力量、装备水平、工程管理水平不足,在投标报价和工程实施过程中会有这样或那样的失误,如技术设计、施工方案、施工计划和组织措施存在缺陷和漏洞,计划不周,报价失误等;承包人资金供应不足,周转困难;在国际工程中还常常出现对当地法律、语言不熟悉,对技术文件、工程说明和规范理解不正确或出错的现象。

2) 发包人资信风险

属于发包人资信风险的有如下几方面: 发包人的经济情况变化,如经济状况恶化,濒于倒闭,无力继续实施工程,无力支付工程款,工程被迫中止;发包人的信誉差,不诚实,有意拖欠工程款,或对承包人的合理索赔要求不作答复,或拒不支付;发包人为了达到不支付或少支付工程款的目的,在工程中苛刻刁难承包人,滥用权力,施行罚款或扣款;发包人经常改变主意,如改变设计方案、实施方案,打乱工程施工秩序,但又不愿意给承包人以补偿等。

3) 外界环境的风险

主要包括:在国际工程中,工程所在国政治环境的变化,如发生战争、禁运、罢工、

社会动乱等造成工程中断或终止；经济环境的变化，如通货膨胀、汇率调整、工资和物价上涨；合同所依据的法律的变化，如新的法律颁布，国家调整税率或增加新的税种，新的外汇管理政策等；自然环境的变化，如百年未遇的洪水、地震、台风等，以及工程水文、地质条件的不确定性。

4) 合同风险

即施工合同中的一般风险条款和一些明显的或隐含着对承包人不利的条款。它们会造成承包人的损失，是进行合同风险分析的重点。具体包括：合同中明确规定的承包人承担的风险，如工程变更的补偿范围和补偿条件、合同价款的调整条件、工程范围的不确定(特别是对固定总价合同)；发包人和工程师对设计、施工、材料供应的认可权及检查权、其他形式的风险条款等；合同条文的不全面、不完整等，如缺少工期拖延违约金的最高限额的条款或限额太高、缺少工期提前的奖励条款、缺少发包人拖欠工程款的处罚条款等；合同条文不清楚、不细致、不严密，如合同中对一些问题不做具体规定，仅用"另行协商解决"等字眼，再如"承包人为施工方便而设置的任何设施，均由他自己付款"中的"施工方便"即含糊不清；发包人为了转嫁风险提出的单方面约束性，过于苛刻，责权利不平衡的合同条款；其他对承包人苛刻的要求，如要承包人大量垫资承包、工期要求太紧超过常规、过于苛刻的质量要求等。

2. 风险因素分析的方法

风险分析的方法包括：定性分析方法、定量分析方法或两者相结合的方式。定性分析方法主要有头脑风暴法、德尔菲法、因果分析法、情景分析法等；定量分析方法有敏感性分析、概率分析、决策树分析、影响图技术、模糊数学法、灰色系统理论、效用理论、模拟法、计划评审技术、外推法等。风险因素识别的方法有许多，但风险分析方法必须与使用这种方法的环境相适应，具体问题应作具体分析。在实践中用得较多的是头脑风暴法、德尔菲法、因果分析法和情景分析法。

1) 头脑风暴法

头脑风暴法，是通过专家会议，发挥专家的创造性思维来获取未来信息的一种直观预测和识别方法。头脑风暴法通过主持专家会议的人在会议开始时的发言激起专家们的思维"灵感"，促使专家们感到急需回答会议提出的问题而激发创造性的思维，在专家们回答问题时产生信息交流，受到相互启发，从而诱发专家们产生"思维共振"，达到互相补充并产生"组合效应"，以获取更多的未来信息，使预测和识别的结果更准确。

2) 德尔菲法

德尔菲法又称专家调查法，是通过函询收集若干位与该项目相关领域的专家的意见，然后加以综合整理，再匿名反馈给各位专家，再次征询意见。这样反复经过四至五轮，逐步使专家的意见趋向一致，作为最后预测和识别的根据。

3) 因果分析法

因果分析图因其图形像鱼刺，故也称鱼刺图分析法。图中主干是风险的后果，枝是风险因素和风险事件，分支为相应的小原因。用因果分析图来分析风险，可以从原因预见结果，也可以从可能的后果中找出将诱发结果的原因。

4) 情景分析法

情景分析法又称幕景分析法，是根据发展趋势的多样性，通过对系统内外相关问题的系统分析，设计出多种可能的未来前景，然后用类似于撰写电影剧本的手法，对系统发展态势作出自始至终的情景和画面的描述。

情景分析法是一种适用于对可变因素较多的项目进行风险预测和识别的系统技术，它在假定关键影响因素有可能发生的基础上，构造出多重情景，提出多种未来的可能结果，以便采取适当措施防患于未然。

8.4.4 工程合同的风险管理

1. 风险识别

工程项目建设过程存在着风险，管理者的任务就是防范、化解与控制这些风险，使之对项目目标产生的负面影响最小。知己知彼，方能百战不殆。要做好风险的处置，首先就要了解风险，了解其产生的原因及其后果，才能有的放矢地进行处置。风险识别是指找出影响项目安全、质量、进度、投资等目标顺利实现的主要风险，这既是项目风险管理的第一步，也是最重要的一步。这一阶段主要侧重于对风险的定性分析。风险识别应从风险分类、风险产生的原因入手。

风险识别步骤如下所示：

1) 项目状态的分析

这是一个将项目原始状态与可能状态进行比较及分析的过程。项目原始状态是指项目立项、可行性研究及建设计划中的预想状态，是一种比较理想化的状态；可能状态则是基于现实、基于变化的一种估计。比较这两种状态下的项目目标值的变化，如果这种变化是恶化的，则为风险。

理解项目原始状态是识别项目风险的基础。只有深刻理解了项目的原始状态，才能正确认定项目执行过程中可能发生的状态变化，进而分析状态的变化可能导致的项目目标的不确定性。

2) 对项目进行结构分解

通过对项目的结构分解，可以使存在风险的环节和子项变得容易辨认。

3) 历史资料分析

通过对以前若干个相似项目情况的历史资料分析，有助于识别目前项目的潜在风险。

4) 确认不确定性的客观存在

风险管理者不仅要辨识所发现或推测的因素是否存在不确定性，而且要确认这种不确定性是客观存在的，只有符合这两个条件的因素才可以视作风险。

2. 风险评估

风险评估是指采用科学的评估方法将辨识并经分类的风险进行评估，再根据其评估值大小予以排队分级，为有针对性、有重点地管理好风险提供科学依据。风险评估的对象是项目的所有风险，而非单个风险。风险评估可以有许多方法，如方差与变异系数分析法、层次分析法(简称 AHP 法)、强制评分法及专家经验评估法等。经过风险评估，将风险分为几个等级，如重大风险、一般风险、轻微风险、没有风险。

对于重大风险要进一步分析其原因和发生条件，采取严格的控制措施或将其转移，即使多付出些代价也在所不惜；对于一般风险，只要给予足够的重视即可，当采取化解措施时，要较多地考虑成本费用因素；对于轻微风险，只要按常规管理就可以了。

3. 风险的处置

风险处置就是根据风险评估及风险分析的结果，采取相应的措施，也就是制定并实施风险处置计划。通过风险评估及风险分析，可以知道项目发生各种风险的可能性及其危害程度，将此与公认的安全指标相比较，就可确定项目的风险等级，从而决定应采取什么样的措施。在实施风险处置计划时应随时将变化了的情况反馈，以便能及时地结合新的情况对项目风险进行预测、识别、评估和分析，并调整风险处置计划，实现风险的动态管理，使之能适应新的情况，尽量减少风险所导致的损失。

常用的风险处置措施主要有以下 4 种：

1) 风险回避

风险回避就是在考虑到某项目的风险及其所致损失都很大时，主动放弃或终止该项目，以避免与该项目相联系的风险及其所致损失的一种处置风险的方式。它是一种最彻底的风险处置技术，在风险事件发生之前将风险因素完全消除，从而完全消除了这些风险可能造成的各种损失。

风险回避是一种消极的风险处置方法，因为再大的风险也都只是一种可能，既可能发生，也可能不发生。采取回避，当然是能彻底消除风险，但同时也失去了实施项目可能带来的收益，所以这种方法一般只在存在以下情况之一时才会采用：

(1) 某风险所致的损失频率和损失幅度都相当高。

(2) 应用其他风险管理方法的成本超过了其产生的效益。

2) 风险控制

对损失小、概率大的风险，可采取控制措施来降低风险发生的概率，当风险事件已经发生时，则尽可能降低风险事件的损失，也就是风险降低。所以，风险控制就是为了最大限度地降低风险事故发生的概率和减小损失幅度而采取的风险处置技术。为了控制工程项目的风险，首先要对实施项目的人员进行风险教育以增强其风险意识，同时采取相应的技术措施。

(1) 根据风险因素的特性，采取一定措施使其发生的概率降至接近于零，从而预防风险因素的产生。

(2) 减少已存在的风险因素。

(3) 防止已存在的风险因素释放能量。

(4) 改善风险因素的空间分布从而限制其释放能量的速度。

(5) 在时间和空间上把风险因素与可能遭受损害的人、财、物隔离。

(6) 借助人为设置的物质障碍将风险因素与人、财、物隔离。

(7) 改变风险因素的基本性质，加强风险部门的防护能力。

(8) 做好救护受损人、物的准备。

(9) 制定严格的操作规程，减少错误作业造成的不必要的损失。

风险控制是一种最积极、最有效的处置方式，它不仅能有效地减少项目由于风险事故所造成的损失，而且能使全社会的物质财富少受损失。

3) 风险转移

对损失大、概率小的风险，可通过保险或合同条款将责任转移。风险转移是指借用合同或协议，在风险事件发生时将损失的一部分或全部转移到有相互经济利益关系的另一方。风险转移主要有两种方式，即保险风险转移和非保险风险转移。

(1) 保险风险转移。保险是最重要的风险转嫁方式，是指通过购买保险的办法将风险转移给保险公司或保险机构。

(2) 非保险风险转移。非保险风险转移是指通过保险以外的其他手段将风险转移出去。非保险风险转移主要有以下几种方式：

① 担保合同。
② 租赁合同。
③ 委托合同。
④ 分包合同。
⑤ 无责任约定。
⑥ 合资经营。
⑦ 实行股份制。

通过转嫁方式处置风险，风险本身并没有减少，只是风险承担者发生了变化，因此转移出去的风险，应尽可能让最有能力的承受者分担，否则就有可能给项目带来意外的损失。

4) 风险保留

对损失小、概率小的风险留给自己承担，这种方法通常在下列情况下采用：

(1) 处理风险的成本大于承担风险所付出的代价。
(2) 预计某一风险造成的最大损失项目可以安全承担。
(3) 当风险降低、风险控制、风险转移等风险控制方法均不可行时。
(4) 没有识别出风险，错过了采取积极措施处置的时机。

4. 承包人的风险管理

1) 承包人风险管理的主要内容

(1) 合同签订前对风险做全面分析和预测。主要考虑如下问题：工程实施过程中可能出现的风险类型、种类；风险发生的规律，如发生的可能性、发生的时间及分布规律；风险的影响，即风险发生，对承包人的施工过程、工期、成本等有哪些影响；承包人要承担哪些经济和法律的责任等；各种风险之间的内在联系，如一起发生或伴随发生的可能性。

(2) 对风险采取有效的对策和计划。即考虑如果风险发生应采取什么措施予以防止，或降低它的不利影响，为防范风险做组织、技术、资金等方面的准备。

(3) 在合同实施过程中对可能发生或已经发生的风险进行有效控制。具体包括：采取措施防止或避免风险的发生；有效地转移风险，争取让其他方承担风险造成的损失；降低风险的不利影响，减少自己的损失；在风险发生的情况下进行有效决策，对工程施工进行有效控制，保证工程项目的顺利实施。

2) 承包人的合同风险对策

(1) 在报价中考虑。主要包括：提供报价中的不可预见风险费；采取一些报价策略；使用保留条件、附加或补充说明等。

(2) 通过谈判，完善合同条文，双方合理分担风险。主要包括：充分考虑合同实施过程中可能发生的各种情况，在合同中予以详细、具体地规定，防止意外风险；使风险型条款合理化，力争对责权利不平衡条款、单方面约束性条款做修改或限定，防止独立承担风险；将一些风险较大的合同责任推给发包人，以减少风险(这样常常也相应减少收益机会)；通过合同谈判争取在合同条款中增加对承包人权益的保护性条款。

(3) 购买保险。购买保险是承包人转移风险的一种重要手段。通常，承包人的工程保险主要有工程一切险、施工设备保险、第三方责任险、人身伤亡保险等。承包人应充分了解这些保险所保的风险范围、保险金计算、赔偿方法、赔偿程序、赔偿额等详细情况。

(4) 采取技术、经济和管理的措施。如组织最得力的投标班子，进行详细的招标文件分析，做详细的环境调查，通过周密的计划和组织，做精细的报价以降低投标风险；对技术复杂的工程，采用新的同时又是成熟的工艺、设备和施工方法；对风险大的工程派遣最得力的项目经理、技术人员、合同管理人员等，组成精干的项目管理小组；施工企业对风险大的工程，在技术力量、机械装备、材料供应、资金供应、劳务安排等方面予以特殊对待，全力保证该合同的实施；对风险大的工程，应做更周密的计划，采用有效的检查、监督和控制手段等。

(5) 在工程施工过程中加强索赔管理。用索赔来弥补或减少损失、提高合同价格、增加工程收益、补偿由风险造成的损失。

(6) 采用其他对策。如将一些风险大的分项工程分包出去，向分包商转嫁风险；与其他承包人联营承包，建立联营体，共同承担风险等。

在选择上述合同风险对策时，应注意优先顺序。通常按下列顺序依次选择：技术、经济和管理措施；购买保险；采用联营或分包措施；报价中考虑的措施；通过合同谈判，修改合同条件；通过索赔弥补风险损失。

8.4.5 工程担保和保险

保险和担保是风险转移最有效、最常用的方法，是工程合同履约风险管理的重要手段，也是符合国际惯例的做法。在工程实际中，防范风险、减小风险损失最常见的方法就是进行工程担保和保险。

1. 工程担保

工程担保制度是以经济责任链条建立起保证人与建设市场主体之间的责任关系。工程承包人在工程建设中的任何不规范行为都可能危害担保人的利益，担保人为维护自身的经济利益，在提供工程担保时，必然对申请人的资信、实力、履约记录等进行全面的审核，根据被保证人的资信实行差别费率，并在建设过程中对被担保人的履约行为进行监督。通过这种制约机制和经济杠杆，可以迫使当事人提高素质、规范行为，保证工程质量、工期和施工安全。另外，承建商拖延工期、拖欠工人工资和供货商货款、保修期内不尽保修义务，设计人延迟交付图纸及业主拖欠工程款等问题光靠工程保险是解决不了的，必须借助于工程担保。实践证明，工程担保制度对规范建筑市场、防范建筑风险特别是违约风险、降低建筑业的社会成本、保障工程建设的顺利进行等方面都有十分重要和不可替代的作用。

担保合同可以是独立订立的保证合同、抵押合同、质押合同、定金合同等的书面合同，包括当事人之间的具有担保性质的信函、传真等，也可以是主合同中的担保条款。

工程担保主要包括以下几方面：

1) 投标担保

投标担保是在建设工程总包或分包的招投标过程中，保证人为具有合格的投标人向招标人提供的担保,保证投标人不在投标有效期内中途撤标;中标后与招标人签订施工合同并提供招标文件要求的履约及预付款等保证担保。如果投标人违约,招标人可以没收其投标保函,要求保证人在保函额度内予以赔偿。

2) 承包商履约担保

履约担保是指由于非业主的原因,承包商无法履行合同义务,保证机构应该接受工程,并经业主同意由其他承包商继续完成该工程建设,业主只按原合同支付工程款,保证机构须将保证金付给业主作为赔偿。履约担保充分保障了业主依照合同条件完成工程的合法权益。

3) 承包商付款担保

付款担保是指若承包商没有根据工程进度按时支付工人工资以及分包商和材料设备供应商的相关费用,经调查确认后由保证机构予以代付。付款保证使得业主避免了不必要的法律纠纷和管理负担。

4) 预付款担保

预付款担保是要求承包商提供的,为保证工程预付款用于该工程项目,不准承包商挪作他用及卷款潜逃的担保。

5) 维修担保

维修担保是为保障维修期内出现质量缺陷时,承包商负责维修而提供的担保。维修担保可以单列,也可以包含在履约担保内,也有采用扣留一定比例工程款作担保的。

6) 业主付款担保

业主付款担保是保证人为有支付能力的业主向承包商提供的担保,保证业主按施工合同的约定向承包商支付工程款。若业主违约,保证人在保函额度内代为支付。

7) 业主责任履行担保

业主责任履行担保是保证人为业主履行合同约定的义务和责任而向承包商提供的担保,保证业主按合同的约定履行义务,承担责任。

8) 完工担保

完工担保是保证人为承包商按照承包合同约定的工期和质量完成工程向业主提供的担保。

2. 工程保险

1) 概述

保险是指投保人根据合同约定,向保险人支付保险费,保险人对于合同约定的可能发生的事故因其发生所造成的财产损失承担赔偿保险金责任,或者当被保险人死亡、伤残、疾病或者达到合同约定的年龄、期限时承担给付保险金责任的商业保险行为。

工程合同保险是对以工程建设过程中所涉及的财产、人身和建设各方当事人之间权利义务关系为对象的保险的总称;是对建筑工程项目、安装工程项目及工程中的施工机器、设备所面临的各种风险提供的经济保障;是业主和承包商为了工程项目的顺利实施,以建设工程项目,包括建设工程本身、工程设备和施工机具以及与之有关联的人作为保险对象,向保险人支付保险费,由保险人根据合同约定对建设过程中遭受自然灾害或意外事故所造成的财产和人身伤害承担赔偿保险金责任的一种保险形式。投保人将威胁自己的工程风险通过按约向保险人交纳保险费的办法转移给保险人(保险公司),如果事故发生,投保人可以通过保险公司取得损失赔偿,以保证自身免受损失。

工程保险承保的保障范围包括因保险责任范围内的自然灾害和意外事故,以及工人、技术人员的疏忽、过失等造成的保险工程项目物质财产损失及列明的费用,在工地施工期间内对第三者造成的财产损失或人身伤害而依法应由被保险人承担的经济赔偿责任。由于工程项目本身涉及多个利益方,凡是对工程保险标的具有可保利益者,都对工程项目承担不同程度的风险,均可以从工程保险单项下获得保险保障。

2) 工程合同保险的分类

(1) 按保险标的分类。工程保险按保险标的分可以分为建筑工程一切险、安装工程一切险、机器损失保险和船舶建造险。

(2) 按工程建设所涉及的险种分类。其内容包括:

① 建筑工程一切险。该险种包括公路、桥梁、电站、港口、宾馆、住宅等工业建筑和民用建筑的土木建筑工程项目均可投保建筑工程一切险。

② 安装工程一切险。该险种包括机器设备安装、企业技术改造、设备更新等安装工程项目均可投保安装工程一切险。

③ 第三方责任险。该险种一般附加在建筑工程(安装工程)一切险中,承保的是施工造成的工程、永久性设备及承包商设备以外的财产和承包商雇员以外的人身损失或损害的赔偿责任。保险期为保险生效之日起到工程保修期结束。

④ 雇主责任险。该险种是承包商为其雇员办理的保险,承保承包商应承担的其雇员在工程建设期间因与工作有关的意外事件导致伤害、疾病或死亡的经济赔偿责任。

⑤ 承包商设备险。该险种包括承包商在现场所拥有的(包括租赁的)设备、设施、材料、商品等,只要没有列入工程一切险标的范围的都可以作为财产保险标的,投保财产险。这是承包商财产的保障,一般应由承包商承担保费。

⑥ 意外伤害险。意外伤害险是指被保险人在保险有效期间因遭遇非本意、外来的、突然的意外事故,致使其身体蒙受伤害而残疾或死亡时,由保险人依照保险合同规定付给保险金的保险。意外伤害险可以由雇主为雇员投保,也可以由雇员自己投保。

⑦ 执业责任险。执业责任险是以设计人、咨询商(监理人)的设计、咨询错误或员工工作疏漏给业主或承包商造成的损失为保险标的的险种。

(3) 按主动性、被动性分类。工程保险按主动性和被动性,可分为强制性保险和自愿保险两类:

① 强制性保险。所谓强制性保险,是指根据国家法律法规和有关政策规定或投标人按招标文件要求必须投保的险种,如在工业发达国家和地区,强制性的工程保险主要有建筑工程一切险(附加第三者责任险)、安装工程一切险(附加第三者责任险)、社会保险(如人身意外险、雇主责任险和其他国家法令规定的强制保险)、机动车辆险、10年责任险和5年责任险、专业责任险等。

② 自愿保险。自愿保险是由投保人完全自主决定投保的险种,如在国际上常被列为自愿保险的工程保险主要有国际货物运输险、境内货物运输险、财产险、责任险、政治风险保险、汇率保险等。

本 章 小 结

本章主介绍了合同履行的原则，对合同履行中涉及的合同控制管理、合同变更管理和合同履行风险管理进行了详细论述。合同控制包括主动控制和被动控制两个方面，介绍了具体控制措施；工程变更是合同变更的一个内容，详细介绍了工程变更的程序及变更价款的确定；介绍了合同风险管理的概念，承包商合同管理可能面临的风险，并对风险控制措施和方法进行了介绍。

阅读材料指引

(1) CIP(注册保险规划师)保险模式。
(2)《中华人民共和国担保法》。
(3)《中华人民共和国保险法》。

习 题

一、单选题

1. 在厂房施工时，基础下出现流沙层，这种情况下的工程变更属于(　　)。
   A. 设计变更　　　　　　　　　　B. 施工条件变更
   C. 进度计划变更　　　　　　　　D. 工程项目变更
2. 承包方提出变更价款后和调整合同价前完成的首要工作是(　　)。
   A. 发包方审查　　　　　　　　　B. 工程师审查
   C. 发包方和承包方之间协商　　　D. 工程师和承包方之间协商
3. 《建设工程价款结算暂行办法》规定，合同中没有适用于变更工程的价格，计算变更合同价款按(　　)。
   A. 合同中类似的价格执行　　　　B. 当地权威部门指导的价格执行
   C. 监理工程师提出的价格执行　　D. 承包商提出的价格，工程师确认后执行
4. 建设单位需对原工程设计进行变更，根据《建设工程施工合同(示范文本)》的规定，发包方以书面形式向承包方发出变更通知，应不迟于变更前(　　)天。
   A. 7　　　　　B. 14　　　　　C. 20　　　　　D. 30
5. 担保方式中的保证，实际运用过程中应理解为(　　)。
   A. 债务人和债权人约定，债务人向债权人保证履行合同义务
   B. 债务人和债权人约定，当债务人不履行债务时，由保证人代为履行债务
   C. 保证人和债权人约定，当债务人不履行债务时，保证人按约定履行债务
   D. 保证人和债务人约定，当债务人不履行债务时，保证人按约定履行债务

6. 依据《中华人民共和国担保法》，只能由合同当事人本人提供担保的担保方式是( )。
   A. 保证　　　　　B. 抵押　　　　　C. 质押　　　　　D. 定金

7. 由于工程变更会带来工程造价和工期的变化，为了有效地控制造价，无论哪一方提出工程变更，均需由( )。
   A. 工程师确认，发包方签发工程变更指令
   B. 发包方确认，工程师签发工程变更指令
   C. 工程师确认并签发工程变更指令
   D. 发包方确认并签发工程变更指令

8. 工程变更确认的一般过程是( )。
   A. 提出工程变更→分析合同条款→分析影响→确定所需的费用、时间→确认工程变更
   B. 提出工程变更→确定所需的费用、时间→分析合同条款→分析影响→确认工程变更
   C. 提出工程变更→分析影响→分析合同条款→确定所需的费用、时间→确认工程变更
   D. 分析影响→提出工程变更→分析合同条款→确定所需的费用、时间→确认工程变更

9. 依据有关建筑工程一切险的规定，下列描述中正确的是( )。
   A. 保险对象包括各类工业与民用建筑工程，而不包括公共工程
   B. 投保人和被保险人是保险合同的当事人
   C. 发包人未经过竣工验收即提前使用部分工程，保险公司不再对该部分工程承担保险义务
   D. 保险合同的有效期至工程保修期满为止

10. 建筑工程一切险承保各类土木建筑工程，如房屋、公路、铁路、桥梁、隧道、堤坝、电站、码头、飞机场等工程，在建造过程中因( )所导致的损失。
    A. 自然灾害或意外事故　　　　　B. 自然损耗或意外事故
    C. 自然灾害或人为事故　　　　　D. 不可抗力或人为破坏

二、多选题

1. 履行合同的担保方式包括( )。
   A. 投标保证　　　B. 留置　　　C. 动产抵押　　　D. 定金
   E. 违约金

2. 按照"建筑工程一切险"保险合同的规定，保险公司对被保险人的损失不承担赔偿责任的情况包括( )。
   A. 领有公共运输执照施工车辆的损失
   B. 不可预料事件造成施工人员的人身伤亡
   C. 施工建筑物的损害
   D. 业主在工地的原有建筑物受到的损害
   E. 临时工程受到的损害

3. 工程变更是建筑施工生产的特点之一，其变更形式包括( )。
   A. 设计变更　　　　　　　　B. 施工条件变更
   C. 进度计划变更　　　　　　D. 材料单价变更
   E. 工程量清单中未包括的"新增工程"

4. 建筑工程一切险规定保险公司承担保险责任的范围包括(　　)的损失。
   A. 外力引起的电气装备　　　　　　B. 地震导致施工建筑物
   C. 台风摧毁施工现场内的临时工程　D. 水灾导致被保险人在工地上原有建筑物
   E. 气温变化造成精密仪表

5. 在建设某小区的工程中，相关人员投了保险，其中建设工程一切险的被保险人可以包括(　　)。
   A. 房地产商　　　　　　　　B. 总承包小区项目的建筑公司
   C. 分包小区项目的安装公司　D. 房地产商聘任的监理工程师
   E. 建设行政主管部门

6. 以下属于施工条件变更的是(　　)。
   A. 设计对基础垫层加厚　　　　B. 厂房基础下发现流沙或淤泥层
   C. 隧洞开挖中发现新的断层破碎　D. 材料单价变更
   E. 机械台班单价变更

7. 投保建筑工程一切险的工程，因发生与本保险单所承保工程直接相关的意外事故，在引起的下列损失和费用中，应由保险人负责赔偿的包括(　　)。
   A. 施工企业工人的人身伤亡或疾病
   B. 工地内及邻近区域的第三者人身伤亡或疾病
   C. 火灾和爆炸
   D. 工程部分停工和全部停工
   E. 设计错误引起的损失和费用

8. 承包商防范风险的方式主要有(　　)。
   A. 回避风险　　B. 转移风险　　C. 利用风险
   D. 减轻风险损失　　E. 控制风险损失

9. 工程变更是建筑施工生产的特点之一，主要原因是(　　)。
   A. 业主方对项目提出新的要求
   B. 由于现场施工环境发生了变化
   C. 发生不可预见的事件，引起停工和工期拖延
   D. 由于现场施工机械损坏，引起停工和工期拖延
   E. 由于招标文件和工程量清单不准确引起工程量增减

10. 变更合同价款按下列(　　)进行。
    A. 合同中已有适用于变更工程的价格，按合同已有的价格计算变更合同价款
    B. 合同中只有类似于变更工程的价格，可以参照类似价格变更合同价款
    C. 合同中没有适用于变更工程的价格，由承包人提出适当的变更价格，经工程师确认后执行
    D. 合同中没有类似于变更工程的价格，由发包人提出适当的变更价格，经工程师确认后执行
    E. 即使合同中已有适用于变更工程的价格，也可由承包人提出适当的变更价格，经工程师确认后执行

三、简答题

1. 建设工程施工合同履行的基本原则是什么？
2. 建设工程施工合同实施控制的方法有哪些？有哪些具体控制措施？
3. 建设工程施工合同实施控制的日常工作是什么？
4. 什么是工程变更？工程变更包括哪些范围？
5. 工程变更的程序有哪些？如何确定工程变更的价款？
6. 合同履行中承包商面临的主要风险有哪些？管理和控制这些风险有哪些方法？

第 9 章 建设工程合同索赔管理

教学目标

索赔管理是合同管理的重点,也是合同管理的难点。如何进行有效的索赔,同时做好反索赔工作是搞好合同管理的重要工作。本章主要介绍了索赔的定义、分类、特点、作用及条件;详细阐述了索赔的原因、程序及索赔时使用的各种文件;重点论述了工期索赔、费用索赔的处理与计算方法,并结合算例和实际案例来分析;最后介绍了反索赔的概念及其处理的方法。通过本章的学习,达到以下目标:

(1) 了解索赔的概念、分类及特点;
(2) 熟悉索赔程序及索赔管理中的主要文件;
(3) 掌握费用索赔、工期索赔值的计算;
(4) 熟悉反索赔的程序及有关文件。

教学要求

知识要点	能力要求	相关知识
索赔基本知识	(1) 了解索赔概念及特征 (2) 熟悉索赔分类 (3) 熟悉索赔的作用和条件	(1)《建设工程施工合同(示范文本)》(GF—2013—0201) (2) FIDIC 施工合同
索赔程序及文件	(1) 掌握国内及 FIDIC 合同施工索赔程序 (2) 熟悉索赔报告内容及索赔证据	(1)《建设工程施工合同(示范文本)》(GF—2013—0201) (2) FIDIC 施工合同

第 9 章 建设工程合同索赔管理

续表

知识要点	能力要求	相关知识
索赔值计算	(1) 掌握索赔计算相关理论 (2) 掌握工期索赔值计算 (3) 掌握费用索赔值计算	(1) 建设工程费用组成 (2) 网络计划 (3) 国内及 FIDIC 施工合同文本
反索赔	(1) 了解反索赔概念,索赔与反索赔关系 (2) 熟悉反索赔内容 (3) 熟悉反索赔程序及报告编写	(1) 索赔基本知识 (2) 索赔条件、证据、报告

基本概念

索赔、反索赔、合同工期、计算工期、可能工期、工期索赔、费用索赔

引例

某项工程建设项目,业主与施工单位按建设工程施工合同文本签订了工程施工合同,工程未进行投保。在工程施工过程中,遭受暴风雨不可抗力的袭击,造成了相应的损失,施工单位及时向监理工程师提出索赔要求,并附索赔有关的资料和证据。索赔报告的基本要求如下:

(1) 遭暴风雨袭击是因非施工单位原因造成的损失,故应由业主承担赔偿责任。

(2) 给已建部分工程造成破坏,损失计 18 万元,应由业主承担修复的经济责任,施工单位不承担修复的经济责任。

(3) 施工单位人员因此灾害数人受伤,处理伤病医疗费用和补偿金总计 3 万元,业主应给予赔偿。

(4) 施工单位进场的在使用机械设备受到损坏,造成损失 8 万元,由于现场停工造成台班费损失 4.2 万元,业主应负担赔偿和修复的经济责任。工人窝工费 3.8 万元,业主应予支付。

(5) 因暴风雨造成现场停工 8 天,要求合同顺延 8 天。

(6) 由于工程破坏,清理现场需费用 2.4 万元,业主应予支付。

上述施工单位提出的索赔是否合理?

9.1 索赔概述

9.1.1 索赔的概念及特征

1. 索赔的概念

索赔一词具有较为广泛的含义,其一般含义是指对某事某物权利的一种主张、要求和坚持等。建设工程索赔是指当事人在合同实施过程中,根据法律、合同规定及惯例,对并非由于自己的过错,而是应由合同对方承担责任或风险的事件造成损失后,向对方提出补偿的权利要求。在工程建设的各个阶段,都有可能发生索赔,但在施工阶段的索

赔发生较多。

索赔具有广义和狭义两种解释：广义的索赔是指合同双方向对方提出的索赔，既包括承包商向业主的索赔，也包括业主向承包商的索赔；狭义的索赔一般指承包商向业主的索赔。

2. 索赔的特征

在工程建设合同履行过程中，索赔是不可避免的。从索赔的定义可以归纳出以下基本特征：

1) 索赔的依据是法律法规、合同文件及工程惯例

合同当事人一方向另一方索赔必须有合理、合法的证据，否则索赔不可能成功。这些证据包括合同履行地的法律法规、政策和规章，合同文件及工程建设交易习惯。当然最主要的依据是合同文件。

2) 索赔是双向的

基于合同中，当事人双方平等的原则，承包商可以向发包方索赔，发包方也可以向承包商索赔。由于在索赔处理的实践中，发包方向承包商索赔处于有利的地位，他可以直接从支付给承包商的工程款中扣取相关费用，以实现索赔的目标；承包商向发包方索赔相对而言实现较困难一些，因而通常所理解的索赔是承包商向发包方的索赔，也就是前面所述的狭义索赔。

承包商的索赔范围非常广泛，一般认为只要是因非承包商自身责任造成其工期延长或成本增加，都有可能向发包方提出索赔。有时发包方违反合同，如未及时交付施工图纸、提供满足条件的施工现场，决策错误等造成工程修改、停工、返工、窝工，以及未按合同规定支付工程款等，承包商可向发包方提出赔偿要求。有时发包方并未违反合同，而是由于其他原因，如合同范围内的工程变更、恶劣气候条件影响、国家法律法规修改等造成承包商损失或损害的，承包商也可以向发包方提出补偿要求，因为这些风险应由发包方承担。

3) 与合同对比，索赔一方必须有损失

这种损失可能是经济损失或权利损害。经济损失是指因对方因素造成合同外的额外支出，如人工费、材料费、机械费、管理费等额外开支；权利损害是指虽然没有经济上的损失，但造成了一方权利上的损害，如由于恶劣气候条件对工程进度的不利影响，承包商有权要求工期延长等。因此发生了实际的经济损失或权利损害，应是一方提出索赔的一个基本前提条件。没有实际损失，索赔不可能成功。这与承担违约责任不一样，一方违约了，没有给对方造成损失，同样应向对方承担责任，如支付违约金等。

4) 索赔应由对方承担责任或风险事件造成，索赔一方无过错

这一特征也体现了索赔成功的一个重要条件，即索赔一方对造成索赔的事件不承担责任或风险，而是根据法律法规、合同文件或交易习惯应由对方承担风险，否则索赔不可能成功。当然由对方承担风险但不一定对方有过错，如物价上涨、发生不可抗力等，均不是由发包人的过错造成，但这些风险应由发包人承担，因而若发生此类事件给承包商造成损失，承包商可以向发包方索赔。

5) 索赔是一种未经对方确认的单方行为

一方面，在合同履行过程中，只要符合索赔的条件，一方向另一方的索赔就可以随时进行，不必事先经过对方的认可，至于索赔能否成功及索赔值如何则应根据索赔的证据等

具体情况而定。另一方面，单方行为含义指一方向另一方的索赔何时进行，哪些事件可以进行索赔，当事人双方事先不可能约定，只要符合索赔的条件，就可以启动索赔程序。

基于上述对索赔特征的分析可以知道，实质上索赔是一种正当的权利或要求，是合情、合理、合法的行为，它是在正确履行合同的基础上争取合理的偿付，不是无中生有、无理争利。索赔同守约、合作并不矛盾、对立，索赔本身就是市场经济中合作的一部分，只要是符合有关规定的、合法的或者符合有关惯例的，就应该理直气壮地、主动地向对方索赔。对一个承包商而言，只有善于索赔，才能维护自身的合法权益，才能取得更大的利润。

3. 索赔与违约责任的比较

合同在订立与履行过程中，当事人可以约定违约责任来约束双方的行为，以保证合同标的实现，索赔的处理同样是当事人实现自己权益的一种重要的合同管理途径。但两者在法律概念及处理方式上不同。

(1) 索赔事件的发生，可以是一定的行为，也可以是非当事人的行为造成，如物价上涨、不可抗力事件发生等，均非当事人的行为造成，但是承包商可以向发包方索赔费用和要求延长工期；而追究违约责任，必然是当事人行为造成，而且是违反了合同约定的内容，否则不能追究违约责任。

(2) 索赔事件的发生可以是当事一方引起的，也可以是非当事人引起的，当事人可能有过错，也可能没有过错。而追究违约责任必须是当事人的行为造成，而且有过错。

(3) 索赔的成功必须以索赔一方有实际损失为前提之一，没有损失索赔不可能成功。因为索赔具有补偿性。而违约责任的追究只要当事人有违约过错行为发生，无论是否给对方造成损失均应承担责任，因为违约责任具有惩罚性，如一方违约应向另一方支付违约金等。

(4) 索赔事件的发生，不一定在合同文件中有规定，而合同违约责任，必然在合同中有约定。因而索赔的依据，不仅仅是合同文件，还包括法律法规及工程交易习惯等，而追究违约责任的主要依据是合同文件。

9.1.2 索赔的分类

1. 按索赔的依据分类

1) 合同内索赔

合同内索赔是指索赔所涉及的内容可以在合同条款中找到依据，并可根据合同规定明确划分责任。一般情况下，合同内索赔的处理和解决要顺利一些。

2) 合同外索赔

合同外索赔是指索赔的内容和权利难以在合同条款中直接找到依据，但可从合同引申含义和合同适用法律或政府颁发的有关法规及相关的交易习惯中找到索赔的依据。

2. 按索赔当事人分类

1) 承包商与发包方间的索赔

这种索赔一般与工程计量、工程变更、工期、质量、价格等方面有关，有时也与工程中断、合同终止有关。

2) 承包商与分包商间的索赔

在总分包的模式下，总承包商与分包商之间可能就分包工程的相关事项产生索赔。

3) 承包商与供货商间的索赔

他们之间可能因产品或货物的质量不符合技术要求、数量不足、不能按时交货或不能按时支付货款产生索赔。

4) 业主与监理单位间的索赔

在监理合同履行中因双方的原因或单方原因使合同不能得到很好的履行，或外界原因如政策变化、不可抗力等而产生的索赔。

3. 按索赔的目的分类

1) 费用索赔

在合同履行中，由于非自身的原因而应由对方承担责任或风险情况，使自己有额外的费用支付或损失，可以向对方提出费用索赔。如工程量增加，承包商可以向发包方提出费用补偿的索赔要求。

2) 工期索赔

这里主要指出现了应由发包方承担风险责任的事件影响了工期，承包商可以向发包方提出工期补偿的索赔要求。

4. 按索赔事件的性质分类

1) 工程延误索赔

因业主未按合同要求提供施工条件，如未及时交付设计图纸、施工现场、道路等，或因业主指令工程暂停，或不可抗力事件发生等原因造成工期拖延的，承包商对此提出索赔。这是工程中常见的一类索赔。

2) 工程变更索赔

由于业主或监理工程师指令增加或减少工程量，或增加附加工程、修改设计、变更工程施工顺序等，造成工期延长和费用增加，承包商对此提出索赔。

3) 工程终止索赔

由于业主违约或发生了不可抗力事件等造成工程非正式终止，承包商因蒙受经济损失而提出索赔。

4) 工程加速索赔

由于业主或监理工程师指令承包商加快施工速度，缩短工期，引起承包商人、财、物的额外开支而提出的索赔。

5) 意外风险和不可预见因素索赔

在工程实践中，因人力不可抗拒的自然灾害、特殊风险，以及一个有经验的承包商通常不能合理预见的不利施工条件或外界障碍，如地下水、地质断层、溶洞、地下障碍物等引起的索赔。

6) 其他索赔

如因货币贬值、汇率变化、物价、工资上涨、政策法令变化等原因引起的索赔。

5. 按索赔处理的方式分类

1) 单项索赔

单项索赔是针对某一干扰事件提出的，在影响原合同正常运行的干扰事件发生时或发生后，由合同管理人员立即处理，并在合同规定的索赔有效期内向业主或监理师提交索赔要求和报告。

2) 综合索赔

综合索赔又称一揽子索赔，一般在工程竣工前和工程移交前，承包商将工程实施过程中因各种原因未能及时解决的单项索赔集中起来进行综合考虑，提出一份综合索赔报告，由合同双方在工程交付前后进行最终谈判，以一揽子方案解决索赔问题。这种索赔由于复杂，涉及的索赔值大，不易解决，因而在实践中最好能及时做好单项索赔，尽量不采用综合索赔。

9.1.3 索赔的作用及基本条件

1. 索赔的作用

1) 索赔是合同全面、适当履行的重要保证

合同一经当事人双方签订，即对双方产生相应的法律约束力，双方应认真履行自己的责任与义务。索赔是合同法律效力的具体体现，并且由合同的性质决定。如果没有索赔和关于索赔的法律规定，则合同形同虚设，对双方都难以形成约束，这样合同的实施得不到保证，就不会有正常的社会经济秩序。索赔能对违约者起警诫作用，使他考虑到违约的后果，以尽力避免违约事件发生。

所以索赔有助于工程中双方更紧密地合作，有助于合同目标的实现。

2) 索赔是落实和调整合同双方经济责任、权利、利益关系的手段，也是合同双方风险分担的又一次分配

离开了索赔，合同责任就不能全面体现，合同双方的责、权、利关系就难以平衡。

3) 索赔是合同和法律赋予受损者的权利

对承包商来说，索赔是一种保护自己、维护自己正当权益、避免损失、增加利润的手段。在现代承包工程中，特别是在国际承包工程中，如果承包商不能进行有效的索赔，不精通索赔业务，往往会使损失得不到合理的、及时的补偿，从而不能进行正常的生产经营，使自身遭受更大的损失。

4) 索赔对提高企业和工程项目管理水平起着促进作用

要想索赔取得成功，必须加强工程项目管理，特别是合同管理，以提高自身的管理水平。

5) 索赔可促使工程造价更加合理

施工索赔的正常开展，把原来打入工程造价的一些不可预见的费用，改为按实际发生的损失支付，有助于降低工程报价，使工程造价更趋合理。

2. 索赔的基本条件

在合同履行过程中，当事人一方向另一方索赔应满足一定的条件才可能获得成功。这些最基本的要求与条件及其相关的内容见表 9-1。

表 9-1 索赔的基本条件

要 求	内 容
客观性	(1) 干扰事件确实存在 (2) 干扰事件的影响存在 (3) 造成工期拖延，承包商损失 (4) 有证据证明
合法性	按合同、法律或交易习惯规定应予补偿
合理性	(1) 索赔要求符合合同规定 (2) 符合实际情况 (3) 索赔值的计算符合以下几方面 ① 符合合同规定的计算方法和计算基础 ② 符合公认的会计核算原则 ③ 符合工程惯例 (4) 干扰事件、责任、干扰事件的影响与索赔值之间有直接的因果关系，索赔要求符合逻辑
及时性	(1) 出现索赔事件应提出索赔意向通知 (2) 索赔事件结束后的一段时间内应提出正式索赔报告 　如国内施工合同文本规定应在出现索赔事件后的 28 天内提出意向通知，索赔事件结束后的 28 天内提交正式索赔报告，否则就会失去索赔的机会

9.2 索赔程序、报告及策略

9.2.1 一般程序

1. 索赔工作程序

索赔程序一般是指从出现索赔事件到最终处理全过程所包括的工作内容及工作步骤。其详细的步骤如图 9.1 所示(这里主要指承包商向业主的索赔)。

1) 提出索赔意向通知

向业主或工程师就某一个或若干个索赔事件表示索赔愿望、要求或声明保留索赔的权利。索赔意向的提出是索赔工作的第一步，其关键是抓住索赔机会，及时提出索赔意向。

2) 准备索赔资料及文件

在提出了索赔意向通知后，承包商应就索赔事件收集相关资料，跟踪和调查影响事件，并分析其产生的原因，划分责任，实事求是地计算索赔值，并起草正式的索赔报告。

3) 提交正式索赔报告

索赔报告应在合同规定的时间内向业主或工程师提交，否则，可能会失去索赔的机会。

4) 工程师(业主)对索赔报告审核

工程师(业主)审核索赔是否成立。索赔要成立必须满足以下条件：

(1) 索赔一方有损失。如承包商应有费用的增加或工期损失。

(2) 这种损失是应由业主承担责任或风险的事件所造成的，承包商没有过错。

(3) 承包商及时提交了索赔意向通知和索赔报告。

第9章 建设工程合同索赔管理

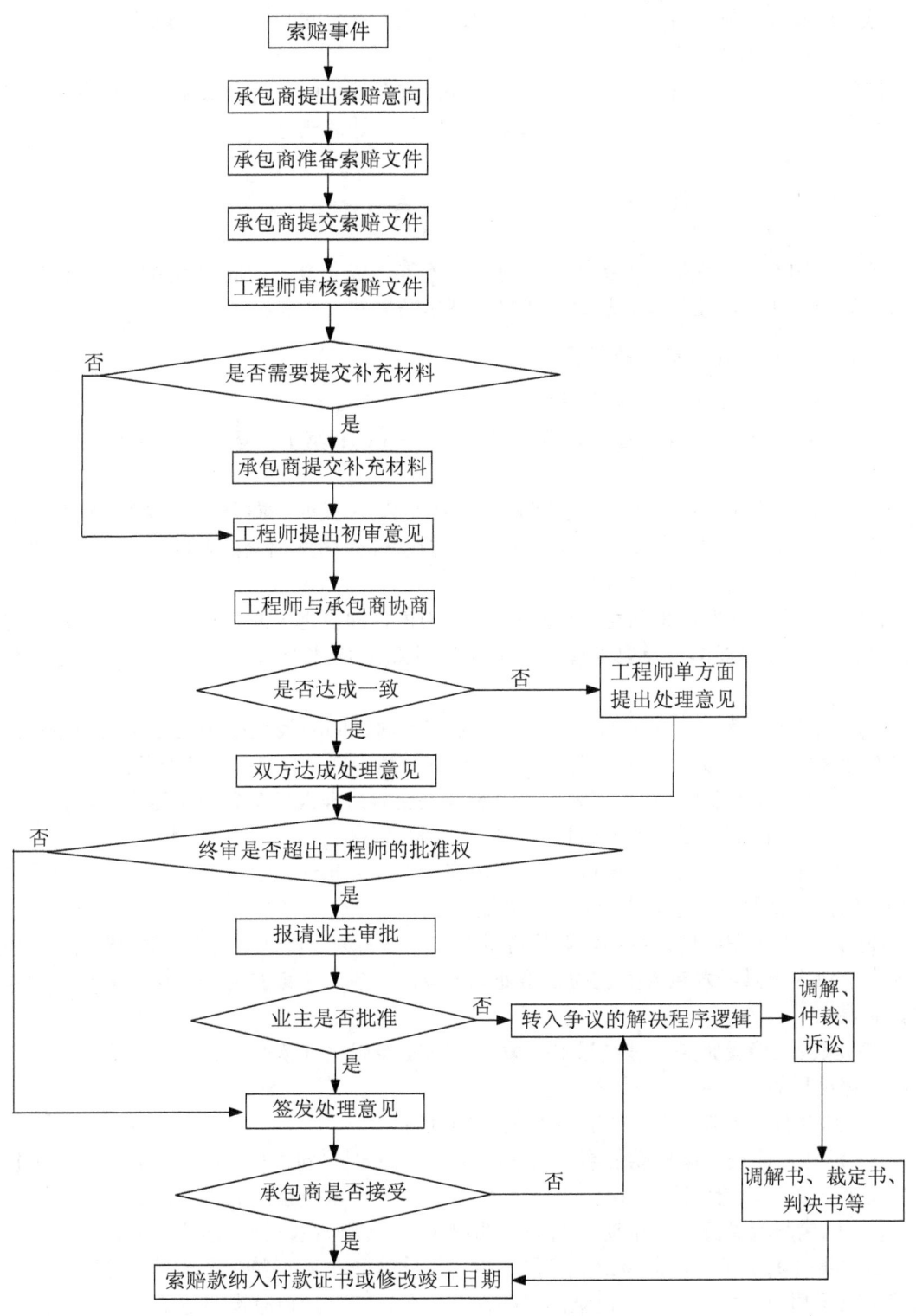

图 9.1 索赔工作程序

这三个条件没有先后主次之分，必须同时满足，承包商的索赔才可能成功。

5) 索赔的处理与解决

工程师应及时公正合理地处理索赔，在处理索赔要求时，应充分听取承包商的意见并与承包商协商，若协商不一致，工程师可以单方作出处理意见。

6) 业主批准

工程师在签发完处理意见后报业主审核或批准。

7) 业主与承包商协商

若双方均不能接受工程师的处理意见，也不能达成一致。为此双方就索赔事件产生了争议或纠纷，此时，按争议的解决方式来处理索赔事件。

2. 施工合同条件中规定的程序

1) 国内施工合同文本规定的程序

《建设工程施工合同(示范文本)》(GF—2013—0201)第十九条规定承包商的索赔程序如下：

(1) 承包人应在知道或应当知道索赔事件发生后 28 天内，向监理人递交索赔意向通知书，并说明发生索赔事件的事由；承包人未在前述 28 天内发出索赔意向通知书的，丧失要求追加付款和(或)延长工期的权利。

(2) 承包人应在发出索赔意向通知书后 28 天内，向监理人正式递交索赔报告；索赔报告应详细说明索赔理由以及要求追加的付款金额和(或)延长的工期，并附必要的记录和证明材料。

(3) 索赔事件具有持续影响的，承包人应按合理时间间隔继续递交延续索赔通知，说明持续影响的实际情况和记录，列出累计的追加付款金额和(或)工期延长天数。

(4) 在索赔事件影响结束后 28 天内，承包人应向监理人递交最终索赔报告，说明最终要求索赔的追加付款金额和(或)延长的工期，并附必要的记录和证明材料。

(5) 监理人应在收到索赔报告后 14 天内完成审查并报送发包人。监理人对索赔报告存在异议的，有权要求承包人提交全部原始记录副本。

(6) 发包人应在监理人收到索赔报告或有关索赔的进一步证明材料后的 28 天内，由监理人向承包人出具经发包人签认的索赔处理结果。发包人逾期答复的，则视为认可承包人的索赔要求。

(7) 承包人接受索赔处理结果的，索赔款项在当期进度款中进行支付；承包人不接受索赔处理结果的，按照争议处理。

2) FIDIC(1999 年版)施工合同条件规定的程序

(1) 承包商应在引起索赔的事件或情况发生后 28 天内向工程师提交索赔通知，承包商还应提交一切与此类事件或情况有关的任何其他通知，以及索赔的详细证明报告。

(2) 承包商应做好用以证明索赔的同期记录。工程师在收到上述通知后，在不必事先承认业主责任的情况下，监督此类记录，并可以指令承包商保持进一步的同期记录。承包商应按工程师的要求提供此类记录的复印件，并允许工程师审查所有这类记录。

(3) 提交索赔报告。在引起索赔的事件或情况发生 42 天之内，或在工程师批准的其他合理时间内，承包商应向工程师提交一份索赔报告，详细说明索赔的依据以及索赔的工期和索赔的金额。

(4) 工程师在收到索赔报告或有关该索赔的进一步详细证明报告后 42 天内或在承包商批准的其他合理时间内，应表示批准或不批准，并就索赔的原则作出反应。

(5) 工程师根据合同规定确定承包商可获得的工期延长和费用补偿。如果承包商提供的详细报告不足以证明全部的索赔，则他仅有权得到已被证实的那部分索赔；对于已被证实的索赔金额应列入每份支付证明中。

(6) 索赔的丧失和被削弱。如果承包商未能在引起索赔的事件或情况发生后 28 天内向工程师提交索赔通知，则承包商的索赔权丧失。

9.2.2 索赔报告

1. 索赔报告的形式及内容

索赔报告，它是合同一方向对方提出索赔的书面文件，它全面反映了一方当事人对一个或若干个索赔事件的所有要求和主张，对方当事人也是通过对索赔报告的审核、分析和评价来作认可、要求修改、反驳甚至拒绝索赔要求，索赔报告也是双方进行索赔谈判或调解、仲裁、诉讼的基础，因此索赔报告的表达与内容对索赔的解决有重大影响，索赔方必须认真编写索赔报告。

1) 一般的单项索赔

其报告的形式及内容见表 9-2。

表 9-2 单项索赔报告的一般格式

序号	索赔报告构成	一般内容
1	题目	如关于×××事件的索赔
2	事件	详细描述事件过程，双方信件交往、会谈，并指出对方应承担责任或风险的证据等
3	理由	主要是法律依据、合同条款和工程惯例等
4	结论	损失或损害及其大小，提出索赔的具体要求
5	损失估价	列出损失费用的计算方法、计算基础等，并计算出损失费用的大小
6	延期计算	列出工期延长的计算方法、计算公式等，并计算出要求延长的天数
7	附录	各种证据、文件等

2) 对于综合索赔报告

其形式和内容可结合具体情况来确定，实质是将许多未解决的单项索赔加以分类和综合整理而形成，一般应包括以下几个方面的内容：

(1) 索赔致函。向对方提出索赔的主张、声明等。

(2) 索赔事件描述。包括发生的原因、责任或风险承担的分析与认定。

(3) 索赔要求。包括各索赔事件引起的费用与工期索赔值。

(4) 费用和工期索赔值的详细计算过程及依据。

(5) 分包商索赔。

(6) 各种有效的、合法的、及时的证据及证明资料等附件。主要包括合同文件、政策法律法规及工程惯例、现场记录、往来函件和工程照片等。

3) 我国《建设工程监理规范》规定的形式及内容

我国 2013 年出台的《建设工程监理规范》(GB/T 50319—2013)对工期索赔与费用索赔申请表的形式作了规定。

(1) 工程临时/最终延期报审表。即工期索赔的形式，见表 9-3。

表 9-3　工程临时/最终延期申请表

工程名称：　　　　　　　　　　　　　　　　　　　　　编号：

致：　　　　　　　　(项目监理机构) 　　　根据施工合同＿＿＿＿(条款)的规定，由于＿＿＿＿＿原因，我方申请工程临时/最终延期报审表，请予以批准。 　　附件： 　　　　1. 工程延期的依据及工期计算 　　　　2. 证明材料 　　　　　　　　　　　　　　　　　　　　　施工项目经理部(盖章)＿＿＿＿＿ 　　　　　　　　　　　　　　　　　　　　　项目经理(签字)＿＿＿＿＿＿＿ 　　　　　　　　　　　　　　　　　　　　　　　年　　月　　日
审核意见： 　　□同意工程临时/最终延期＿＿＿＿(日历天)。工程竣工日期从施工合同约定的＿＿年＿＿月＿＿日延迟到＿＿年＿＿月＿＿日。 　　□不同意延期，请按约定竣工日期组织施工。 　　　　　　　　　　　　　　　　　　　　　项目监理机构(盖章) 　　　　　　　　　　　　　　　　　　　　　总监工程师(签字、加盖执业印章) 　　　　　　　　　　　　　　　　　　　　　　　年　　月　　日
审批意见：   　　　　　　　　　　　　　　　　　　　　　建设单位(盖章) 　　　　　　　　　　　　　　　　　　　　　建设单位代表(签字) 　　　　　　　　　　　　　　　　　　　　　　　年　　月　　日

(2) 费用索赔申请表。即费用索赔的形式，见表9-4。

表9-4 费用索赔报审表

工程名称：　　　　　　　　　　　　　　　　　　编号：

致：　　　　　　　(项目监理机构) 　　根据施工合同_____条款，由于_____原因，我方申请索赔金额(大写)_____，请予以批准。 　　索赔理由_____ 　　_____ 　　附件： 　　　　□索赔金额计算 　　　　□证明材料   　　　　　　　　　　　　　　　　施工项目经理部(盖章)_____ 　　　　　　　　　　　　　　　　项目经理(签字)_____ 　　　　　　　　　　　　　　　　　　　年　　月　　日
审核意见： 　　□不同意此项索赔。 　　□同意此项索赔，索赔金额(大写)_____。 　　同意/不同意索赔的理由：_____ 　　附件：□索赔审查报告   　　　　　　　　　　　　　　　　项目监理机构(盖章) 　　　　　　　　　　　　　　　　总监工程师(签字、加盖执业印章) 　　　　　　　　　　　　　　　　　　　年　　月　　日
审批意见：   　　　　　　　　　　　　　　　　建设单位(盖章) 　　　　　　　　　　　　　　　　建设单位代表(签字) 　　　　　　　　　　　　　　　　　　　年　　月　　日

2. 索赔报告的编写要求

索赔报告是向对方索赔的最重要文件，因而应有说服力，合情合理，有理有据，逻辑性强，能说服工程师、业主，从而使索赔获得成功。编写索赔报告应满足下列要求。

1) 索赔事件真实，符合实际

这是索赔的基本要求，关系到索赔一方的信誉和索赔的成功。一个符合实际的索赔报告，可使审阅者看后的第一印象是合情合理，不会立即予以拒绝。相反如果索赔要求缺乏根据，漫天要价，使对方一看就极为反感，甚至连其中有道理的索赔部分也被置之不理，不利于索赔问题的最终解决。

2) 说服力强，责任分析清楚明确

一般索赔报告中针对的干扰事件是由对方应承担责任或风险引起的，应充分引用合同文件中的有关条款，为自己的索赔要求引证合同依据，将风险责任推给对方。特别注意的是在报告中不可用含混的语言和自我批评的语言，否则，会丧失在索赔中的有利地位。

3) 索赔值计算准确

索赔报告中应完整列入索赔值的详细计算资料，计算结果要反复校核，做到准确无误。计算上的错误，尤其是扩大索赔款的计算错误，会给对方留下恶劣的印象，对方会认为提出的索赔要求太不严肃，其中必有多处弄虚作假，会直接影响索赔的成功。

4) 简明扼要，条理清楚，逻辑清楚

索赔报告在内容上应组织合理、条理清楚，各种定义、论述、结论正确，逻辑性强，既能完整地反映索赔要求，又要简明扼要，使对方很快理解索赔的要求及理由。

索赔报告的逻辑性，主要在于将索赔要求(工期延长和费用增加)与干扰事件、责任、合同条款、影响连成一条打不断的逻辑链。

9.2.3 索赔策略

索赔策略是经营策略的一部分。对某一个具体的索赔事件往往没有预定的、特定的解决方法及结果，它往往受到双方签订的合同文件、各自的管理水平和索赔能力及处理问题的公正性和合理性的影响。对于成功的索赔不仅要有充分的证据、理由和依据，索赔艺术技巧与策略也是影响索赔能否成功及达到预期目的的重要因素。

1. 确定索赔目标

1) 提出任务，确定索赔目标

索赔目标即索赔的基本要求和索赔的最终期望值。它的确定应根据合同实施情况及承包商的损失确定，尊重客观情况，实事求是，不能弄虚作假，应充分分析目标实现的可能性。

2) 分析索赔目标实现的基本条件

3) 分析索赔实现可能面临的风险

目标实现面临着许多风险。在索赔处理期间，在履行合同时出现失误，可能成为另一方反驳的攻击点。如承认没有及时索赔，没能完成合同规定的工程量，没有能够达到质量标准等。这些都会影响索赔目标的实现，因而承认应通过有效的管理来逃避这些风险。

2. 分析对方

古人云："知己知彼，百战不殆。"因而在索赔的处理过程中，首先分析对方的兴趣和利益所在，充分利用这一点，可以使索赔处理的谈判在一个友好的气氛中进行，并通过分析对方的利益所在，研究双方的利益一致性和矛盾性，使对方在感兴趣的地方作出让步。其次分析对方的商业习惯、文化特点等，在索赔处理中，充分尊重对方的价值观念、文化传统、社会心理，甚至索赔处理者的个人兴趣，这样有利于索赔目标的实现。

3. 把握索赔的艺术与技巧

1) 正确把握提出索赔的时机

索赔过早提出，往往容易遭到对方反驳或在其他方面可能施加的挑剔、报复等；过迟提出，则容易留给对方超过索赔有效期的借口使索赔要求遭到拒绝，因此索赔方必须在索赔时效范围内适时提出。

2) 索赔谈判中注意方式方法

合同一方向对方提出索赔要求，进行索赔谈判时，措辞应婉转，说理应透彻，以理服人，而不能得理不让人，尽量避免使用抗议式提法，既要正确表达自己的索赔要求，又不伤害双方的和气和感情，以达到索赔的良好效果。

3) 索赔处理时作适当必要的让步

在索赔谈判和处理时应根据情况作出必要的让步，扔"芝麻"抱"西瓜"，有所失才有所得。可以放弃金额小的小项索赔，坚持索赔值大的索赔。

9.3 索赔值的计算

9.3.1 计算理论分析

1. 索赔事件

1) 定义

索赔事件又称干扰事件，是指那些使实际情况与合同规定不符合，最终引起工期和费用变化的事件。不断地追踪、监督索赔事件就是不断地发展索赔机会。

2) 索赔事件表现形式

在工程建设合同履行的实践中，常见的索赔事件如下：

(1) 业主未按合同规定的时间和数量交付设计图纸和资料，未按时交付合格的施工现场及行驶道路、接通水电等，造成工程拖延和费用增加。

(2) 工程实际地质条件与勘察不一致。

(3) 业主或工程师变更原合同规定的施工顺序，打乱了工程施工计划。

(4) 设计变更、设计错误或业主、工程师错误的指令或提供错误的数据等造成工程修改、返工、停工或窝工等。

(5) 工程数量变化，使实际工程量与原定工程量不同。

(6) 业主指令提高设计、施工、材料的质量标准。

(7) 业主或工程师指令增加额外工程。
(8) 业主指令工程加速。
(9) 不可抗力因素。
(10) 业主未及时支付工程款。
(11) 合同缺陷，如条款不完善、错误或前后矛盾，双方就合同理解产生争议。
(12) 物价上涨，造成材料价格、工人工资上涨。
(13) 国家政策、法令修改，如增加或提高新的税费、颁布新的外汇管制条例等。
(14) 货币贬值，使承包商蒙受较大的汇率损失等。

2. 索赔事件的影响分析

在工程实施及合同履行中，有许多索赔文件(干扰事件)发生，这些干扰事件的发生原因很复杂，但其对合同履行的影响从责任或风险的承担角度来看，可以分成三大类：第一类是应由业主承担的责任或责任风险，如物价的变化、工程设计变更、工程师的不当行为等；第二类是应由承包商承担的责任或风险，如延误工期、分包人的违约、质量不合格等；第三类是应由业主与承包商双方各自承担风险的事件，如洪水、地震等自然灾害，这些干扰事件造成的影响应由各自承担责任，当然若工期受到影响应顺延工期。

这些事件对合同的影响程度可以以三种状态进行分析，分析各种干扰事件的实际影响，从而准确计算工期与费用索赔值。这三种状态是合同状态、可能状态和实际状态。

1) 合同状态

(1) 含义。不考虑任何干扰事件的影响，仅对签订合同时的状态进行分析，得到相应的工期与价格，即为合同状态。

合同确定的工期和价格是针对"合同状态"(即合同签订时)的合同条件、工程环境和实施方案。在工程施工中，由于干扰事件的发生，造成"合同状态"的变化，原"合同状态"被打破，应按合同规定，重新确定合同工期和价格。新的工期和价格必须在"合同状态"的基础上分析计算。

合同状态(又被称为计划状态或报价状态)的计算方法和计算基础是极为重要的，它是整个索赔值计算的基础。

(2) 合同状态的分析基础。从总体上说，合同状态是重新分析合同签订的合同条件、工程环境、实施方案和价格。其分析基础为招标文件和各种报价文件，包括合同条件、合同规定的工程范围、工程量表、施工图纸、工程说明、规范、总工期、双方认可的施工方案和施工进度计划，以及人力、材料、设备的需要量和安排，里程碑事件和承包商合同报价时的价格水平等。

2) 可能状态

在考虑非承包商应承担的责任或风险干扰事件对合同状态的影响后，重新分析计算得到的工期与价格，这种情况实质仍为一种计划状态，是合同状态在受非承包商应承担责任的干扰事件影响后的可能情况，因而称为可能状态。从合同履行来看，是承包商完成合同任务业主应给承包商的工期及价格。

3) 实际状态

在合同履行中，考虑所有的干扰事件对合同状态的影响后，重新分析计算得到的工期及价格，这种状况称为实际状态。即合同履行完后的实际工期和价格。

4) 三种状态分析

(1) 实际状态和合同状态之差即为工期的实际延长和成本的实际增加量。这里包括所有因素的影响，如业主责任、承包商责任、其他外界干扰的责任等。

(2) 可能状态和合同状态结果之差即为按合同规定承包商真正有理由提出工期和费用索赔的部分。它可以直接作为工期和费用的索赔值。

(3) 实际状态和可能状态结果之差为承包商自身责任造成的损失和合同规定的承包商应承担的风险。它应由承包商自己承担，因而得不到补偿。这里还包括承包商投标报价失误造成的经济损失。

因而，索赔值的计算主要是计算出可能状态与合同状态之间工期与价格(费用)的差值，此差值即为索赔值。

9.3.2 工期索赔值的计算

1. 工程延期分类及处理

1) 按延期原因分

(1) 业主及工程师原因引起的延期。其主要表现有：业主拖延交付现场，拖延交付图纸，工程师拖延审批图纸、方案，拖延支付工程款，不按时组织验收造成下道工序受到影响，业主提供错误的现场资料，工程量增加及工程变更等。

这些发生后，影响了工期，工期就应顺延。

(2) 承包商原因引起的延误。其主要表现有：施工组织不当，如出现窝工或停工待料现象；质量不符合合同要求而造成返工；资源配置不足，如劳动力不足，机械设备不足或不配套，技术力量薄弱，管理水平低，缺乏流动资金等造成的延误；开工延误；承包商雇用分包商或供应商引起的延误等。

显然上述延误难以得到业主的谅解，也不可能得到业主或工程师给予延长工期的补偿。

(3) 不可控制的因素导致的延误。其主要表现有：人力不可抗拒的自然灾害导致的延误，特殊风险如战争、叛乱、革命、核装置污染等造成的延误，不利的施工条件或外界障阻引起的延误等。

这些风险事件导致的工期延误，工期应顺延。

2) 按工程延误的可能结果分

(1) 可索赔工期的延误。一般是由业主或工程师的原因造成及不可抗力因素造成的工期延误应顺延工期。

(2) 不可索赔工期的延误。一般是由承包商承担责任或风险事件造成的，即使是工期受到了影响，也不顺延工期。

3) 按延误事件的时间关联性分

(1) 单一延误。单一延误是指在某一延误事件从发生到终止的时间间隔内，没有其他延误事件的发生，该延误事件引起的延误称为单一延误。是否顺延工期，根据影响原因分析，若是业主应承担责任或风险事件造成的，应顺延；否则不顺延。

(2) 共同延误。当两个或两个以上的延误事件从发生到终止的时间完全相同时，这些事件引起的延误称为共同延误。共同延误的补偿分析比单一延误要复杂些。图 9.2 中列出了共同延误发生的部分可能性组合及其索赔补偿分析结果。在业主引起的或双方不可控制因素引起的延误与承包商原因引起的延误同时发生时，即可索赔延误与不可索赔延误同时发生时，则可索赔延误就变成不可索赔的延误，这是工程索赔的惯例之一。

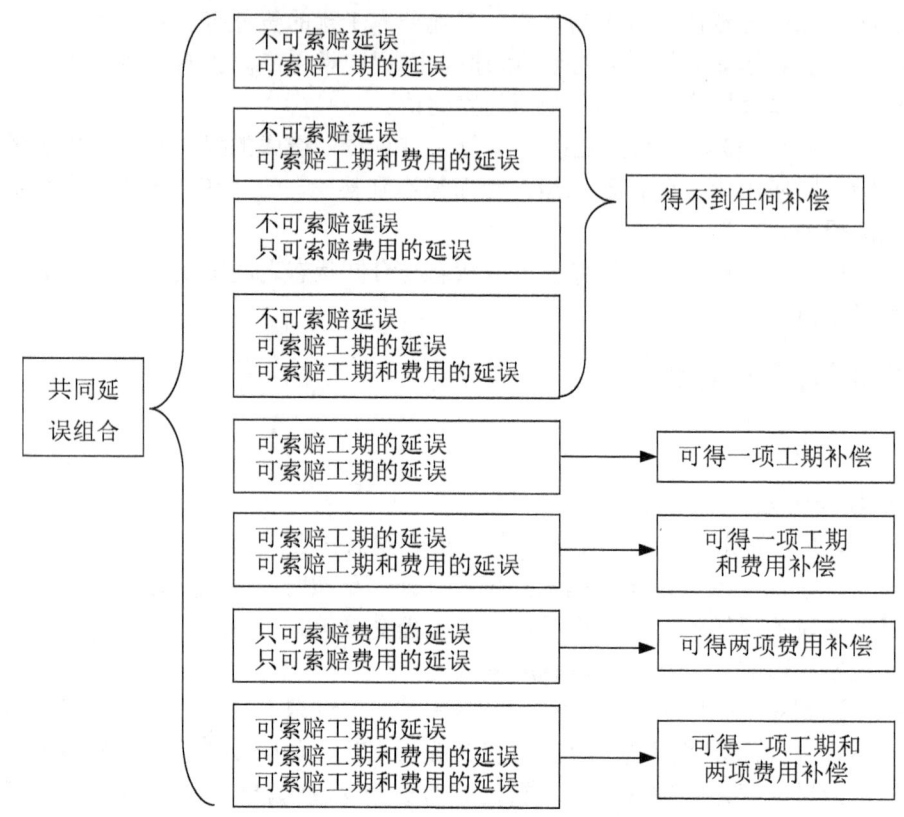

图 9.2　共同延误组合及其补偿分析

(3) 交叉延误。当两个或两个以上的延误事件从发生到终止只有部分时间重合时，称为交叉延误。由于工程项目是一个复杂的系统工程，影响因素众多，常常会出现多种原因引起的延误交织在一起，这种交叉延误的补偿分析比较复杂。但这种情况与实际相符合，实际中单一延误和共同延误的情况出现相对较少。对于交叉延误，是否可以索赔可能会出现以下几种情况，如图 9.3 所示。具体分析如下：

① 在初始延误是由承包商原因造成的情况下，随之产生的任何非承包商原因的延误都不会对最初的延误性质产生任何影响，直到承包商的延误缘由和影响已不复存在。因而在该延误时间内，业主原因引起的延误和双方不可控制因素引起的延误均为不可索赔延误，见图 9.3 中的(1)~(4)。

② 如果在承包商的初始延误已解除后，业主原因的延误或双方不可控制因素造成的延误依然在起作用，那么承包商可以对超出部分的时间进行索赔。在图 9.3 中的(2)和(3)的情况下，承包商可以获得所示时段的工期延长，并且在图中(4)的情况下还能得到费用补偿。

③ 反之，如果初始延误是由于业主或工程师原因引起的，那么其后由承包商造成的延误将不会使业主摆脱(尽管有时或许可以减轻)其责任。此时承包商将有权获得从业主的延误开始到延误结束期间的工期延长及相应的合理费用补偿，见图 9.3 中的(5)~(8)。

④ 如果初始延误是由双方不可控制因素引起的，那么在该延误时间内，承包商只可索

赔工期，而不能索赔费用，见图 9.3 中的(9)～(12)。只有在该延误结束后，承包商才能对业主或工程师原因造成的延误进行工期和费用索赔，见图 9.3 中的(12)。

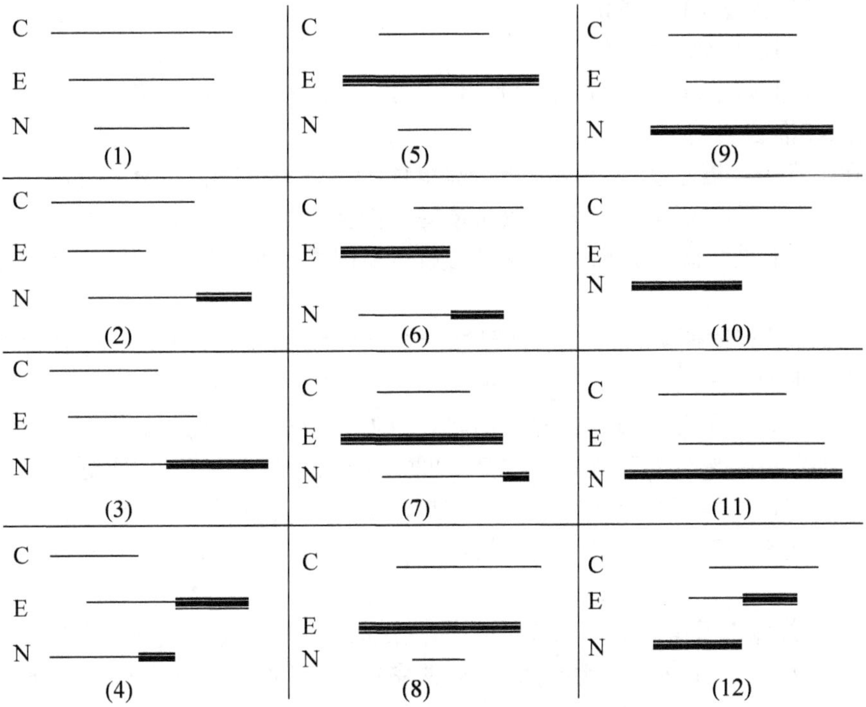

图 9.3　工程延误的交叉与补偿分析

注：C 为承包商原因造成的延误；E 为业主或工程师原因造成的延误；N 为双方不可控制因素造成的延误。──为不可得到补偿的延期；━━为可以得到时间补偿的延期；━━为可以得到时间和费用补偿的延期。

2. 计算方法

1) 分清责任

在处理工期索赔时，首先分清引起工期延误的原因，若是由承包商自身原因造成的，则不能索赔；只有是由业主应承担责任或风险的事件造成的，才可以索赔。

2) 网络计算法

(1) 计算合同状态下的工期(T_c)。

(2) 计算可能状态下的工期(T_k)，即考虑在合同履行过程中，应当由业主承担责任或风险的干扰事件对工期的影响而确定的工期值。

(3) 计算实际状态下的工期(t)，即考虑所有干扰事件对工期影响而确定的工期值。

(4) 分析判断。其内容包括：

① 可索赔的工期值。见式(9-1)：

$$\Delta T = T_k - T_c \tag{9-1}$$

式中　ΔT——可索赔工期值；
　　　T_c——合同状态下的工期；
　　　T_k——可能状态下的工期。

② 是否延误工期的判断。见式(9-2)：

$$\Delta t = t - T_k \tag{9-2}$$

式中　t——实际状态下的工期；

Δt——工期延误或提前值。

若 $\Delta t < 0$，则提前竣工；$\Delta t = 0$，则按时完工；$\Delta t > 0$，则延误工期。

3) 比例类推法

在实际工程中，若干扰事件仅影响某些单项工程、单位工程可分部分项工程的工期，要分析它们对总工期的影响，可采用较简单的比例类推法。比例类推法可分为两种情况。

(1) 按工程量进行比例类推。即根据已知的工程量及对应的工期来计算增加的工程量应延长的工期。

(2) 按造价进行比例类推法。根据已知的合同价款及对应的工期，来计算增加完成价款应增加的工期值。

比例类推法有以下的特点：计算较简单、方便，但有些情况可能不适用，计算不太合理和科学，如业主要求变更工程施工次序、业主指令加速施工等，则不适合此方法。另外当计划中的非关键工作工程量增加或造价增加，由于时差的存在，不一定会影响工期，若仍按这种方法就不合理，因而对于比例类推法从理论上应用较少。

4) 算例

【例 9-1】某施工网络计划如图 9.4 所示，在施工过程中发生以下的事件：A 工作因业主原因晚开工 2 天；B 工作承包商只用 18 天便完成；H 工作由于不可抗力影响晚开工 3 天；G 工作由于工程师指令晚开工 5 天。试问，承包商可索赔的工期为多少天？

案例分析

(1) 求合同状态下的工期 T_c。

利用网络计划的标号法可求得 $T_c = 68$ 天，如图 9.4 所示。

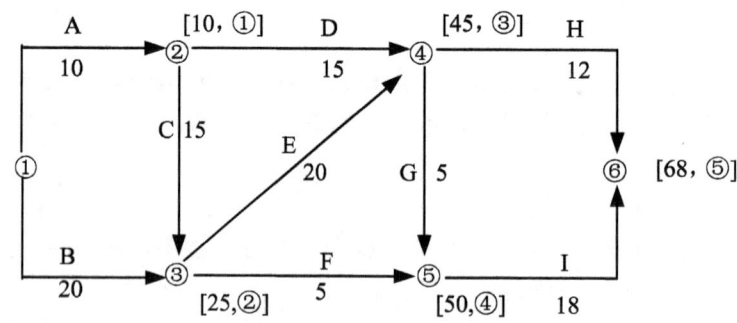

图 9.4　某工程施工计划

(2) 求可能状态下的工期 T_k，即求非承包商应承担责任干扰事件影响下的工期，如图 9.5 所示。

由图 9.5 计算知，$T_k = 75$ 天

(3) 求 ΔT。

$\Delta T = T_k - T_c = 75$ 天 $- 68$ 天 $= 7$ 天

即承包商可索赔的工期为 7 天。

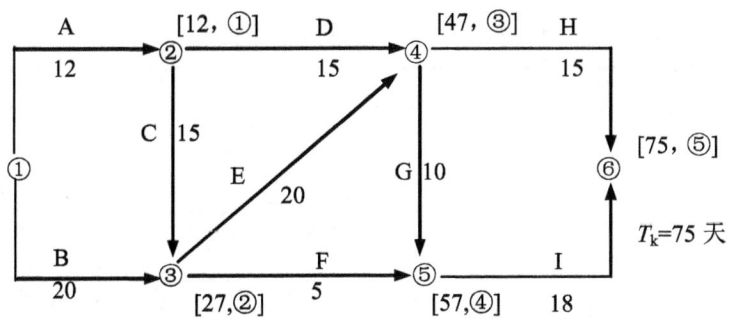

图 9.5 可能状态下的工期的计算

【例 9-2】某工程基础中，出现了不利的地质障碍，工程师指令承包商进行处理，土方工程量由原来的 2760m³ 增至 3280m³，原定工期 45 天，同时合同约定 10%范围内的工程量增加为承包商承担的风险，试求承包商可索赔的工期为多少天。

案例分析

(1) 可索赔工期的工程量为

$$Q = [3280 - 2760 \times (1+10\%)]m^3 = 244m^3$$

(2) 按比例法计算可索赔工期为

$$\Delta T = 45 \text{天} \times \frac{244}{2760 \times (1+10\%)} = 3.62 \text{天} \approx 4 \text{天}$$

9.3.3 费用索赔值的计算

1. 索赔费用分类及构成

1) 按索赔费用内容分

(1) 人工费。主要包括人工单价上涨增加的费用、人工窝工费、人工工时增加引起的费用、人工劳动效率降低引起的人工费损失等。

(2) 材料费。主要包括材料用量增加的费用、材料价格上涨增加的费用、材料库存时间延长增加的保管费。

(3) 机械费。主要包括机械台班上涨增加的费用、作业时间额外增加的使用费用、机械闲置费用及机械进出场费等。

(4) 管理费。包括现场管理费和企业管理费；现场管理费主要包括管理人员工资、食宿设施和交通通信增加费用等；企业管理费主要包括办公费用、差旅费、通信费和职工福利费等。

(5) 利润。包括合同变更利润、工程延期利润机会损失、合同解除利润和其他利润补偿等。

(6) 其他应予以补偿的费用。包括利息、分包费、保险费及各种担保费等。

2) 按引起索赔的事件分

对于不同的索赔事件，将会有不同的费用构成内容。索赔方应根据索赔事件的性质，分析其具体的费用构成内容。表 9-5 列出了不同索赔事件可能的费用项目。

表 9-5 索赔事件及费用项目构成

索赔事件	可能的费用项目	说 明
工程延误	(1) 人工费增加	包括工资上涨、现场停工、窝工、生产效率降低，不合理使用劳动力等损失
	(2) 材料费增加	因工期延长引起的材料价格上涨(材料品种、用量变化)
	(3) 机械设备费增加	设备因延期引起的折旧费、保养费、进出场费或租赁费等
	(4) 现场管理费增加	包括现场管理人员的工资、津贴等，现场办公设施，现场日常管理费支出，交通费等
	(5) 因工期延长的通货膨胀使成本增加	
	(6) 相应保险费、保函费增加	工期延长增加保险、保函费用
	(7) 分包商索赔	分包商因延期向承包商提出的费用索赔
	(8) 总部管理费分摊	因延期造成公司总部管理费用增加
	(9) 推迟支付引起的兑换率损失	工程延期引起支付延迟
	(10) 利息	不能按时得到工程款导致不能按时还贷而增加利息
工程加速	(1) 人工费增加	因业主指令工程加速造成增加劳动投入，不经济地使用劳动力，生产效率降低，节假日加班
	(2) 材料费增加	不经济地使用材料，材料提前交货的费用补偿，材料运输费增加
	(3) 机械设备费增加	增加机械投入，不经济地使用机械
	(4) 因加速增加现场管理费	也应扣除因工期缩短减少的现场管理费
	(5) 资金成本增加	费用增加和支出提前引起负现金流量所支付的利息
工程中断	(1) 人工费增加	如留守人员工资，人员的遣返和重新招雇费，对工人的赔偿等
	(2) 机械使用费增加	设备停置费，额外的进出场费，租赁机械的费用等
	(3) 保函费、保险费、银行手续费	
	(4) 贷款利息	
	(5) 总部管理费	
	(6) 其他额外费用	如停工、复工所产生的额外费用，工地重新整理等费用
工程量增加变更	费用构成与合同报价相同	(1) 合同规定承包商应承担一定比例(如 5%，10%)的工程量增加风险，超出部分才予以补偿 (2) 合同规定工程量增加超出一定比例时(如 15%～20%)可调整单价，否则合同单价不变

3) 按可索赔费用的性质分

(1) 额外工作费用索赔。如工程量增加使承包商多做了工作，这种费用索赔一般包括利润。

(2) 损失索赔。如在合同履行中，由于物价的变化使承包商的施工成本增加、承包商机械闲置、工人窝工等造成承包商的额外损失，承包商可以向业主索赔这方面的损失。

2. 费用索赔的计算

1) 计算原则

在整个索赔处理中,费用索赔是重点和最终目标。由于干扰事件(索赔事件)的复杂性,因而对承包商费用索赔的计算和定量分析影响是非常大的。在工程实践中,对于费用索赔的计算必须采用大家公认的方法及计算原则,否则,索赔可能得不到批准,对于费用索赔值的计算一般应遵循以下几条原则:

(1) 遵守合同、交易习惯及法规。即在索赔处理中应符合合同条件,分清当事双方的责任,按照合同、交易习惯及现行的法规所确定的方法来计算费用索赔值。对于由承包商自己应承担责任造成的费用增加应从损失计算值中扣除。在费用索赔中应做到有理有据,遵守双方的约定。

(2) 实事求是的原则。索赔成功的一个重要条件就是索赔一方必须有损失而且是由对方应承担责任或风险的索赔事件(干扰事件)引起的。因而,承包商在计算费用索赔值时,应以干扰事件对承包商造成的实际成本和费用影响为基础,不能不诚信地过分夸大损失值,使自身收到额外的收益。这种损失可能包括承包商的直接损失和间接损失。

(3) 有理有节的原则。在索赔处理中,承包商应选择合理的计算方法,让工程师、业主接受和认可。当然,有些时候可以适当将损失值计算大一些,给工程师、业主处理索赔留下空间。同时,在最终解决索赔过程中,必要时可以做让步,以换取对方的信任,从而达到"放小抓大"的效果。

2) 计算方法

(1) 人工费的计算。人工费可按式(9-3)计算,即

$$L = L_1 + L_2 + L_3 + L_4 \tag{9-3}$$

式中 L——可索赔的人工费;

L_1——人工单价上涨费用;

L_2——人工工作量增加费用;

L_3——人工窝工费用;

L_4——人工工效降低费用。

如果发生以下几种情况,承包商可以索赔人工费:

① 因业主增加额外工程,或因业主、工程师原因造成工程延误,导致承包商人工单价的上涨和工作时间的延长。

② 工程所在国法律、法规、政策等变化而导致承包商人工费用方面的额外增加,如提高当地雇佣工人的工资标准、福利待遇或增加保险费用等。

③ 若由于业主或工程师原因造成的延误或对工程的不合理干扰打乱了承包商的施工计划,致使承包商劳动生产率降低,导致人工工时增加的损失,承包商有权向业主提出生产率降低损失的索赔。

④ 由于业主原因导致不能按时作业,人工出现窝工,可索赔人工窝工费。

⑤ 业主要求加速施工,不合理使用人工导致人工效率降低,可以索赔费用。

【例9-3】某木窗帘盒施工,长度10000m,合同中约定用工量为2498个工日,工资为40元/工日。实际中,由于业主供应材料不符合要求,使承包商的实际用工为2700个工日,同时,实际的工资上涨到43元/工日。合同中双方约定工日数及工资可按实际情况调整。

试求在此情况下承包商可索赔的总费用，并分析此费用的构成。

案例分析

(1) 求索赔费。
原合同价为：2498 工作日 × 40 元/工作日 = 99920 元
实际结算价为：2700 工作日 × 43 元/工作日 = 116100 元
所以可索赔总费用 $\Delta C = (116100-99920)$ 元 $= 16180$ 元

(2) 分析索赔费用的构成。
按实际工资及实际用工的结算款为：2700 工作日 × 43 元/工作日 = 116100 元
按计划工资考虑实际用工的价款为：2700 工作日 × 40 元/工作日 = 108000 元
按计划工资考虑合同用工的合同价款为：2498 工作日 × 40 元/工作日 = 99920 元

由已知条件可知，承包商索赔的人工费用由两个部分构成：一部分是由于人工工资涨价的费用，其值为(116100-108000)元=8100 元；另一部分是由于业主提供的原材料不符合要求，工人工效降低的费用，其值为(108000-99920)元=8080 元，这两部分共计(8100+8080)元=16180元。与第一步中计算的总索赔费用相等。

(2) 材料费计算。材料费用索赔可按式(9-4)计算，即
$$m = m_1 + m_2 + m_3 \tag{9-4}$$
式中　m——可索赔的材料费用；
　　　m_1——材料用量增加费用；
　　　m_2——材料价格上涨费用；
　　　m_3——材料库存时间延长保管费等。

在以下几种情况下，承包商可提出材料费的索赔：

① 由于业主或工程师要求追加额外工作、变更工作性质、改变施工方法等，造成承包商的材料耗用量增加，包括使用数量的增加和材料品种或种类的改变。

② 在工程变更或业主延误时，可能会造成承包商材料库存时间延长、材料采购滞后或采用代用材料等，从而引起材料单位成本的增加。

(3) 机械费用计算。机械费用索赔可按式(9-5)计算，即
$$E = E_1 + E_2 + E_3 + E_4 + E_5 \tag{9-5}$$
式中　E——可索赔的机械费用；
　　　E_1——机械作业台班增加费用；
　　　E_2——机械台班上涨费用；
　　　E_3——机械作业效率降低损失费用；
　　　E_4——机械闲置费用，一般包括折旧费和租赁费；
　　　E_5——机械设备进出场费的增加。

一般在下列情况下，承包商可以索赔机械费用：

① 由于设计变更引起的工程量增加，使机械作业时间增加。

② 由于业主应承担责任或风险干扰事件发生使工期延长导致机械台班费上涨。

③ 由于业主应承担责任或风险事件发生导致施工机械的闲置而发生的费用。

④ 由于业主要求加速施工，不合理使用机械设备而发生的费用损失。

(4) 管理费计算。其包括内容如下：

① 现场管理费。现场管理费是某单个合同发生的、用于现场管理的总费用，一般包括现场管理人员的费用、办公费、差旅费、工具用具使用费、保险费、工程排污费等。现场管理费的索赔计算一般有以下两种情况：

a. 直接成本增加的现场管理费索赔计算，可以用索赔事件的直接费乘以现场管理费率，而现场管理费率要以由合同中的现场管理费总额除以该合同工程直接成本计算。其计算见式(9-6)，即

$$MF(c) = C_1 \times \frac{F_0}{C_0} \qquad (9-6)$$

式中　$MF(c)$——索赔的现场管理费；
　　　C_1——索赔事件的直接成本；
　　　F_0——合同中总的现场管理费；
　　　C_0——合同中总直接成本。

【例9-4】某工程承包合同，价款2100万元，其中利润占5%，总部管理费150万元，现场管理费250万元。在合同履行中，新增加工程的直接费为400万元，试计算应索赔的现场管理费为多少。

案例分析

合同中利润为：

$$I = \frac{5\%}{1+5\%} \times 2100 万元 = 100 万元$$

则合同中的直接成本　$C_0 = (2100-100-150-250)万元 = 1600 万元$
合同中总现场管理费　$F_0 = 250 万元$
根据式(9-6)得

$$MF(c) = C_1 \times \frac{F_0}{C_0} = 400万元 \times \frac{250万元}{1600万元} = 62.5 万元$$

即可为索赔的现场管理费为 62.5 万元。

b. 由于工期延长引起现场管理费的索赔。利用合同中约定的单位时间内现场管理率乘以延长工期来计算。其计算式见式(9-7)，即

$$MF(T) = \Delta T \times \frac{F_0}{T_0} \qquad (9-7)$$

式中　$MF(T)$——因工期延长索赔现场管理费；
　　　ΔT——顺延工期；
　　　T_0——合同工期；
　　　F_0——合同中总的现场管理费。

② 总部管理费。总部管理费是承包商企业总部发生的、为整个企业的经营运作提供支持和服务所发生的管理费用，一般包括总部管理人员费用、企业经营活动费用、差旅交通

费、办公费、固定资产折旧、修理费、职工教育培训费用、保险费。

对于总部管理费一般采取分摊方法计算，主要有以下两种方法：

a. 总直接费分摊法。分摊方法是首先将承包商的总部管理费在所有合同工程之间分摊，求出承包商单位直接费的总部管理费率(f)，然后在每一个具体的索赔合同中的各项目之间分摊。即求出索赔合同对应的索赔直接费总额，利用此直接费总额乘以总部管理费率(f)。其计算见式(9-8)、式(9-9)，即

$$f = \frac{总部管理费总率}{合同期承包商完成总直接费} \qquad (9\text{-}8)$$

$$索赔合同总部管理费 = f \times 索赔合同索赔的直接费 \qquad (9\text{-}9)$$

式中　f——单位直接费对应总部管理费率。

【例9-5】某工程承包合同，索赔的直接费为40万元，在此期间该承包商完成其他合同的总直接费为160万元。已知在此期间，该承包商发生总部管理费为10万元。试计算此承包合同应索赔的总部管理费。

案例分析

根据式(9-8)、式(9-9)知

$$f = \frac{10 万元}{(40+160) 万元} \times 100\% = 5\%$$

可索赔的总部管理费 = 40万元 × 5% = 2万元

b. 日费率分摊法。这种方法的基本思路是按合同额分配总部管理费，再用日费率计算应分摊的总部管理费索赔值。其计算公式为

$$争议合同应分摊的总部管理费 = \frac{争议合同额 P}{合同期承包商完成的合同总额 P} \times 同期总部管理费总额 \qquad (9\text{-}10)$$

$$日总部管理费率 = \frac{争议合同应分摊的总部管理费}{合同履行天数} \qquad (9\text{-}11)$$

$$总部管理费索赔额 = 日总部管理费率 \times 合同延误天数 \qquad (9\text{-}12)$$

【例9-6】某工程承包合同，合同工期为240天，实施过程中由于业主原因延期60天，在此期间，承包商的经营状况见表9-6。试计算争议合同应索赔的总部管理费额。

案例分析

$$索赔合同分摊总部管理费 = \frac{20 天}{60 天} \times 30000 元 = 10000 元$$

$$日总部管理费率 = \frac{10000 元}{(240+60) 天} = 33.33 元/天$$

$$索赔总部管理费 = 33.33 元/天 \times 60 天 = 2000 元$$

表 9-6　承包商经营状况

合同 项目	争议合同	其他合同	全部合同
合同额	20 万元	40 万元	60 万元
实际直接总成本	18 万元	32 万元	50 万元
当期总部管理费			3 万元
总利润			7 万元

(5) 利润。对于利润损失的索赔，一般只有承包商做了额外的与工程相关的工作才能得到，如由于设计变更，导致工程量增加，不仅可以索赔成本、管理费，而且可以索赔利润。

对下列几种情况，承包商可以提出利润索赔：
① 因设计变更等变更引起的工程量增加。
② 施工条件变化导致的索赔。
③ 施工范围变更导致的索赔。
④ 合同延误导致的机会利润损失。
⑤ 合同终止带来的预期利润损失等。

对于 FIDIC(1999 年版)施工合同条件，可以索赔的情况见表 9-7。

表 9-7　可以合理补偿承包商索赔的条款

序号	条款号	主要内容	可补偿内容		
			工期	费用	利润
1	1.9	延误发放图纸	√	√	√
2	2.1	延误移交施工现场	√	√	√
3	4.7	承包商依据工程师提供的错误数据导致放线错误	√	√	√
4	4.12	不可预见的外界条件	√	√	
5	4.24	施工中遇到文物和古迹	√	√	
6	7.4	非承包商原因检验导致施工的延误	√	√	√
7	8.4(a)	变更导致竣工时间的延长	√		
8	8.4(c)	异常不利的气候条件	√		
9	8.4(d)	由于传染病或其他政府行为导致工期的延误	√		
10	8.4(e)	业主或其他承包商的干扰	√		
11	8.5	公共当局引起的延误	√		
12	10.2	业主提前占用工程		√	√
13	10.3	对竣工检验的干扰	√	√	√
14	13.7	后续法规的调整		√	
15	18.1	业主办理的保险未能从保险公司获得补偿部分		√	
16	19.4	不可抗力事件造成的损害	√	√	

3. 费用索赔综合计算案例

某施工单位与业主按《建设工程施工合同(示范文本)》(GF—2013—0201)签订施工承包工程合同，施工进度计划得到监理工程师的批准，如图 9.6 所示(单位：天)。

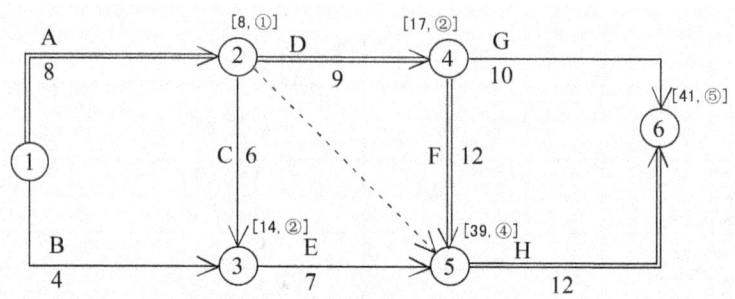

图 9.6 某工程施工进度计划

施工中，A、E 使用同一种机械，其台班费为 500 元/台班，折旧(租赁)费为 300 元/台班，假设人工工资为 40 元/工日，窝工费为 20 元/工日。合同规定提前竣工奖为 1000 元/天，延误工期罚款 1500 元/天(各工作均按最早时间开工)。

施工中发生了以下的情况：

① A 工作由于业主原因晚开工 2 天，致使 11 人在现场停工待命，其中 1 人是机械司机。

② C 工作原工程量为 100 个单位，相应合同价为 2000 元，后设计变更工程量增加了 100 个单位。

③ D 工作承包商只用了 7 天时间。

④ G 工作由于承包商原因晚开工 1 天。

⑤ H 工作由于不可抗力发生，增加了 4 天作业时间，场地清理用了 20 个工日。

问在此计划执行中，承包商可索赔的工期和费用各为多少？

解：(1) 工期顺延计算。

① 合同工期。计算如图 9.7 所示，T_c=41 天

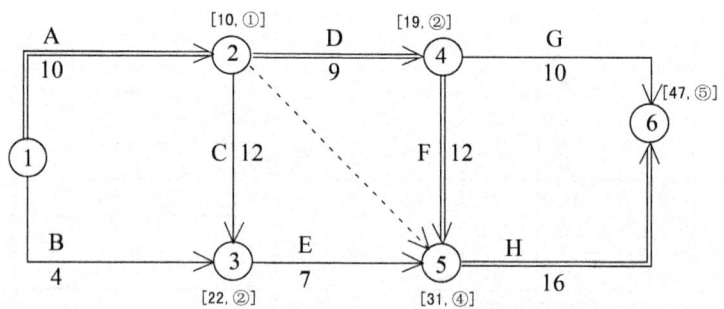

图 9.7 可能状态下的网络图

② 可能状态下的工期。主要包括：

A 作业持续时间：(8+2)天=10 天

C 工作持续时间：(6+6)天=12 天

H 工作持续时间：(12+4)天=16 天

计算如图 9.7 所示，可能状态下的工期为：T_k=47 天

③ 可索赔工期为：(47-41)天=6 天

(2) 费用索赔(或补偿)的计算。主要包括：

① A 工作：[(11-1)×20+2×300]元=1000 元

② C 工作：$2000元 \times \dfrac{100}{100} = 2000$ 元

③ 清场费：20 工作日×40 元/工作日=800 元

④ 机械闲置的增加。

按原合同计划，闲置时间：(14-8)天=6 天

考虑了非承包商的原因闲置时间：(22-10)天=12 天

增加闲置时间：(12-6)天=6 天

费用补偿：(6×300)元=1800 元

⑤ 奖励或罚款。

实际状态的工期计算如图 9.8 所示。

实际状态工期为：t=45 天

$\Delta t = t - T_k = (45 - 47)$天 $= -2$ 天，小于零，说明工期提前。

提前奖：2 天×1000 元/天=2000 元

所以可索赔及奖励的费用补偿为：(1000+2000+800+1800+2000)元=7600 元

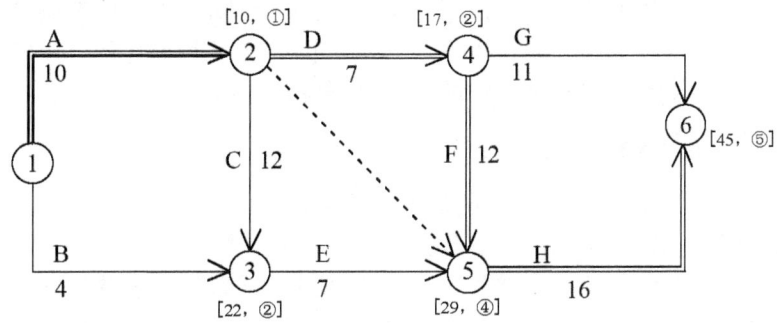

图 9.8 实际状态下的网络图

9.4 反　索　赔

9.4.1 概述

1. 反索赔的含义

反索赔是指一方提出索赔时，另一方对索赔要求提出反驳、反击，防止对方提出索赔，不让对方的索赔成功或全部成功，并借此机会向对方提出索赔以保护自身合法利益的管理行为。

在工程实践中，当合同一方提出索赔要求时，作为另一方面对对方的索赔应作出如下的抉择：如果对方提出的索赔依据充分，证据确凿，计算合理，则应实事求是地认可对方的索赔要求，赔偿或补偿对方的经济损失或损害；反之则应以事实为根据，以法律(合同)为准绳，反驳、拒绝对方不合理的索赔要求或索赔要求中的不合理部分，这就是反索赔。如可以全部或部分否定对方的索赔要求。

因而，反索赔不是不认可、不批准对方的索赔，而是应有理有据地反驳，拒绝对方索

赔要求中不合理的部分，进而维护自身的合法利益。

2. 反索赔的意义

在合同实施过程中，合同双方都在进行合同管理，都在寻找索赔机会。索赔事件发生后合同双方都企图推卸自己的合同责任，并向对方提出索赔。因此不能进行有效的反索赔，同样会蒙受经济损失，反索赔与索赔具有同等重要的地位，其意义主要表现在以下几方面：

(1) 减少和防止损失的发生。如果不能进行有效的反索赔，不能推卸自己对于干扰事件的合同责任，则必须满足对方的索赔要求，支付赔偿费用，致使自己蒙受损失。由于合同双方利益不一致，索赔和反索赔又是一对矛盾。因而对合同双方来说，反索赔同样直接关系到工程效益的高低，反映着工程管理水平。

(2) 成功的反索赔有利于鼓舞管理人员的信心，有利于整个工程及合同的管理，提高工程管理的水平，取得在合同管理中的主动权。在工程承包中，常常有这种情况：由于不能进行有效的反索赔，一方管理者处于被动地位，工作中缩手缩脚，与对方交往诚惶诚恐，丧失主动权，这样必然会影响到自身的利益。

(3) 成功的反索赔工作不仅可以反驳、否定或全部否定对方的不合理要求，而且可以寻找索赔机会，维护自身利益。因为反索赔同样要进行合同分析、事态调查、责任分析、审查对方的索赔报告。用这种方法可以摆脱被动局面，变不利为有利，使守中有攻，能达到更好的索赔效果，并为自己索赔工作的顺利开展提供帮助。

3. 索赔与反索赔的关系

1) 索赔与反索赔是完整意义上索赔管理的两个方面

即在合同管理中，既要做好索赔工作，又应做好反索赔工作，以最大限度维护自身利益。索赔表现为当事人自觉地将索赔管理作为工程及合同管理的重要组成部分，成立专门机构认真研究索赔方法，总结索赔经验，不断提高索赔成功率，在工程实施过程中，能仔细分析合同缺陷，主动寻找索赔机会，为己方争取应得的利益；而反索赔在索赔管理策略上表现为防止被索赔，不给对方留下可以索赔的漏洞，使对方找不到索赔机会。在工程管理中反索赔体现为签署严密合理、责任明确的合同条款，并在合同实施过程中，避免己方违约。在反索赔解决过程中表现为，当对方提出索赔时，对其索赔理由予以反驳，对其索赔证据进行质疑，指出其索赔计算的问题，以达到尽量减少索赔额度，甚至完全否定对方索赔要求的目的。

2) 索赔与反索赔是进攻与防守的关系

如果把索赔比作进攻，那么反索赔就是防御，没有积极的进攻，就没有有效的防御；同样，没有积极的防御，也就没有有效的进攻。在工程合同实施过程中，一方提出索赔，一般都会遇到对方的反索赔，对方不可能立即予以认可，索赔和反索赔都不太可能一次成功，合同当事人必须能攻善守，攻守相济，才能立于不败之地。

3) 索赔与反索赔都是双向的，合同双方均可向对方提出索赔与反索赔

由于工程项目的复杂性，对于干扰事件常常双方都负有责任，所以索赔中有反索赔，反索赔中又有索赔。业主或承包商不仅要对对方提出的索赔进行反驳，而且要防止对方对己方索赔的反驳。

9.4.2 反索赔的内容

反索赔的工作内容可包括两个方面：一是防止对方提出索赔；二是反击或反驳对方的索赔要求。

1. 防止对方提出索赔

这是一种积极防御的反索赔措施，其主要表现为以下几个方面：

(1) 认真履行合同，避免自身违约给对方留下索赔的机会。这就要求当事人自身加强合同管理及内部管理，使对方找不到索赔的理由和依据。

(2) 出现了应由自身承担责任或风险的干扰事件时，给对方造成了额外的损失时，力争主动与对方协商提出补偿办法，这样做到先发制人，可能比被动等待对方向自己提出索赔更有利。

(3) 在出现了双方都有责任的干扰事件时，应采取先发制人的策略，干扰事件(索赔事件)一旦发生应着手研究、收集证据。先向对方提出索赔要求，同时又准备反驳对方的索赔。这样做的作用有，可以避免超过索赔有效期而失去索赔机会，同时可使自身处在有利地位，因为对方要花时间和精力分析研究己方的索赔要求，可以打乱对方的索赔计划。再者可为最终解决索赔留下余地。因为通常在索赔的处理过程中双方都可能做让步，而先提出索赔的一方其索赔额可能较高而处在有利位置。

2. 反击对方的索赔

为了减少己方的损失必须反驳对方的索赔。反击对方的措施及应注意的问题主要有以下几个方面：

(1) 利用己方的索赔来对抗对方的索赔要求，抓住对方的失误或不作为行为对抗对方的要求。如我国合同法中依据诚实信用的原则，规定了当事人双方有减损义务，即在合同履行中发生了应由对方承担责任或风险的事件使自身有损失时，这时受损这一方应采取有效的措施使损失降低或避免损失进一步的发生，若受损方能采取措施但没有采取措施，使损失扩大了，则受损一方将失去补偿和索赔的权利，因而可以利用此原则来分析索赔方是否有这方面的行为，若有，就可对其进行反驳。

(2) 反驳对方的索赔报告，找出理由和证据，证明对方的索赔报告不符合事实情况、不符合合同规定、没有根据、计算不准确，以推卸或减轻自己的赔偿责任，使自己不受或少受损失。

(3) 在反索赔中，应当以事实为依据，以法律(合同)为准绳，实事求是、有理有据地认可对方合理的索赔，反驳拒绝对方不合理的索赔，按照公平、诚信的原则解决索赔问题。

9.4.3 反索赔的程序与报告

1. 反索赔的程序

与索赔一样，反索赔要取得成功也应坚持一定的工作程序，认真分析对方的索赔报告，否则不可能成功。反索赔的一般工作程序如图 9.9 所示。

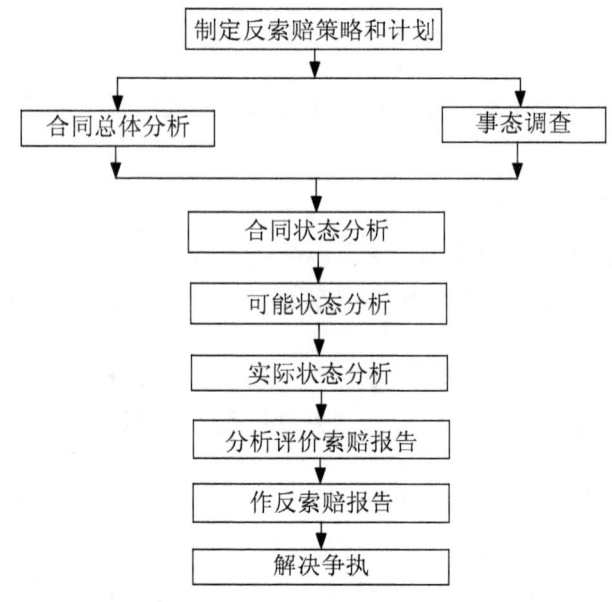

图 9.9 反索赔步骤

1) 制定反索赔策略和计划

这就要求反索赔一方应加强工程管理与合同分析，并利用以往的经验，对对方在哪些地方、哪些事件可能提出索赔进行预测，制定相应的应急反索赔计划，一旦对方提出索赔要求后，结合实际的索赔要求及反索赔的应急计划来制定本次反索赔的详细计划和方法。

2) 合同总体分析

主要对索赔事件产生的原因进行合同分析，分析索赔是否符合合同约定、法律法规及交易习惯。同时通过对这些索赔依据的分析，寻找出对对方不利的条款或相关规定，使对方的要求无立足之地。

3) 索赔事件调查与取证

反索赔的处理中，应以各种实际工程资料作为证据，用以对照索赔报告所描述的事情经过和所附证据。通过调查可以确定干扰事件的起因、事件经过、持续时间、影响范围等真实详细的情况，以反驳不真实、不肯定、没有证据的索赔事件。

在此应收集整理所有与反索赔相关的工程资料。

4) 三种状态的分析

在上述调查取证分析的基础上进行合同状态、可能状态和实际状态的分析与计算，以便确定对方应得到的索赔值和己方反驳的底线。

5) 索赔报告的反驳与分析

在 3)、4)两步的工作基础上，对对方的索赔报告进行反驳和分析，指出其不合理的地方。

对对方索赔报告的反驳核查，可以从以下几个方面进行：

(1) 索赔要求或报告的时限性。审查对方在干扰事件发生后，是否在合同规定的索赔时限内提出了索赔要求或报告，如果对方未能及时提出书面的索赔要求和报告，则将失去索赔的机会和权利，对方提出的索赔则不能成立。

(2) 索赔事件的真实性。索赔事件必须是真实可靠的，符合工程实际状况，不真实、不肯定或仅是猜测甚至无中生有的事件不能提出索赔，索赔当然也就不能成立。

(3) 干扰事件原因、责任分析。如果事件责任是由于索赔者自己疏忽大意、管理不善、决策失误或因其自身应承担的风险等造成，则应由对方自己承担损失，对方的索赔不能成立。如果合同双方都有责任，则应按各自的责任大小分担损失。只有确属是自己一方的责任时，对方的索赔才能成立。

(4) 索赔理由分析。索赔理由分析，就是分析对方的索赔要求是否与合同条款或有关法规一致，是否符合工程交易习惯，所受损失是否属于应由对方负责的原因所造成。即应分析对方索赔的依据是否充分，否则就可以否定对方的索赔要求。

(5) 索赔证据分析。索赔证据分析，就是分析对方所提供的证据是否真实、有效、合法，是否能证明索赔要求成立。证据不足、不全、不当、没有法律证明效力或没有证据，索赔是不能成立的。

(6) 索赔值的审核。对于对方合理的索赔，应对其索赔值进行审核，防止对方夸大计算。此时审核的重点主要有以下几点：

① 各数据的准确性。对索赔报告中所涉及的各个计算基础数据都须做审查、核对，以找出其中的错误和不恰当的地方。

② 计算方法的合理性。索赔通常都用分项法计算，但不同的计算方法对计算结果影响很大。在实际工程中，这方面争执常常很大，对于重大的索赔，须经过双方协商谈判才能对计算方法达成一致，特别对于总部管理费的分摊方法、工期拖延的费用索赔计算方法等。

③ 计算本身是否正确。主要审核计算中计算的数值、小数点及单位是否有误。若最终结果的小数点错一位，那么会使反索赔前功尽弃。

6) 起草并提交反索赔报告

2. 反索赔报告

反索赔报告是对反索赔工作的总结，向对方(索赔者)表明自己的分析结果、立场，对索赔要求的处理意见以及反索赔的证据。根据索赔事件的性质，索赔值的大小、复杂程度及对索赔认可程度的不同，反索赔报告的内容不同，其形式也不一样。目前对反索赔报告没有一个统一的格式。但作为一份反索赔报告应包括以下的内容：

(1) 向索赔方的致函。在这份信函中表明反索赔方的态度和立场，提出解决双方有关索赔问题的意见或安排等。

(2) 合同责任的分析。这里对合同作总体分析，主要分析合同的法律基础、合同语言、合同文件及变更、合同价格、工程范围、工程变更补偿条件、施工工期的规定及延长的条件、合同违约责任、争执的解决规定等。

(3) 合同实施情况的简述和评价。主要包括合同状态、可能状态、实际状态的分析。这里重点针对对方索赔报告中的问题和干扰事件，叙述事实情况，应包括三种状态的分析结果，对双方合同的履行情况和工程实施情况作评价。

(4) 对对方索赔报告的分析。主要分析对方索赔的理由是否充分，证据是否可靠可信，索赔值是否合理，指出其不合理的地方，同时表明反索赔方处理的意见与态度。

(5) 反索赔的意见和结论。

(6) 各种附件。主要包括反索赔方提出反索赔的各种证据资料等。

9.5 索赔(反索赔)案例

1. 案端起由,错综复杂

1993年4月4日,中建一局四公司副总经济师睦富才专程从北京飞往上海,到上海市建设(现改名建纬)律师事务所拜访素不相识的朱树英律师,聘请朱律师到北京去承办一个复杂而标的巨大的拖欠工程款索赔案子。

2. 案情错综而复杂

一局四公司于1988年2月14日与北京新万寿宾馆有限公司(下称新万寿宾馆)签订了建筑工程承包合同。合同规定:一局四公司承建新万寿宾馆,建筑面积36015m^2,1988年2月15日开工,1990年2月15日竣工。承包总价为2227.5万美元,其中500万美元折合人民币给付。

工程于1990年8月15日竣工交付使用后,新万寿宾馆拖欠工程尾款161.28万美元以及工程签证款5.9万美元、106万人民币,合计167.18万美元、106万人民币;此外,还有应签证而未签证确认的索赔款,折合人民币1000多万元。

一局四公司催讨这笔巨额拖欠款先后花了两年的时间,无数次去函、派人上门催讨,先后找过中国建筑工程总公司、北京市清欠办公室、北京市建委、原建设部等各级政府主管部门,均无效果。

面对如此复杂而困难重重的案情,朱律师并没有畏难或推托的表示,只是平静地问了一句:"那么,我们自己有什么欠缺,或者说对方为什么不付款呢?"

"对方最主要的理由有两条,一是说我方延误工期。工期确实比合同晚了半年,但施工中遇到'6·4事件',而且我们有充分的理由;二是说工程质量有问题,突出的是'红水'问题,即宾馆水管放出的水含铁锈,但这个问题的责任在甲方,我们也有足够的证据。"

睦富才告诉朱律师,在做了各种努力都无法解决争议的情况下,一局四公司唯一的选择只能是通过法律手段来保护企业的利益。睦富才还告知,一局四公司在北京有常年法律顾问,对选择律师已经做了权衡和比较。他希望朱律师万勿推辞,如果答应接案,一局四公司立即可以作决定。

朱律师从睦总带来的一大堆材料中找出了工程合同。合同第二十五条规定:"有关本合同的争论,或发生的索赔赔偿,或违反本合同的事项,当无法在互相协商的基础上求得解决时,甲、乙任何一方均可提请在北京的中国国际贸易促进委员会对外经济贸易仲裁委员会仲裁,双方执行该委员会的仲裁。"看到这样的规定,朱树英的眉头又一紧。这无疑在本案的程序问题上又增加了新的复杂性,新万寿宾馆虽为中外合资企业,但属于中国法人。中国法人之间能否适用涉外仲裁?即使贸促会受理仲裁,裁决决定法院是否会执行?

这个案件的办案困难和复杂程度都显而易见,但朱树英仍然当即决定受理。

3. 先易后难,追欠索赔款分段起诉

1993年4月10日晚,朱树英飞抵北京。

第二天,朱树英和一局四公司的眭总及有关人员研究案情和案件材料,确定对策。朱律师很快提出了一个完整的方案。

(1) 解决纠纷的程序问题,即能否仲裁、仲裁决定能否执行,仲裁条款法院能否受理,这一系列问题由律师负责解决。

(2) 案件涉及两个不同性质的诉讼请求,第一部分是拖欠的工程款包括已经签证的部分,属于返还之诉。这部分情况相对比较简单,要求一局四公司迅速整理出有关证据。而应签证而未获签证的索赔款,属于确认之诉,需要有足够、完整的证据材料,这是相当复杂而困难的工作,要求公司就每一项索赔提供详细的原始材料。

(3) 先易后难,起诉分段进行。第一部分尽快起诉,第二部分在证据搜集充分后以补充诉讼请求方式提出。

(4) 认真分析被告可能提出的答辩理由,提前做好证据的准备工作,对被告可能提出的反诉请求,事先做好对策。

(5) 在正式起诉前,由一局四公司向朱律师出具全权委托书,由律师出面向对方做起诉前协商解决争议的最后努力。

一局四公司完全同意律师提出的方针和对策。案件的起诉准备工作有条不紊。

4月12日,由一局四公司盖章、法定代表人袁宗旺签名的全权委托书给了朱律师明确的授权:

"自1993年4月12日起,本公司将有关新万寿宾馆工程款事宜全权委托上海市建设律师事务所朱树英律师处理,律师有权根据法律在授权范围内采取一切必要的措施。"

朱树英凭此委托书,以律师事务所的名义及时向新万寿宾馆发出了要求限期还款的律师公函。

经与中国国际贸易促进委员会对外经济贸易仲裁委员会、北京市中级人民法院、北京市高级人民法院、国家最高人民法院联系后了解到:贸促会仲裁委员会可以受理本案,但不能保证裁决结果能够由北京市中级人民法院协助执行。根据《中华人民共和国民事诉讼法》第217条第一款第二项之规定,北京市中级人民法院将不予执行两个中国法人之间的涉外裁决决定。同时,根据本案的具体情况,北京市中级人民法院的态度是:如果当事人向法院起诉,法院可能受理。与此同时,一局四公司经过初步整理,已经把第一部分诉讼的证据搜集齐全;第二部分索赔款一共有167项,正在加紧搜集、整理证据。

4月16日,新万寿宾馆向一局四公司复函,措辞严厉。函称:"贵我双方都应以求同存异的态度和实事求是的精神寻求可以导致问题最终解决的切实可行的出路和办法,任何诉诸法律的手法都是不明智的、武断的,对事情的合理解决不会带来积极的影响和任何益处。贵方在此问题上采取何种态度,我方无权干涉。但我方愿在此重申,任何与事实相悖的一厢情愿都是不可能实现的。如果问题因此而变得复杂的话,我方不承担任何责任。贵方要通过法律程序解决此问题,我方无异议。"

复函中所说的"问题最终解决的切实可能的出路和方法",是指对方在1993年4月1日在一份函件中提出的归还拖欠工程款167.18万美元和106万元人民币的分三年六期的还款计划。此计划不涉及巨额索赔款。

对方的态度和解决方案均为一局四公司所绝对不能接受。唯一的办法只有提起诉讼了。

1993年5月15日,原告一局四公司向北京市中级人民法院提起诉讼,要求新万寿宾馆付款拖欠工程款 167.18 万美元、106 万元人民币，支付利息 41.28 万美元、36.22 万元人民币。按当时美元和人民币的比价，共计折合人民币约 1300 万元。

原告确定由朱树英律师和睢富才副总经济师担任诉讼代理人，并确定代理方式为特别授权的全权代理，代理人有权决定本案诉讼的一切事宜。

1993 年 7 月 14 日，原告再次向北京市中级人民法院增加诉讼请求，要求法院确认并判令被告支付工程增加款计美元 82.73 万元、人民币 423.02 万元，按当时美元和人民币的比价，合计折合人民币 880 万元。补充的诉讼请求附"增加工程款一览表"，共有索赔项目 102 项。原告的诉讼请求和补充诉讼请求共计折合人民币约 2200 万元。

在案件起诉准备阶段，朱树英先后两次到北京一局四公司，同有关人员就本案的证据搜集工作和涉及的工程签证和索赔问题统一认识，统一工作步骤，并为此举办了专题讲座。

朱律师认为，工程签证和索赔是两个既有区别又相互联系的不同的概念。工程签证是工程合同承发包双方在施工过程中，按合同约定对支付有关费用、顺延工期、赔偿损失所达成的表示双方意见一致的补充协议，经书面确认的工程签证即可成为工程结算或最终增减工程造价的依据。追索工程签证款项在法律上是所有权已经确定的返还之诉。而工程索赔则是工程合同承发包双方中的任何一方因未能获得按合同约定支付的有关费用、顺延工期、赔偿损失的书面确认，因而在约定的期限内向对方提出赔偿请求的一种权利。这种权利在未获得对方确认之前，不能作为工程结算的依据。索赔的权利，在法律上是需要得到确认的、所有权尚未明确的确认之诉。

朱律师强调，本案提出的补充诉讼请求即工程索赔成败的关键完全看证据。因此，案件全部工作的重点在于整理、搜集使索赔能够成立的证据。

一局四公司虽然在新万寿宾馆施工中有严格的、一流的基础资料管理工作，但也存在着某些缺陷。在原告提出补充诉讼请求时，最初的索赔项目共有 167 项，经朱律师的分析、审查，认为其中有 65 项缺乏证据不能成立。原先提出索赔项目的第 1 至第 40 项全部无法提出，原因是违反了合同规定的时效。原来，原、被告签订的《新万寿宾馆建筑安装工程施工合同书》第二十条"设计与设计变更"第 3 款规定："由于本工程采用按初步设计图纸及说明书标准、固定总价一次包死的承包办法，因此甲方坚持按初步设计标准。乙方在收到施工图及说明书经交底后 15 天内，如对其所示工程标准有不同意见时，应用书面方式向甲方提出。逾期不提出书面意见，即认为该施工图及说明书设计标准符合初步设计的标准。"索赔项目的前 40 项全部涉及施工图与初步设计图纸在工程结构施工的差异，而现有的资料中找不出原告在收到施工图纸后 15 天内提出的书面异议或有关的证据。因此，根据工程索赔对于证据的基本要求，这 40 项索赔项目无法确立、无法提出主张。

朱律师要求，一局四公司的有关人员要在现有的、能够成立的索赔项目搜集、整理完整的证据材料的基础上，尽最大努力使之达成经得起检验的程度。搜集、分析、整理索赔项目的证据，是案件全部工作的重点。公司要统一部署，调集有关本案的所有原始材料，分门别类，专人负责。一局四公司完全采纳了律师的意见和要求，组成以睢富才为首的、由原承建工程施工的项目经理等人参加的证据整理小组，按索赔得以成立的要求整理提供证据。

一局四公司先后两次提出诉讼请求，一易一难的案情以及被告主体的高层次的诉讼活动，立即引起了受理案件的北京市中级人民法院的高度重视。案件立案时，法院原本已经确定了承办法官，后来调整为由经验丰富、理论功底深厚的崔学锋法官负责审理。经法院审查，本案符合立案条件，并将起诉状副本送达了被告。按《中华人民共和国民事诉讼法》的规定，该案进入了规范而严格的诉讼程序。

4. 针锋相对，被告反诉请求赔偿

新万寿宾馆方面已经作出了原告起诉的准备，对应诉也制定了对策。收到原告的起诉状副本后，被告委托了北京君和律师事务所的资深律师王亚东担任诉讼代理人。王亚东律师工作认真负责、经验丰富，在北京知名度很高，曾办理许多在京城有重大影响的案件。

1993年7月23日，被告新万寿宾馆作出书面答辩。针对原告的起诉，被告认为未交付剩余的工程款是因为"至今不具备支付条件"。理由有二：其一，被告认为"增项、减项部分如何计算，双方仍有异议"，双方在这些项目中虽有交涉，但"至今未达成一致意见，故涉及此方面款项是无法支付的"。其二，原告未按合同规定向被告交付有关资料。被告认为，原告未按合同规定履行交付竣工验收资料、进口设备附件及有关资料。据此，被告认为剩余工程款的支付还缺少必备条件。但被告没有就原告提出的支付数额和利息提出异议。

被告在答辩状中还以延误工期为由提出反诉。答辩状称："合同规定的竣工时间是1990年2月15日。1989年12月28日，答辩人根据被答辩人延长工期的书面申诉，答复同意顺延工期3个月，即1990年5月15日为竣工日期。而被答复人实际竣工日期为1990年11月25日，延误工期194天。合同第十八条工程奖罚第2条规定：'因乙方原因工期逾期，乙方按对等比例付出罚金，即每天罚款为合同总额的万分之二，以人民币交纳。'第3条规定：'奖罚金额总数不超过合同总金额的百分之三，即66.5万美元。'按以上规定，被答辩人应支付罚金66.5万美元。答辩人对被答辩人应支付的以上罚金提出反诉请求。"

被告不仅在书面答辩时提出针锋相对的反诉请求，而且还以宾馆水锈严重影响正常营业为理由，向法院提出到宾馆实地勘察的要求。

承办法官来到了地处首都机场附近将台路的高层四星级新万寿宾馆，在现场的确看到了宾馆的水管放出的水是含锈的红水。据被告介绍，由于本工程的一切材料、设备的供应及安装均包含在合同范围内，宾馆热交换器的质量问题导致水管锈蚀的责任应由负责总承包施工的原告负责。被告还介绍，因为新万寿宾馆"有名"的红水问题，使许多客户不愿住宿，严重影响了宾馆的正常营业。

在原告起诉之后，朱树英就不断与法院保持电话联系。当了解到被告正在洽谈宾馆产权转让时，原告又于1993年5月22日向法院提出书面申请："因被告正在着手转让新万寿宾馆产权的洽谈，为保证判决结果的顺利执行，根据民事诉讼法第92条之规定，原告请求法院对被告的财产采取保全措施，通知冻结被告开户银行，在诉讼期间被告不得实施转让或变卖大楼。"据朱树英分析，被告拖欠巨额工程款并非是有钱而不付，很可能是确实无力支付。现在，被告正在与第三方洽谈大楼转让事宜，对解决本案未必是坏事，只要转让洽谈成功，被告支付我方的钱款也落到了实处。因此，原告并未向法院正式办理保全手续和担保手续，只是要求法院通知被告银行，在诉讼期间不得实施转让行为。法院也接受了原告的要求，因为法院也认为诉讼期间不能改变涉及诉讼请求的标的物的所有权的状态。

在朱律师又一次与法官电话联系时，崔学锋法官问："我在新万寿宾馆现场看到水管放出的水锈,而热交换器是由你方负责采购和安装的。现在被告提出这完全是你方的责任,对此你们怎样解释?"

"我们对这个问题已经准备了充分的证据。事实并非如被告所说的那样。在开庭时,如果被告提出这个问题,我们能够作出负责的解释。"朱律师回答。

"请问,法院对本案预计什么时候开庭?"

"我们正在研究,预计很快会组织开庭。至少会先组织双方调解一次。"

不久,原告接到通知,法院定于 1993 年 9 月 17 日上午 9 点开庭审理本案。

5. 突出重点,全面完成举证工作

开庭之前,朱树英又一次来到北京。

一局四公司的证据整理小组经过 1 个多月的清理,把 102 项索赔项目的全部证据材料都准备得十分齐全。看着这些有总有分、分门别类的原始证据材料,朱树英不由肃然起敬。

新万寿宾馆工程是一个建筑面积达 36015m² 的四星级宾馆,以合同工期交钥匙的总承包方式,由一局四公司承建全部建筑安装工程,日本国鹿建设株式会社国际事业本部、北京华盛建筑承发公司联合进行施工监理。整个工程采取边设计边施工边修改的"三边"方式施工。工程在 1988 年 2 月 15 日开工前,建设单位只能提供初步设计和基础以下部分的施工图,地面施工图纸要等一局四公司将进口设备定型并提供资料后 3 个月才能供齐。但合同规定的总工期只有 14 个月,并且不考虑分批提供施工图对工期的影响。

这是一个工期紧、责任重的高难工程。在施工过程中,又遇 1989 年的政治事件,施工受到严重影响。一局四公司在困难的情况下,不仅在 1990 年 8 月 15 日将工程交付建设单位使用,而且确保了工程质量,新万寿宾馆工程被北京市建设工程质量监督总站评为高优工程和北京市优质工程。

更难能可贵的是,一局四公司在高速优质完成新万寿宾馆工程施工的同时,资料管理工作也体现了与国际接轨的高水平。工程施工过程中实行每周例会制度,建设单位、监理单位、施工单位派代表参加。114 次例会纪要的原始书面资料共 344 页,全部保存完整,而且字迹清晰,很少涂改,真实地再现了工程施工的全过程。这厚厚三大本由与会各方代表签字的例会纪要成为本案的重要证据来源。

此外,一局四公司还详细保存了整个施工过程中收到的建设单位分批提供的所有施工图纸和设计修改图纸的原始记录,以及工程洽商记录、双方来往的全部函件、文件、专题会议纪要等书面资料。

因为有这样完整的原始资料,一局四公司的资料整理人员根据律师的要求,将 102 项索赔项目,分别分为初步设计图纸、施工图或设计变更的图纸、建设单位的书面指令、洽商记录和信函文件或每周例会纪要的记录、增加费用或支出的原始合同、单证及实物照片等类书面证据,有力地证明了索赔的成立。

一局四公司于 1993 年 8 月 23 日,又将第二批证据材料送交法院。这些材料包括全部索赔项目的证据和有关法规以及利息计算依据和明细,共 17 卷计 737 页,连同第一批送交法院的资料,堆放了足有 1 米高。

在向法院递交了全部索赔项目的证据后,朱树英又提出,在开庭之前的工作重点要转移到反索赔的证据搜集整理上,要针对被告提出的反诉赔偿的事实和理由,准备相应的答辩意见和证据材料。这些准备工作，为原告在整个案件的开庭审理中占据主动地位创造了条件。

1993年9月6日，朱树英再次飞抵北京。

9月7日，北京市中级人民法院借用一局四公司的会议室，组织原、被告双方以及代理律师参加的调解开庭。法官告知，鉴于双方曾多次自行协商调解，有调解解决本案的可能，因此在正式开庭审理之前，先由法院主持调解。因为本案工程大，诉讼标的也大，建议双方从大处着眼，算大账，不要纠缠于具体细节。

原、被告双方都表示接受法院的调解。调解庭整整开了一天。

原告方面依据充分的证据材料，一步一步摆事实、举证据，要求被告支付工程欠款和全部索赔款。而被告只同意支付工程欠款，以工期拖延和质量问题为由不同意支付索赔款。

工期和质量问题成为双方争执的焦点，关键在于证据。那么证据能够证明什么呢？

工期延误，全系被告违约造成。

被告以原告延误工期为由提出反索赔66.5万美元的事实和理由是，合同规定工期自1988年2月15日至1990年2月15日。施工过程中，双方于1989年12月28日达成一致意见，同意工期顺延3个月，即1990年5月15日为竣工期。而原告实际竣工期为1990年11月25日，延误工期194天。按工程合同第十八条"工程奖罚"第2款规定："因乙方(指原告)工期逾期，乙方按对等比例付出罚金，即每天罚款为合同总金额的万分之二，以人民币交纳。"合同第十八条第3款规定："奖罚金额总数不得超过合同总金额的百分之三，即66.5万美元。"据此，被告认为反索赔请求的证据是充分的、合法的。

原告认为被告的主张和理由根本不能成立。新万寿宾馆的工期延误，完全是因为被告严重违反合同规定而造成的。

原告首先提出，工程实际竣工期不是1990年11月25日，而是8月15日，并举出了有关证据。

原告曾于1990年8月15日提出书面竣工报告，并交付被告验收。被告在竣工报告单上签字认可的时间是8月15日。当日，建设单位、监理单位、施工单位三方共计14人参加最后一次每周例会，会议纪要表明，工程竣工验收工作已安排总体道路，8月底宾馆要配合亚运会试营业。同年8月25日，双方签署"建筑工程保修证书"。8月30日宾馆开始试营业。原告向被告提出两个问题，如果现在要把竣工日期定于1990年11月25日，那么，宾馆从8月30日开始试营业、正式接待国内外宾客应如何解释？是谁授权允许被告在工程尚未竣工交付使用时就对外营业？

原告继续举证证明工程延误的原因是被告严重违反合同规定，没有履行自己应尽的义务而造成的。这些证据一共涉及下述11个方面：

(1) 被告共有9次未按合同规定的期限支付各阶段的工程款。

(2) 被告未按合同完成"三通一平"工作，施工临时供电直到开工后49天的1988年4月6日才正式接通。

(3) 被告提供±0.00楼板的施工图出图拖延4个月，施工停工待图，有14次每周例会纪要对此有原始记录。

(4) 合同规定工程地上建筑应于1988年6月10日开始施工，但被告办理的"地面工程开工审批表"到1988年8月16日才办妥手续。

(5) 被告提供的宾馆裙房及主楼的精装修图纸拖延287天，直到1988年9月14日才确定，严重影响该部分勤务员的正常施工。

(6) 因宾馆第一、二、十七层的机电管道标高设计错误，管道在吊顶之下无法施工，过了350天才改正设计。

(7) 由被告供应的487套客房床头柜严重拖期，直到1990年8月8日还缺第17层客房所需部分。因床头柜内应安装客房内的全部电气6个控制系统，因此造成整个工程无法正常安装施工。

(8) 宾馆厨房部分最后设计出图拖期，图纸反复修改，直到1990年5月16日被告还要求厨房吊顶修改为上人吊顶。

(9) 宾馆中央自控系统设计方案和技术参数，被告直到1990年7月6日才确定，严重影响工期。

(10) 被告单方面将工程合同中的自行车棚修改为抗震8级设防的宾馆附属用房，应增加合同工期152天。

(11) 双方协商一致工期延至1990年5月15日，但此后被告还提出设计修改达70次，原告提供了两份全面记录这70次设计修改的全部原始资料。

原告为证明工程的工期延误全系被告违约所造成，举出了36份证据，证明被告违约的上述11个方面问题的客观存在。面对原告在被告据以反索赔的主要理由上的如此完整和充分的证据，被告还有什么话好说呢？

6. 水管锈蚀，被告一意孤行所致

在本案审理过程中，法官对全案印象最深刻的是宾馆"红水"问题。

被告在宾馆交付使用半年后，就于1991年4月11日和1991年9月10日先后两次向原告发函，提出8台热交换器因喷铜工艺不过关，造成锈蚀红水现象的严重问题。因此，热交换器和红水问题自然又成为原、被告对工程质量问题争论的主要焦点。

被告认为，按合同第十五条约定：合同要求原告供应国内优质产品。现由于热交换器的水管锈蚀造成红水，其责任应由原告承担。

而原告却举出一系列的原始证据，证明红水问题是因为设计单位和被告不听劝告、一意孤行所致。

根据原、被告工程合同的规定，原告采购的设备必须按照施工图及说明书的设计要求，本工程设计单位在设计要求上规定热交换器选用的标准图为已作废的标准图。原告发现设计不合理，即于1989年4月22日向被告提出书面请求，建议采用新标准图。但设计院坚持采用原设计，并为建设单位和监理单位所同意。

在建议未被采纳的情况下，原告按工程合同的规定，通过北京市设备成套局安排，组织被告、中外监理单位和设计院共同到设计指定的北京市向阳环保设备厂进行考察。经被告、设计院和监理单位于1989年7月11日开会研究获得一致意见后，向原告发来书面的《关于设备研究结果通知书》，决定"有条件"地认可采用北京市向阳环保设备厂的产品。该通知书明确通知："收到贵公司(指原告)1989年4月22日发来的关于设备请予研究的通知书，及6月17日到北京市向阳环保设备厂参观，经我们研究，结果如下：有条件认可。"

条件是设计院提出的，共有5条。"第1条为，热交换器内壁的铜喷涂0.3厚，喷涂时存在不均匀，为安全起见，改为 0.5 厚。"通知书有设计院、监理单位有关人员和被告筹建处负责人的签名，被告负责人的签名处还签了一段意见，"按 7 月 11 日会议记录，浅海先生(指日方监理负责人)已与李工、季工、瞒工研究，采用北京市向阳环保设备厂的设备，在技术上没有问题，请按李工第 1 条意见办"。

在经过严密的确认程序后，原告按要求采用北京市向阳环保设备厂生产的热交换器。但是设备在投入运行半年之后就出现了红色锈水，几经寻找，最后查出原因是热交换器容器内壁喷铜表面剥落，造成锈蚀。

根据上述事实和证据，原告认为，设计单位的意见代表了建设单位的意见。原告事先已明确要求采用新标准图，而被告不听建议，一意孤行听信错误设计，造成现在的局面。原告在设备造型问题上必须服从设计要求是合同规定的，不听原告劝阻执意选用作废的热交换器的型号及标准图是被告确定的，说技术方面没有问题是被告和监理、设计单位共同认定的。现在，实践已经证明宾馆红水是由被告选定设备的工艺落后造成的质量问题，这怎能怪罪原告？怎能由原告来承担责任？

调解庭还涉及其他的矛盾和争议，但在原告方面井井有条、丝丝入扣的大堆证据面前，辩论似乎是多余的。

调解庭虽然没有结果，但原告在法庭上占据了主动地位，这一点各方面都不持异议。

7. 管理过硬，更兼律师专业见长

此后，原告的证据整理小组有条有理地将开庭时涉及的所有问题整理了厚厚一叠有关的证据。

朱树英在离京返沪之前，又和一局四公司眭富才和其他有关人员再次开会，讨论案件的下步工作安排并做好正式开庭的准备工作。鉴于法官提出的国庆节前开庭的初步意见，决定了两条。

(1) 整理反索赔问题的原始证据的工作，在 9 月 23 日之前递交法院。

(2) 朱树英于 9 月 22 日左右再到北京做审核证据和开庭准备。

原告的行动一步紧似一步。9 月 22 日，朱树英按时来到北京。9 月 23 日，原告按时将有关反索赔的第三批证据送到法院。

此时，被告对案件的态度却发生了重要的变化。崔学锋法官转告了被告方面的意见：为表示解决问题的诚意，可在问题未解决之前先支付 50 万美元；同意支付所有的工程欠款，利息按合同规定从 1990 年 8 月 15 日计算；增加工程款部分，当时没有签证的，只要是客观存在的，可协商支付。质量有问题的设备由原告负责调换，设备购置费用可以协商；工期延误期限可减少到 3 个月。

法官建议，在国庆节前再调解两次，同时提请原告认真考虑具体方案，要求原告也作出相应的姿态，促使调解成功。

得知被告的态度和要求，原告的公司领导和证据整理小组的同志群情振奋，两年半悬而未决的、可以完全纳入公司纯利润的新万寿宾馆工程拖欠款的彻底解决，终于有了转机和希望。

经过深入研究，原告一局四公司也调整了诉讼策略，确定了调解让步的范围和步骤。

在法院主持下，9 月 29 日，在又一次调解中，原、被告双方终于达成如下调解协议。

(1) 新万寿公司于本调解书送达后十日内给付中建一局四公司工程款，美元 1439118 元，人民币 5019105 元，利息美元 176947 元、人民币 528295 元。

(2) 中建一局四公司负责更换整流器并解决有关技术问题；负责使冷冻机正常运转，由新万寿公司购置热交换器，一局四公司负责免费拆装。

9月29日晚，朱树英如释重负飞回上海。

1993 年 10 月 8 日，北京市中级人民法院下发(1993)中经初字第 453 号《民事调解书》。同年 12 月 18 日，被告按调解书的规定付清了全部款项。原告也按调解书的约定，免费拆装了 8 台热交换器。

追欠索赔款是一个专业法律问题，新万寿宾馆工程追欠索赔款的成功，一个重要的原因是聘用了一位懂行的专业律师。这一经验也值得所有准备拿起法律武器、保护自身合法权益的施工企业认真汲取。

同时，"中国建筑业第一案"的前因后果均事实雄辩地证明，只有注重企业内部的专业管理，同时注重法律手段的娴熟运用，施工企业才能从巨额工程款拖欠的困境中解脱出来，才能在激烈竞争的市场环境中求得稳步、健康、长足的发展。

(本案例摘自：李启明，等. 工程建设合同与索赔管理. 北京：科学出版社，2001.)

 引例回放

本引例中，涉及不可抗力发生后责任承担的问题，根据我国施工合同文本关于不可抗力的规定，合同双方各自承担责任。施工单位按照索赔的程序与要求及时提出索赔，其索赔内容分析如下。

第 1 条，不可抗力发生双方均无过错，各自承担责任，因而施工方索赔不合理。

第 2 条，已完成工程损坏，修复经济责任由业主承担，施工方陈述合理。

第 3 条，施工单位人员受伤，相关损失和医疗费等由施工方承担，因而索赔不合理。

第 4 条，施工单位设备损坏、人员窝工等损失由施工方承担，因而索赔不合理。

第 5 条，由于不可抗力发生，影响工期 8 天，工期顺延，索赔合理。

第 6 条，工程损坏，现场清理费由业主承担，索赔合理。

本 章 小 结

> 本章主要介绍了索赔的概念、特点、分类；结合最新监理规范及施工合同文本介绍了索赔程序、索赔报告的形式与内容；较为详细地介绍了工期索赔、费用索赔的理论及索赔值的计算；同时介绍了反索赔的基本理论。教学中，应重点掌握索赔的概念、特点；索赔程序；工期索赔、费用索赔的计算理论与方法；同时结合所给的索赔计算算例掌握索赔的计算方法；最后，结合所给建筑业索赔实际案例讨论索赔应注意的事项。

阅读材料指引

(1)《建设工程施工合同(示范文本)》(GF—2013—0201)。
(2)《建设工程监理规范》(GB/T 50319—2013)。

习　　题

一、单选题

1. 下列是施工中承包人向业主索赔程序中的几个步骤，其正确的顺序是(　　)。
   a. 承包人发索赔意向通知　　　　b. 工程师与承包人协商补偿
   c. 工程师审核索赔报告　　　　　d. 发包人审核索赔处理
   A. abcd　　　B. acbd　　　C. dabc　　　D. dcbd

2. 我国《建设工程施工合同(示范文本)》规定，工程师在收到承包人提交的索赔报告后的 28 天内未作出任何答复，则该索赔应认为(　　)。
   A. 已经批准　　B. 被拒绝　　C. 尚待批准　　D. 已经被认可

3. 某大型土方开挖，甲乙双方签订合同主条款如下：工期 18 个月，土方 36 万 m^3，由于某种原因，土方量增加了 2 万 m^3，按比例计算方法，则延长的工期为(　　)。
   A. 19 个月　　B. 17 个月　　C. 1 个月　　D. 0.5 个月

4. 施工合同中索赔的性质属于(　　)。
   A. 经济补偿　　B. 经济惩罚　　C. 经济制裁　　D. 经济补偿和经济制裁

二、多选题

1. 按索赔的目的，索赔可划分为(　　)。
   A. 工程延误索赔　　　　　　B. 工程加速索赔
   C. 费用索赔　　　　　　　　D. 工期索赔
   E. 明示索赔

2. 当承包人提出索赔后，工程师可以对索赔提出质疑的情况包括(　　)。
   A. 承包人以前已表明放弃索赔
   B. 提交的证据不足以说明索赔的部分
   C. 发包人与承包人共同负有责任，责任未划分
   D. 损失计算不足
   E. 承包人没有采取措施避免或减少损失的部分

3. 监理工程师处理索赔的原则包括(　　)。
   A. 公正　　　　　　　　　　B. 及时
   C. 站在业主一方　　　　　　D. 协商一致
   E. 诚实信用

4. FIDIC《施工合同条件》规定，对承包商索赔同时给予工期、费用、利润补偿的情况有(　　)。

A. 延误移交施工现场

B. 不可预见的外界条件

C. 非承包人原因检验导致施工的延误

D. 业主提前占用工程

E. 不可抗力事件造成的损失

5. 合同履行过程中,承包商向业主提出索赔要求是不可避免的,几乎任何详细的施工合同都无法避免索赔事件的发生,其主要原因是(　　)。

A. 业主承担风险的发生　　　　B. 承包商的报价低

C. 工程变更　　　　　　　　　D. 不可预见事件的发生

E. 合同缺陷

三、简答题

1. 简述索赔的含义、分类及特点。
2. 简述索赔与反索赔的一般程序及其报告的内容。
3. 分析交叉延误条件下工期和费用补偿的相关情况。
4. 简述索赔费用的组成及计算方法。
5. 辨析索赔和反索赔的关系。
6. 什么叫索赔事件?常见的索赔事件有哪些?
7. 简述工期索赔的分类及处理。
8. 结合9.5节的案例,谈谈如何搞好索赔管理。

四、案例题

1. 某施工单位与业主按《建设工程施工合同(示范文本)》(GF—2013—0201)签订施工承包工程合同,施工进度计划已得到批准,如图9.10所示,施工中C、E使用同一种机械,其台班费为500元/台班,折旧(或租赁)费为300元/台班,假设人工工资为40元/工日,窝工补偿为20元/工日,合同规定,提前奖为1000元/天,延期罚款1500元/天,各工作均按最早开始时间开工。

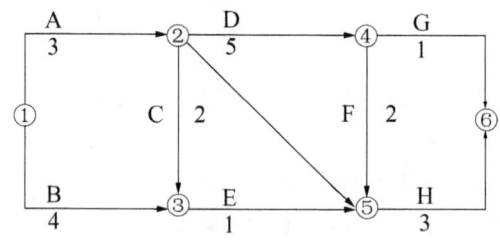

图9.10　施工进度计划

施工中发生了以下的情况:

① A工作由于业主原因晚开工2天,致使有10人在现场停工待命;

② C工作原工程量为100个单位,相应的合同价为2000元,后设计变更工程量增加了100个单位;

③ D工作由于承包商加大施工力度缩短了2天;

④ G工作由于承包商原因晚开工1天;

⑤ H工作由于工程师的指令有误晚开工1天,20人停工。

问承包商可索赔的工期和费用各为多少？

2. 某工程项目的施工招标文件表明该工程采用综合单价计价方式，工期为 15 个月。承包单位投标所报工期为 13 个月。合同总价确定为 8000 万元。合同约定：实际完成工程量超过估计工程量 25%以上时允许调整单价；拖延工期每天赔偿金为合同总价的 1‰，最高拖延工期赔偿金为合同总价的 10%；若能提前竣工，每提前一天的奖金按合同总价的 1‰计算。

承包单位开工前编制并经总监理工程师认可的施工进度计划如图 9.11 所示。

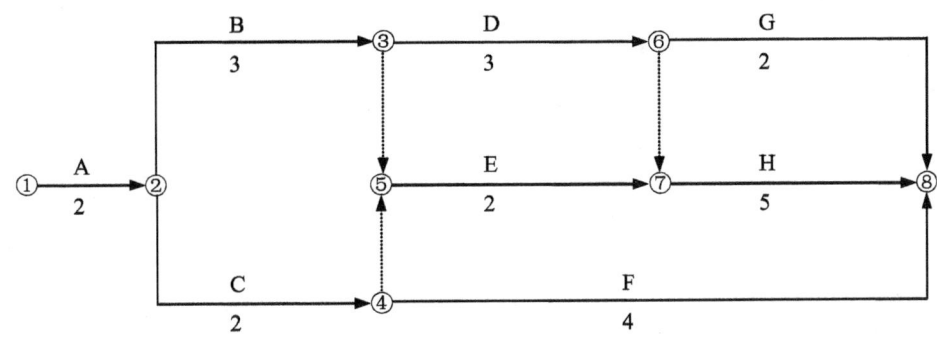

图 9.11　施工进度计划

施工过程中发生了以下 4 个事件，致使承包单位完成该项目的施工实际用了 15 个月。

事件 1：A、C 两项工作为土方工程，工程量均为 16 万 m^3，土方工程的合同单价为 16 元/m^3。实际工程量与估计工程量相等。施工计划进行 4 个月后，总监理工程师以设计变更通知发布新增土方工程 N 的指示。该工作的性质和施工难度与 A、C 工作相同，工程量为 32 万 m^3。N 工作在 B 和 C 工作完成后开始施工，且为 H 和 G 的紧前工作。总监理工程师与承包单位依据合同约定协商后，确定的土方变更单价为 14 元/m^3。承包单位计划用 4 个月完成。3 项土方工程均租用 1 台机械开挖，机械租赁费为 1 万元/(月·台)。

事件 2：F 工作，因设计变更等待新图纸延误 1 个月。

事件 3：G 工作由于连续降雨累计 1 个月导致实际施工 3 个月完成，其中 0.5 个月的日降雨量超过当地 30 年气象资料记载的最大强度。

事件 4：H 工作由于分包单位施工的工程质量不合格造成返工，实际 5.5 个月完成。

由于以上事件，承包单位提出以下索赔要求。

① 顺延工期 6.5 个月。理由是：完成 N 工作 4 个月；变更设计图纸延误 1 个月；连续降雨属于不利的条件和障碍影响 1 个月；监理工程师未能很好地控制分包单位的施工质量应补偿工期 0.5 个月。

② N 工作的费用补偿=16 元/m^3×32 万 m^3=512 万元。

③ 由于第 5 个月后才能开始 N 工作的施工，要求补偿 5 个月的机械闲置费=5 月×1 万元/(月·台)×1 台=5 万元。

问题：

(1) 请对以上施工过程中发生的 4 个事件进行合同责任分析。

(2) 根据总监理工程师认可的施工进度计划，应给施工单位顺延的工期是多少？说明理由。

(3) 确定应补偿承包单位的费用,并说明理由。

(4) 分析承包单位应获得工期提前奖励还是承担拖延工期违约赔偿责任,并计算其金额。

参 考 文 献

[1] 胡康生. 中华人民共和国合同法释义[M]. 3版. 北京：法律出版社，2013.
[2] 卞耀武. 中华人民共和国招标投标法释义[M]. 北京：法律出版社，2000.
[3] 中华人民共和国国家标准. 建设工程施工合同(示范文本)(GF—2013—0201)[S]. 北京：中国建筑工业出版社，2013.
[4] 中华人民共和国国家标准. 建设工程监理合同(示范文本)(GF—2012—0202)[S]. 北京：中国建筑工业出版社，2013.
[5] 中华人民共和国国家标准. 建设工程监理规范(GB/T 50319—2013)[S]. 北京：中国建筑工业出版社，2013.
[6] 李启明，朱树英，黄文杰. 工程建设合同与索赔管理[M]. 北京：科学出版社，2001.
[7] 何佰洲，刘禹. 工程建设合同与合同管理[M]. 大连：东北财经大学出版社，2004.
[8] 危道军. 招投标与合同管理实务[M]. 北京：高等教育出版社，2005.
[9] 顾永才，田元福. 招投标与合同管理[M]. 北京：科学出版社，2006.
[10] 方俊，等. 工程合同管理[M]. 北京：北京大学出版社，2006.
[11] 沈忠友. 工程招投标与合同管理[M]. 武汉：武汉理工大学出版社，2011.
[12] 宋春岩. 建设工程招标投标与合同管理[M]. 北京：北京大学出版社，2013.

北京大学出版社土木建筑系列教材(已出版)

序号	书名	主编	定价	序号	书名	主编	定价
1	工程项目管理	董良峰 张瑞敏	43.00	50	工程财务管理	张学英	38.00
2	建筑设备(第2版)	刘源全 张国军	46.00	51	土木工程施工	石海均 马哲	40.00
3	土木工程测量(第2版)	陈久强 刘文生	40.00	52	土木工程制图(第2版)	张会平	45.00
4	土木工程材料(第2版)	柯国军	45.00	53	土木工程制图习题集(第2版)	张会平	28.00
5	土木工程计算机绘图	袁果 张渝生	28.00	54	土木工程材料(第2版)	王春阳	50.00
6	工程地质(第2版)	何培玲 张婷	26.00	55	结构抗震设计(第2版)	祝英杰	37.00
7	建设工程监理概论(第3版)	巩天真 张泽平	40.00	56	土木工程专业英语	霍俊芳 姜丽云	35.00
8	工程经济学(第2版)	冯为民 付晓灵	42.00	57	混凝土结构设计原理(第2版)	邵永健	52.00
9	工程项目管理(第2版)	仲景冰 王红兵	45.00	58	土木工程计量与计价	王翠琴 李春燕	35.00
10	工程造价管理	车春鹂 杜春艳	24.00	59	房地产开发与管理	刘薇	38.00
11	工程招标投标管理(第2版)	刘昌明	30.00	60	土力学	高向阳	32.00
12	工程合同管理	方俊 胡向真	23.00	61	建筑表现技法	冯柯	42.00
13	建筑工程施工组织与管理(第2版)	余群舟 宋会莲	31.00	62	工程招投标与合同管理(第2版)	吴芳 冯宁	43.00
14	建设法规(第2版)	肖铭 潘安平	32.00	63	工程施工组织	周国恩	28.00
15	建设项目评估	王华	35.00	64	建筑力学	邹建奇	34.00
16	工程量清单的编制与投标报价	刘富勤 陈德方	25.00	65	土力学学习指导与考题精解	高向阳	26.00
17	土木工程概预算与投标报价(第2版)	刘薇 叶良	37.00	66	建筑概论	钱坤	28.00
18	室内装饰工程预算	陈祖建	30.00	67	岩石力学	高玮	35.00
19	力学与结构	徐吉恩 唐小弟	42.00	68	交通工程学	李杰 王富	39.00
20	理论力学(第2版)	张俊彦 赵荣国	40.00	69	房地产策划	王直民	42.00
21	材料力学	金康宁 谢群丹	27.00	70	中国传统建筑构造	李合群	35.00
22	结构力学简明教程	张系斌	20.00	71	房地产开发	石海均 王宏	34.00
23	流体力学(第2版)	章宝华	25.00	72	室内设计原理	冯柯	28.00
24	弹性力学	薛强	22.00	73	建筑结构优化及应用	朱杰江	30.00
25	工程力学(第2版)	罗迎社 喻小明	39.00	74	高层与大跨建筑结构施工	王绍君	45.00
26	土力学(第2版)	肖仁成 俞晓	25.00	75	工程造价管理	周国恩	42.00
27	基础工程	王协群 章宝华	32.00	76	土建工程制图(第2版)	张黎骅	38.00
28	有限单元法(第2版)	丁科 殷水平	30.00	77	土建工程制图习题集(第2版)	张黎骅	34.00
29	土木工程施工	邓寿昌 李晓目	42.00	78	材料力学	章宝华	36.00
30	房屋建筑学(第2版)	聂洪达 郄恩田	48.00	79	土力学教程(第2版)	孟祥波	34.00
31	混凝土结构设计原理	许成祥 何培玲	28.00	80	土力学	曹卫平	34.00
32	混凝土结构设计	彭刚 蔡江勇	28.00	81	土木工程项目管理	郑文新	41.00
33	钢结构设计原理	石建军 姜袁	32.00	82	工程力学	王明斌 庞永平	37.00
34	结构抗震设计	马成松 苏原	25.00	83	建筑工程造价	郑文新	39.00
35	高层建筑施工	张厚先 陈德方	32.00	84	土力学(中英双语)	郎煜华	38.00
36	高层建筑结构设计	张仲先 王海波	23.00	85	土木建筑CAD实用教程	王文达	30.00
37	工程事故分析与工程安全(第2版)	谢征勋 罗章	38.00	86	工程管理概论	郑文新 李献涛	26.00
38	砌体结构(第2版)	何培玲 尹维新	26.00	87	景观设计	陈玲玲	49.00
39	荷载与结构设计方法(第2版)	许成祥 何培玲	30.00	88	色彩景观基础教程	阮正仪	42.00
40	工程结构检测	周详 刘益虹	20.00	89	工程力学	杨云芳	42.00
41	土木工程课程设计指南	许明 孟茁超	25.00	90	工程设计软件应用	孙香红	39.00
42	桥梁工程(第2版)	周先雁 王解军	37.00	91	城市轨道交通工程建设风险与保险	吴宏建 刘宽亮	75.00
43	房屋建筑学(上:民用建筑)	钱坤 王若竹	32.00	92	混凝土结构设计原理	熊丹安	32.00
44	房屋建筑学(下:工业建筑)	钱坤 吴歌	26.00	93	城市详细规划原理与设计方法	姜云	36.00
45	工程管理专业英语	王竹芳	24.00	94	工程经济学	都沁军	42.00
46	建筑结构CAD教程	崔钦淑	36.00	95	结构力学	边亚东	42.00
47	建设工程招投标与合同管理实务(第2版)	崔东红	49.00	96	房地产估价	沈良峰	45.00
48	工程地质(第2版)	倪宏革 周建波	30.00	97	土木工程结构试验	叶成杰	39.00
49	工程经济学	张厚钧	36.00	98	土木工程概论	邓友生	34.00

序号	书名	主编	定价	序号	书名	主编	定价
99	工程项目管理	邓铁军 杨亚频	48.00	131	理论力学	欧阳辉	48.00
100	误差理论与测量平差基础	胡圣武 肖本林	37.00	132	土木工程材料习题与学习指导	鄢朝勇	35.00
101	房地产估价理论与实务	李 龙	36.00	133	建筑构造原理与设计(上册)	陈玲玲	34.00
102	混凝土结构设计	熊丹安	37.00	134	城市生态与城市环境保护	梁彦兰 阎 利	36.00
103	钢结构设计原理	胡习兵	30.00	135	房地产法规	潘安平	45.00
104	钢结构设计	胡习兵 张再华	42.00	136	水泵与水泵站	张 伟 周书葵	35.00
105	土木工程材料	赵志曼	39.00	137	建筑工程施工	叶 良	55.00
106	工程项目投资控制	曲 娜 陈顺良	32.00	138	建筑学导论	裘 鞠 常 悦	32.00
107	建设项目评估	黄明知 尚华艳	38.00	139	工程项目管理	王 华	42.00
108	结构力学实用教程	常伏德	47.00	140	园林工程计量与计价	温日琨 舒美英	45.00
109	道路勘测设计	刘文生	43.00	141	城市与区域规划实用模型	郭志恭	45.00
110	大跨桥梁	王解军 周先雁	30.00	142	特殊土地基处理	刘起霞	50.00
111	工程爆破	段宝福	42.00	143	建筑节能概论	余晓平	34.00
112	地基处理	刘起霞	45.00	144	中国文物建筑保护及修复工程学	郭志恭	45.00
113	水分析化学	宋吉娜	42.00	145	建筑电气	李 云	45.00
114	基础工程	曹 云	43.00	146	建筑美学	邓友生	36.00
115	建筑结构抗震分析与设计	裴星洙	35.00	147	空调工程	战乃岩 王建辉	45.00
116	建筑工程安全管理与技术	高向阳	40.00	148	建筑构造	宿晓萍 隋艳娥	36.00
117	土木工程施工与管理	李华锋 徐 芸	65.00	149	城市与区域认知实习教程	邹 君	30.00
118	土木工程试验	王吉民	34.00	150	幼儿园建筑设计	龚兆先	37.00
119	土质学与土力学	刘红军	36.00	151	房屋建筑学	董海荣	47.00
120	建筑工程施工组织与概预算	钟吉湘	52.00	152	园林与环境景观设计	董 智 曾 伟	46.00
121	房地产测量	魏德宏	28.00	153	中外建筑史	吴 薇	36.00
122	土力学	贾彩虹	38.00	154	建筑构造原理与设计(下册)	梁晓慧 陈玲玲	38.00
123	交通工程基础	王 富	24.00	155	建筑结构	苏明会 赵 亮	50.00
124	房屋建筑学	宿晓萍 隋艳娥	43.00	156	工程经济与项目管理	都沁军	45.00
125	建筑工程计量与计价	张叶田	50.00	157	土力学试验	孟云梅	32.00
126	工程力学	杨民献	50.00	158	土力学	杨雪强	40.00
127	建筑工程管理专业英语	杨云会	36.00	159	建筑美术教程	陈希平	45.00
128	土木工程地质	陈文昭	32.00	160	市政工程计量与计价	赵志曼 张建平	38.00
129	暖通空调节能运行	余晓平	30.00	161	建设工程合同管理	余群舟	36.00
130	土工试验原理与操作	高向阳	25.00				

如您需要更多教学资源如电子课件、电子样章、习题答案等，请登录北京大学出版社第六事业部官网 www.pup6.cn 搜索下载。

如您需要浏览更多专业教材，请扫下面的二维码，关注北京大学出版社第六事业部官方微信（微信号：pup6book），随时查询专业教材、浏览教材目录、内容简介等信息，并可在线申请纸质样书用于教学。

感谢您使用我们的教材，欢迎您随时与我们联系，我们将及时做好全方位的服务。联系方式：010-62750667，donglu2004@163.com，pup_6@163.com，lihu80@163.com，欢迎来电来信。客户服务 QQ 号：1292552107，欢迎随时咨询。